Collection « L'esprit économique »

fondée par Sophie Boutillier et Dimitri Uzunidis en 1996
dirigée par Sophie Boutillier, Blandine Laperche, Dimitri Uzunidis

Si l'apparence des choses se confondait avec leur réalité, toute réflexion, toute Science, toute recherche serait superflue. La collection « L'esprit économique » soulève le débat, textes et images à l'appui, sur la face cachée économique des faits sociaux : rapports de pouvoir, de production et d'échange, innovations organisationnelles, technologiques et financières, espaces globaux et microéconomiques de valorisation et de profit, pensées critiques et novatrices sur le monde en mouvement...
Ces ouvrages s'adressent aux étudiants, aux enseignants, aux chercheurs en sciences économiques, politiques, sociales, juridiques et de gestion, ainsi qu'aux experts d'entreprise et d'administration des institutions.

La collection est divisée en six séries :

Dans la série *Economie et Innovation* sont publiés des ouvrages d'économie industrielle, financière et du travail et de sociologie économique qui mettent l'accent sur les transformations économiques et sociales suite à l'introduction de nouvelles techniques et méthodes de production. L'innovation se confond avec la nouveauté marchande et touche le cœur même des rapports sociaux et de leurs représentations institutionnelles.

La série *Economie formelle* a pour objectif de promouvoir l'analyse des faits économiques contemporains en s'appuyant sur les approches critiques de l'économie telle qu'elle est enseignée et normalisée mondialement. Elle comprend des livres qui s'interrogent sur les choix des acteurs économiques dans une perspective macroéconomique, historique et prospective.

Dans la série *Le Monde en Questions* sont publiés des ouvrages d'économie politique traitant des problèmes internationaux. Les économies nationales, le développement, les espaces élargis, ainsi que l'étude des ressorts fondamentaux de l'économie mondiale sont les sujets de prédilection dans le choix des publications.

La série *Krisis* a été créée pour faciliter la lecture historique des problèmes économiques et sociaux d'aujourd'hui liés aux métamorphoses de l'organisation industrielle et du travail. Elle comprend la réédition d'ouvrages anciens, de compilations de textes autour des mêmes questions et des ouvrages d'histoire de la pensée et des faits économiques.

La série *Clichés* a été créée pour fixer les impressions du monde économique. Les ouvrages contiennent photos et texte pour faire ressortir les caractéristiques d'une situation donnée. Le premier thème directeur est : mémoire et actualité du travail et de l'industrie ; le second : histoire et impacts économiques et sociaux des innovations.

La série *Cours Principaux* comprend des ouvrages simples, fondamentaux et/ou spécialisés qui s'adressent aux étudiants en licence et en master en économie, sociologie, droit, et gestion. Son principe de base est l'application du vieil adage chinois : « le plus long voyage commence par le premier pas ».

Europe 3.0 :
le grand réveil

5-7, rue de l'École-Polytechnique ; 75005 Paris

http://www.editions-harmattan.fr/

ISBN : 978-2-343-12461-2
EAN : 9782343124612

Laurent Bourquin

Europe 3.0 : le grand réveil

L'Harmattan

Contact : laurent.bourquin@orange.fr

PRÉAMBULE

Le 17 février 2011, Barack Obama offrait à Woodside dans la Silicon Valley un diner en l'honneur de tous les grands patrons de l'économie numérique. Étaient présents Steve Job (Apple), Carol Bartz (Yahoo !), John Chambers (Cisco), Mark Zuckerberg (Facebook), Larry Ellison (Oracle), Eric Schmidt (Google), Steve Balmer (Microsoft) et bien d'autres encore. À la fin du repas, le président américain se leva et remercia chaleureusement tous ces grands entrepreneurs pour leur contribution exemplaire à la prospérité de leur pays…

Et l'Europe ? Six ans plus tard, quels fondateurs de start-up européennes devenues géants du net, Jean-Claude Junker, le Président de la Commission européenne, pourrait-il inviter à sa table pour célébrer la révolution numérique en Europe ? Faut-il voir dans la domination américaine et asiatique sur l'économie numérique l'une des causes de la faiblesse de la croissance sur notre vieux continent ?

La vieille théorie économique des cycles a aujourd'hui du plomb dans l'aile. Cycles courts, cycles longs, les analyses semblent brouillées et personne ne saurait plus dire aujourd'hui si nous vivons le prolongement de la crise pétrolière ou le début d'un nouveau cycle. Le monde est incertain, on ne peut plus l'enfermer dans des théories trop bien huilées. Brutalité des chocs financiers, déséquilibres structurels, tout n'est qu'interférences dans une économie globalisée.

Oublions un instant les soubresauts de l'économie et observons les grandes tendances. Immédiatement, un constat s'impose : l'Europe perd des places. Fernand Braudel décrit l'essor du capitalisme occidental comme une succession de grandes périodes historiques, chaque période étant dominée par ce qu'il appelle une « *ville cœur* ». A l'origine d'une *« ville cœur »*, il y a toujours la maîtrise d'une technologie nouvelle qui crée une nouvelle industrie, laquelle développe à son tour une nouvelle forme de commerce. En quelques décennies, la « ville cœur » gagne le statut d'« entrepôt du monde » pour reprendre l'expression de Braudel. Puis lentement, c'est le déclin, une autre « ville cœur » associée à une autre technologie s'impose à son tour. Après Bruges, Venise, Anvers, Gênes et Amsterdam, Londres domina le monde au XXIème siècle grâce à la maîtrise de la vapeur. Puis Londres fut remplacée à l'aube du XXème siècle par Boston avec le pétrole et New York avec le triomphe de l'électricité. La Californie et sa Silicon Valley où tous les géants du net ont pris leur essor est sans conteste la « ville cœur » de ce début de XXIème siècle[1].

Présent aujourd'hui dans tous les discours, le terme de *révolution numérique* peut sembler galvaudé. Et pourtant, c'est bien d'une révolution dont il s'agit. Pour bien en saisir l'originalité et comprendre la place de l'Europe dans cette révolution, il nous a semblé utile de rappeler ce que furent les deux premières révolutions industrielles, celle du charbon et de l'acier, puis celle du pétrole et de l'électricité.

Cette révolution est planétaire. Elle est portée par de nouvelles lois qui ne ressemblent en rien aux lois qui régissaient l'ancienne économie. Avec ces lois, tout s'accélère, les usages explosent, les petits sont capables de défier les grands et même de les avaler avant qu'ils ne s'en aperçoivent. Les vieilles hiérarchies s'effondrent.

Si l'Europe est partie prenante de cette révolution globale, elle n'en est pas l'acteur principal. Notre continent est bousculé, nos modèles sont ébranlés, nos champions sont menacés, mais tous, nous chantons à l'unisson les louanges du « Rule America ». Pendant ce temps et de façon moins bruyante, les pays du Sud avec le numérique entrent dans une révolution encore plus profonde.

Loin de se joindre au chœur des déclinistes, ce livre veut montrer qu'en réalité la révolution numérique est une chance pour l'Europe. Car cette troisième révolution industrielle nous oblige à penser l'économie différemment. Accélérer les mutations de l'entreprise à l'ère du numérique, utiliser les nouveaux pouvoirs offerts par internet au consommateur, savoir que dans un monde hyper-connecté, nous

---

[1] Voir Jacques Attali, « une brève histoire de l'avenir », Fayard 2006.

ferons plus et mieux avec moins de ressources, c'est mettre toutes les chances de réussite de notre côté.

Si l'Europe du numérique a pris beaucoup de retard, elle est en train de se réveiller. L'angélisme de ceux qui rêvaient d'un internet où tous les acteurs s'entendraient naturellement sans avoir à combattre est battu en brèche. La bataille des réseaux est engagée, nous devons aller plus loin et créer enfin une véritable Europe du numérique. Cessons de sous-estimer nos potentiels et unissons nos forces, il n'y a plus de temps à perdre car les enjeux sont énormes.

INTRODUCTION

LA TROISIÈME RÉVOLUTION INDUSTRIELLE

Qu'est-ce qu'une révolution industrielle ?

Chaque révolution industrielle a pour origine une innovation majeure qui en quelques décennies va transformer en profondeur toute l'économie. Elle résulte d'un enchaînement de phénomènes complexes que l'on peut, pour simplifier, regrouper autour de quelques grandes phases. Nous en retiendrons quatre. Cette grille de lecture sera utile pour observer les similitudes entre la révolution numérique et les deux révolutions précédentes, mais aussi pour mieux comprendre la place de l'Europe dans cette révolution.

La première phase, ou ***phase de gestation***, voit progressivement se former un terreau fertile aux changements. Une invention majeure surgit mais ses applications demeurent limitées. Un contexte favorable se met en place.

A la fin du XVIIIème siècle, la France s'enorgueillit de posséder de nombreux savants, Laplace, Chappe et Lagrange pour n'en citer que quelques-uns. Pourtant, c'est en Angleterre que nait la révolution industrielle. Les débuts du parlementarisme libéral, le succès des théories utilitaristes de Jérémy Bentham et de John Stuart Mill et l'intérêt porté au système productif d'Adam Smith, brisent peu à peu les schémas de pensée des siècles précédents. Le mouvement des enclosures[2] transforme en profondeur le monde rural, les anciens espaces communaux font place à la propriété privée. Soudain, les rendements agricoles augmentent et la formation d'un surplus de

---

[2] Voir en particulier les ouvrages de Paul Bairoch sur la révolution agraire à la fin du XVIIIème siècle. Le parlement anglais vota en 1802 la grande loi obligeant les paysans à clôturer leurs terres.

production favorise une accumulation de capital qui va bientôt s'investir dans l'industrie naissante. Le mouvement des enclosures chasse des terres une main d'œuvre abondante qui vient former les premiers bataillons d'un prolétariat urbain. Mais en plus de ce terreau fertile, il faut un facteur déclenchant, une innovation majeure : ce fut la machine à vapeur. Un quart de siècle s'écoule encore entre la fabrication des premières machines à vapeur par Watt et Boulton vers 1775 et leur adoption par toute l'Angleterre dans les années 1800.

La deuxième phase, ou ***phase d'éclosion***, est marquée par une rupture technologique majeure. L'invention de la période précédente se décline désormais en une multitude d'usages nouveaux qui, en quelques décennies, vont envahir toute la vie économique.

Cette innovation, la maîtrise de l'énergie issue de la vapeur pour la première révolution industrielle, déclenche en cascade d'autres innovations. C'est le phénomène bien connu des « *grappes d'innovations* » cher à Schumpeter. Ainsi, la machine à vapeur donne naissance au bateau à vapeur de Fulton en 1803, puis à la locomotive de Stephenson en 1829. La navette automatique remplace la navette à bras, on construit de grandes usines de tissage. En vingt ans, l'Angleterre multiplie par quarante sa production textile. L'exploitation du charbon, indispensable pour produire de la vapeur, est au cœur de cette première révolution industrielle. L'extraction du fer et l'industrie sidérurgique sont les activités les plus proches de ce cœur. Leur essor est rapide, nourri par une demande exponentielle de machines. Cette seconde phase correspond en Angleterre aux années 1800 – 1830.

La troisième phase, ou ***phase d'expansion***, voit le cœur et les domaines adjacents se renforcer. Quantité de nouvelles activités apparaissent.

Le chemin de fer et le « steamer », en assurant l'écoulement de la production de masse vers de nouveaux marchés, sont les vecteurs de cette phase d'expansion. En moins de vingt ans, l'Angleterre se couvre d'un étroit maillage de voies ferrées. Mais cette expansion n'est pas linéaire, c'est aussi l'époque des grandes crises de croissance. Tout le monde veut investir dans les nouvelles technologies. Les épargnants se jettent sur le nouvel eldorado, les actions des sociétés de chemin de fer explosent. La valeur des entreprises qui les exploitent s'envole pour atteindre des niveaux sans commune mesure avec leur espérance de profit. Le premier grand krach boursier de l'ère industrielle éclate en 1847, dix-sept ans après l'inauguration de la première ligne de chemin de fer pour voyageurs entre Liverpool et Manchester. S'ensuit une grande vague de faillites de compagnies ferroviaires... Cette première grande crise *capitaliste* laisse entrevoir ce que sera un siècle et demi plus tard l'explosion de la bulle internet. Ces crises, pour brutales qu'elles soient, sont vite surmontées. Les anciennes activités survivent mais connaissent d'importantes transformations. Les filatures et les usines de tissage emploient désormais des centaines, voire des milliers d'ouvriers peu qualifiés. La nouvelle organisation du travail fondée sur la division des tâches se généralise. Cette troisième phase couvre les années 1830 – 1860 en Angleterre, le Second Empire en France et le début de l'ère bismarckienne en Allemagne.

La quatrième phase, ou ***phase de mutation***, voit la révolution industrielle se propager à l'ensemble des secteurs de l'économie. Plus rien n'échappe désormais aux nouvelles technologies. Les gains de productivité sont partout. La production explose. Le terme de *révolution industrielle*, utilisé pour la première fois par Friedrich Engels, prend désormais tout son sens... il aura fallu cent ans pour que l'invention de James Watt produise tous ses effets.

Les techniques d'extraction du charbon continuent de se perfectionner, les mines engloutissent une main d'œuvre toujours plus nombreuse d'hommes, de femmes et d'enfants. La vapeur produit une énergie puissante. Henri Bessemer invente en 1855 le convertisseur qui permet d'affiner la fonte pour produire de l'acier. L'industrie métallurgique se développe. Grâce au train, les grands centres de consommation de toute l'Europe ne sont plus qu'à quelques jours des grandes régions industrielles. Les économies d'échelle sont importantes. Un nouveau cadre juridique favorise cette transformation. C'est l'époque des grands accords de libre-échange et de la mise en place de la société anonyme. Cette dernière phase couvre en Angleterre les années 1860 – 1880. En 1880, l'industrie britannique est à son apogée : 50 % de la fonte et de l'acier mondiaux sortent de ses hauts fourneaux, 80 % des navires de ses chantiers navals. Retenons ces chiffres, nous verrons que l'industrie numérique n'est aujourd'hui pas loin d'une telle concentration.

Un nouveau « *soleil* » est né, avec en son centre un cœur en ébullition, le véritable moteur de la révolution. Autour de ce « *soleil* », gravite tout le reste de l'économie. Une nouvelle société s'organise.

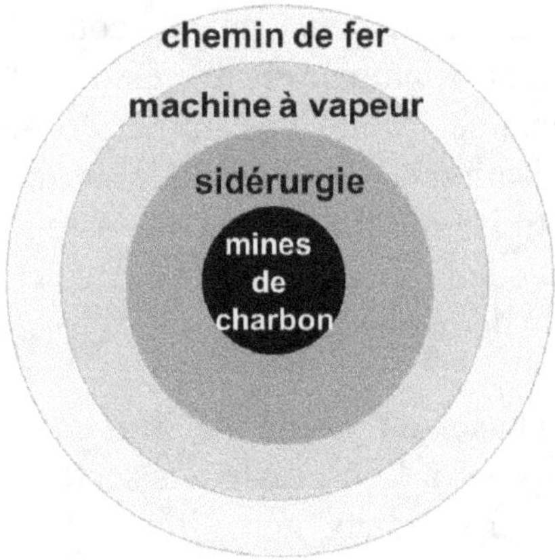

Figure 1. Le « soleil » de la première révolution industrielle

La deuxième révolution industrielle, celle du pétrole et de l'électricité, s'inscrit parfaitement dans les quatre phases que nous venons de décrire.

Premier constat, l'avance de l'Angleterre a disparu. Pourtant, si New-York s'impose comme la nouvelle « ville cœur », les États-Unis ne connaitront jamais un écart de développement par rapport à l'Europe comparable à celui dont bénéficia jadis l'Angleterre par rapport au reste du continent. Une nouvelle vague d'innovations majeures déferle dans les années 1860 – 1890. L'exploitation des premiers puits de pétrole en Pennsylvanie dès 1869 et l'invention de l'ampoule à incandescence par Thomas Edison en 1878 sont les deux dates phares de cette nouvelle phase de gestation.

Le nouveau « soleil » éclot véritablement entre 1890 et 1914, lorsque naissent les grandes compagnies électriques et pétrolières. Les villes sont électrifiées, tandis que les premiers oléoducs acheminent l'or noir vers les centres de raffinage. On produit du goudron à partir de 1890 par un procédé de distillation. L'automobile est née, elle hésite pendant une dizaine d'années entre la propulsion électrique et la propulsion à essence. L'entre-deux-guerres correspond à la grande phase d'expansion de la deuxième révolution industrielle avec l'essor de la pétrochimie (on fabrique le nylon à partir de 1938) et bien sûr avec la production automobile de masse dont Détroit est le symbole. La phase de maturité débute au lendemain de la Seconde Guerre Mondiale. Née du pétrole et de l'électricité, la deuxième révolution industrielle *invente* alors la société de consommation moderne. Le modèle des entreprises multinationales triomphe avec la réduction des coûts et des durées d'acheminement des marchandises. L'agriculture et la vie dans les campagnes se transforment radicalement et de nouveaux secteurs apparaissent comme l'aéronautique et l'industrie spatiale.

L'économie numérique ou la révolution totale

Ce rapide survol des deux premières révolutions industrielles nous sera utile pour justifier le mot *révolution*, afin de désigner les bouleversements causés par notre entrée dans l'ère du numérique. Mais nous verrons combien est différente la nature de cette troisième révolution et surtout, à quel point son moteur se situe loin de la vieille Europe.

Il serait hasardeux de dater avec précision le début de la révolution numérique, on peut néanmoins établir sa *phase de gestation* sur une période d'une quarantaine d'années allant de 1950 à 1990. L'invention du transistor en 1947 remplace les tubes électroniques et en constitue le coup d'envoi. Cependant, il faut attendre 1958 pour qu'un ingénieur de Texas Instruments ait l'idée de réunir plusieurs transistors au sein d'un circuit intégré : la puce est née. Aux calculateurs électromécaniques construits dans l'immédiat après-guerre, succèdent les premiers véritables ordinateurs utilisant le langage binaire. L'invention du langage Fortran par IBM en 1957, abréviation de *formula translation*, représente un premier pas vers la standardisation. Ces ordinateurs restent encore des mastodontes, il faut juxtaposer un grand nombre de circuits intégrés pour disposer d'une surface de calcul acceptable. En 1971, Intel crée le premier microprocesseur qui permet d'intégrer dans un circuit unique l'ensemble des transistors composant un processeur. La route de la miniaturisation est ouverte.

En dépit de ces innovations, l'informatique reste confinée jusqu'au début des années 70 à quelques grandes industries avides d'importantes capacités de calcul, comme l'aérospatiale ou le nucléaire. Les fondements de la révolution numérique se mettent progressivement en place mais l'impact réel de l'ordinateur demeure limité. Les choses vont changer très vite avec l'augmentation des capacités de stockage. En 1971, IBM lance la disquette magnétique. En 1977, la vente en quelques milliers d'exemplaires de l'ordinateur personnel Apple II de Steve Jobs, un jeune homme de 22 ans, amorce le virage vers le grand public. Jusque-là, l'ordinateur restait l'apanage des grandes entreprises, le matériel était cher et son environnement essentiellement local.

Le passage de la *phase de gestation* à la *phase d'éclosion* survient au seuil des années 1990. Trois ruptures technologiques majeures viennent alors bouleverser le monde des technologies de l'information et des communications (TIC). Ces trois ruptures sont concomitantes et étroitement liées entre elles.

La première rupture est celle de la numérisation. Dans les années 80, les commutateurs téléphoniques basculent du mode électromécanique vers le mode numérique. Après les réseaux, la numérisation gagne les terminaux et les contenus. Le succès rapide des ordinateurs personnels accélère le passage au numérique de toute une panoplie d'équipements grand public allant de l'appareil photo à la caméra. Pendant cette phase d'éclosion, les supports physiques demeurent pour le grand public le principal moyen de stockage des contenus numériques, la famille du compact disc s'enrichit avec le CD-ROM, puis le DVD, lancé en 1995. Les disques durs des ordinateurs gagnent en volume de stockage. À la fin de la décennie, leur capacité ne se compte pourtant qu'en centaines de mégaoctets.

La deuxième rupture correspond au développement de l'internet et plus précisément du protocole IP. On se souvient que l'ancêtre d'internet, le réseau Arpanet fut créé au début des années 1970 pour fournir aux chercheurs des universités américaines et aux milieux de la Défense, un moyen de communication ultra-sécurisé. En 1972, une première application est mise au point : le courrier électronique. Il faut attendre 1993 pour que naisse le premier navigateur et avec lui, le web moderne que nous connaissons aujourd'hui, ses pages *hypertexte* sous le format standardisé HTML qui mélange texte, images et liens, ses adresses URL et son protocole HTTP qui permet de communiquer avec les serveurs[3]. C'est seulement vers cette date que l'on commence à s'interroger sur une éventuelle viabilité économique de l'internet.

La connectivité constitue la troisième rupture majeure. Utiliser sa ligne téléphonique classique pour accéder à ce nouveau réseau, c'est comme rouler en trottinette sur l'autoroute. L'immense majorité des accès sont alors limités à 9 kbits/s, même si certains réseaux d'entreprise fonctionnent déjà sur des débits bien supérieurs grâce à la technologie du transfert de paquets[4]. Il faut attendre 1999 pour que France Télécom lance en France son premier service haut débit pour le grand public[5].

Dans les années 1990, l'internet devient le nouveau *cœur* des TIC, les technologies de l'information et de la communication. Quantité de nouveaux usages apparaissent. La fièvre qui jadis avait emporté les compagnies de chemin de fer puis les sociétés pétrolières gagne

---

[3] Hypertext Markup Language (HTML), Uniform Resource Locator (URL), Hypertext Transfer Protocol (HTTP).

[4] Le transfert de paquets s'oppose au traditionnel mode de transmission par circuit. Le message, au lieu d'être acheminé sur un circuit dédié pendant toute la session, est décomposé en micro flux qui adoptent chacun un cheminement physique différent pour être reconstitués en arrivant à destination.

[5] L'ADSL, Asymetric Digital Subscriber Line, est une technique qui permet d'exploiter pour les flux internet, une bande de fréquence indépendante du téléphone de base. Le débit descendant vers l'utilisateur est supérieur au débit remontant, d'où le terme d'asymétrie. Le débit des premières lignes ADSL commercialisées en 2000 était limité à 254, 512 ou au mieux 1024 kb/s.

rapidement l'internet. En deux ou trois ans, le simple mot *internet* devient le sésame qui autorise un entrepreneur inconnu du public à lever des fonds sur le marché pour revendre dix ou vingt fois plus cher une société qui n'a pas encore récolté son premier dollar de chiffre d'affaires. Mais l'impact d'internet sur l'économie réelle reste encore limité. La révolution ne fait que commencer.

L'éclatement de la bulle internet en 2000 marque le passage à la troisième phase, la *phase d'expansion.* Quelques entrepreneurs de génie vont en quelques années bouleverser le web et le rendre indispensable à tous. Google, fondé en 1998 par Larry Page et traduit en français en 2000, devient très vite le site le plus visité au monde et entre dans la vie quotidienne de plus d'un milliard de personnes[6]. Tout s'accélère : l'audience de Google sera même dépassée en 2010 par celle de Facebook… ouvert au public seulement quatre ans plus tôt. À la première génération du net, celle de la connexion à des sites web diffusant verticalement de l'information, succède la seconde génération, bientôt baptisée par les *geeks* « internet 2.0 ». Désormais, chaque utilisateur émet de l'information comme il en reçoit, interagit et collabore, l'heure des wiki, des blogs et des réseaux sociaux a sonné. La valeur réelle de ce *nouveau cœur* est bien supérieure aux 900 milliards d'euros de revenus directement générés par internet en 2016 et même à la capitalisation boursière des géants du net. À cette partie émergée de l'iceberg s'ajoute toute la valeur d'usage pour les entreprises et pour les particuliers de l'ensemble des contenus qui transitent gratuitement par le web… en quelque sorte la partie immergée de l'iceberg, dont la valeur est inestimable et donc impossible à estimer.

Les couches qui entourent internet et forment le « *soleil* » de cette troisième révolution industrielle sont rapidement absorbées par ce cœur en expansion. À commencer par la couche télécom, la plus proche du cœur : entre 2000 et 2015, le nombre d'accès haut débit fixes passe dans le monde de 30 à 550 millions, le nombre d'accès

[6] Google communique peu sur son audience. Selon les chiffres publiés par l'UIT, internet comptait 3,8 milliards d'utilisateurs dans le monde en 2017. Google représente 80 % des recherches sur le web aux États-Unis et davantage dans le reste du monde, à l'exception de la Chine.

haut débit mobiles de zéro à 3,4 milliards[7]. Les volumes transportés et les débits explosent, portés par de nouveaux usages, comme la télévision sur internet et surtout la consultation de vidéos. La frontière disparait entre fournisseurs d'accès internet et opérateurs de télécoms. Ces derniers investissent des sommes énormes pour dimensionner leurs réseaux aux nouveaux usages du web. Les réseaux de transmission finissent de basculer en mode IP et l'arrivée dans la seconde moitié de la décennie de l'internet sur les téléphones portables précipite l'absorption de la couche télécoms par le *cœur internet*.

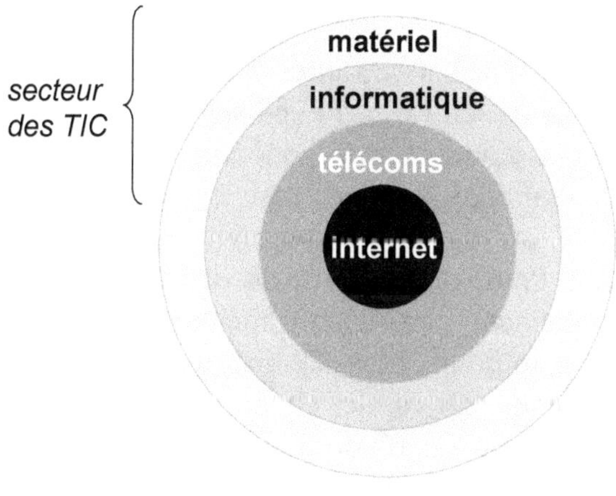

Figure 2. Le « nouveau soleil »

Les deux autres couches des TIC, la couche informatique et la couche matériel, sont à leur tour bouleversées par internet. Consoles de jeux, smartphones, tablettes numériques, à côté des ordinateurs classiques, la panoplie des équipements connectés ne cesse de s'enrichir. Leurs composants électroniques sont de plus en plus standardisés. Les logiciels basculent également dans le monde de l'internet. Cette décennie voit déferler les logiciels en libre accès, ou *open source*, qui offrent à une multitude de développeurs la possibilité

---

[7] Source : site officiel de l'UIT.

d'inventer de nouveaux usages et de les greffer eux-mêmes sur internet. Toutes ces transformations engendrent d'importants gains de productivité pour les entreprises.

Avec les années 2000 – 2015, l'ordinateur passe du *computing* au *digital*. Il n'est plus réservé à un usage fixe et local. Le numérique envahit notre vie quotidienne, tout devient accessible n'importe où, n'importe quand et à partir de n'importe quel équipement.

La *phase de mutation* vient tout juste de commencer, même si la révolution numérique a déjà transformé des pans entiers de notre économie. Au milieu de la décennie 2010, de nouveaux réseaux à très haut débit sont déployés, dix à vingt fois plus rapides que ceux de la génération précédente. L'arrivée de la « 5G », prévue aux alentours de 2020, verra à nouveau les capacités multipliées par dix. Le volume d'objets connectés est en train d'exploser et avec lui, le monde entre dans l'ère de la connectivité généralisée. L'internet n'est plus centralisé dans de grands serveurs, mais est réparti dans tout le réseau. Partout l'homme est capable d'interagir avec son environnement : c'est *l'internet 3.0.* Avec le *big data*, des volumes gigantesques de données sont collectés, transmis et traités en temps réel. Alimenté par des algorithmes toujours plus sophistiqués, l'ordinateur apprend à réagir face à toutes sortes de situations nouvelles : l'intelligence artificielle est en train de révolutionner la notion même de travail. Avec le *cloud*, cette intelligence devient accessible à tout moment et n'importe où à travers le réseau. Et avec la réalité augmentée et les progrès de la géolocalisation, la frontière entre le monde réel et le monde virtuel commence à s'estomper. L'homme est sur le point de réaliser son vieux rêve d'ubiquité.

Et ensuite ?... Au-delà de ces ruptures technologiques déjà bien engagées, on peut imaginer que dans quinze ou vingt ans, tous les savoirs accumulés dans les nanosciences, les sciences qui manipulent l'infiniment petit, la médecine génétique, les biotechnologies et autres neurotechnologies finiront par converger avec les technologies de l'information et de l'internet. Ce sera peut-être le début d'une quatrième révolution industrielle, celle du savoir global…

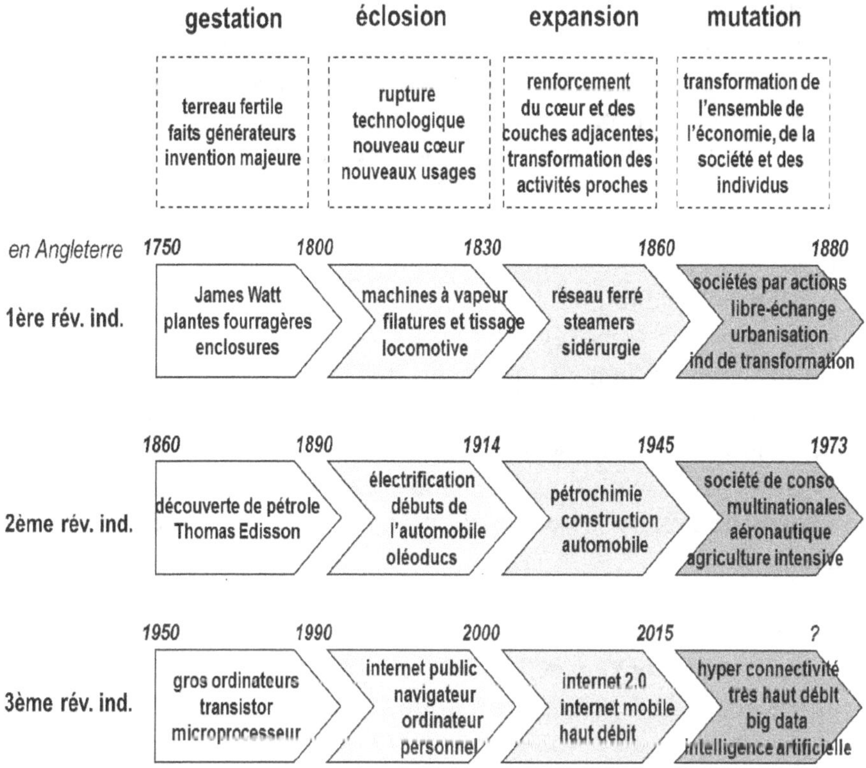

Figure 3. Les quatre phases des révolutions industrielles

Quels enseignements tirer de ce rapide parcours historique ?

D'abord, il existe d'évidentes similitudes entre les trois révolutions industrielles :

- toutes les trois sont parties d'un *nouveau cœur* qui, tel le soleil en fusion, a absorbé les couches qui l'entouraient pour ensuite transformer en profondeur les relations entre les individus, les entreprises et la société dans son ensemble ;
- la phase de gestation fut généralement la plus longue, entre trente et cinquante ans. D'où un constat : les grandes inventions ne se

transforment jamais immédiatement en usages pour les consommateurs et en débouchés pour l'industrie ;

- les nouveaux procédés de fabrication ont entraîné des baisses de coûts dont les conséquences furent déterminantes. Avec l'adoption du four Bessemer, le prix de la tonne d'acier est soudain passé de 50 à 3 livres, lui ouvrant de nouveaux débouchés rendant possible l'essor de l'industrie lourde. Avec la miniaturisation des microprocesseurs, le coût de stockage d'un mégabit de données, qui était au début des années 1970 comparable au prix d'une Ferrari, équivaut aujourd'hui à celui d'une simple feuille de papier ;

- chacune des trois révolutions industrielles aura fait émerger de nouveaux flux d'échanges : transport des marchandises avec le train et le steamer, des personnes avec l'automobile et l'avion puis de l'information avec les réseaux haut débit;

- enfin, ces évolutions ne sont pas linéaires, toutes ont été ponctuées de krachs, de crises de croissance et autres éclatements de bulles.

Pourtant, de grandes différences opposent la révolution numérique aux deux révolutions précédentes. Ces différences sont cruciales, elles nous serviront de repères pour expliquer les retards de l'Europe mais aussi ses atouts.

- D'abord, si par analogie nous avons jusqu'ici employé le terme de révolution *« industrielle »*, la révolution numérique est avant tout une révolution de services. Dans la nouvelle économie, la frontière entre le produit et le service s'estompe, le produit n'est plus conçu sans les services qui lui sont associés. Si les deux premières révolutions à l'origine de l'industrie moderne se sont traduites par d'énormes gains de productivité dans les usines, la productivité des services a dans l'ensemble peu augmenté jusqu'à la fin du XXème siècle. La révolution numérique, en rendant plus efficace le fonctionnement du secteur tertiaire, constitue un immense gisement de productivité pour les services[8].

---

[8] D'après l'INSEE, la productivité horaire, rapport de la valeur ajoutée au nombre d'heures travaillées, s'est accrue entre 1990 et 2007, de 3,7 % par an dans l'industrie, contre 1,2 % dans les services. Même si la productivité globale des services est difficile à mesurer, notamment en raison du poids des services non marchands, il

- Vingt-cinq ans ont suffi pour parcourir les deux étapes intermédiaires de la révolution numérique, tandis que soixante ans furent nécessaires pour traverser les phases d'*éclosion* et d'*expansion* des révolutions précédentes. En moins de dix ans, internet a changé nos vies, quinze ans si l'on fait remonter l'internet grand public au lancement des premiers navigateurs, *Mosaic* en 1993 puis *Netscape* en 1994. Songeons qu'en France presque un demi-siècle sépare la Peugeot Phaéton type 7, première automobile montée en série, de la Renault Juva 4, première voiture conçue pour monsieur tout le monde. Le temps s'est accéléré, nous tenterons dans les pages qui suivent d'en comprendre les raisons en expliquant l'originalité des lois qui régissent l'économie numérique.

- Lors des révolutions industrielles antérieures, des entreprises ou des particuliers pouvaient gratuitement bénéficier des efforts déployés par d'autres acteurs. C'est le phénomène des externalités dont un exemple bien connu est l'impact bénéfique de la construction d'une voie ferrée ou d'une autoroute sur les régions traversées. Avec la révolution numérique, les externalités changent de dimension, elles se globalisent en raison du coût quasiment nul du transport de l'information. Ainsi, une application développée par un chercheur américain de Palo Alto peut, en quelques semaines, contribuer à améliorer l'efficacité quotidienne de millions d'européens et de chinois.

- Ici réside la différence la plus fondamentale : la révolution numérique est mondiale. Si des écarts existent entre les leaders du numérique, États-Unis, Japon et Corée en tête avec le reste du monde, ces écarts sont peu de choses, comparés au gouffre qui séparait en 1850 l'Angleterre du reste de l'Europe, ou même les États-Unis triomphants des années 50 de l'Europe de la reconstruction. Mieux encore, alors que des continents entiers sont complètement restés en marge des révolutions industrielles précédentes, il y a en 2017 deux fois plus d'internautes dans les pays émergents que dans les pays développés. Le taux de pénétration du mobile en Afrique sub-saharienne dépassait 43 % en 2016[9], niveau atteint en Europe en 2002.

---

semblerait que depuis le début des années 2010, la productivité croisse au même rythme dans les services et dans l'industrie.

[9] Source : GSMA, juillet 2016.

Un retard d'à peine plus de dix ans, ce n'est rien à l'échelle de l'histoire économique[10]. Dans certains domaines de l'économie numérique, c'est même l'Afrique qui court en tête.

S'il est une dernière leçon à retenir, c'est bien notre incapacité à prédire les usages numériques de demain et leurs conséquences sur l'économie. Il y a à peine plus de dix ans, l'iPhone n'existait pas[11]. Seuls quelques hommes d'affaires consultaient leurs e-mails et surfaient sur leur téléphone mobile. Les tablettes n'étaient pas encore sorties du cerveau de Steeve Jobs. La télévision en haute définition était encore un rêve. Facebook venait à peine d'ouvrir son réseau social au grand public[12] et YouTube créé en 2005, était encore à ses débuts. Il y a vingt-cinq ans, en 1992, l'humanité vivait encore à l'âge du cuivre, il n'y avait ni téléphone portable, ni internet, seulement un foyer sur dix possédait un ordinateur personnel[13].

Et dans dix ans, que dirons-nous de l'année 2017 ? Cette *phase de mutation* nous réserve bien des surprises.

---

[10] Autre exemple emblématique : en 2000, la société Intel, leader incontesté de la fabrication de microprocesseurs, vendait 70 % de ses puces aux États-Unis, en 2015, 80% de la production venait du Viêtnam et était écoulée hors des États-Unis (source Intel).

[11] L'iPhone a été lancé en France le 28 novembre 2007.

[12] En septembre 2006, Mark Zuckerberg décide de transformer son site jusqu'alors réservé aux étudiants des universités américaines en un réseau social ouvert à tous. Un an plus tard, Facebook compte 50 millions de comptes dans le monde, dont 500 000 en France.

[13] Source : CREDOC, rapport « Le fossé numérique en France », novembre 2002.

PREMIÈRE PARTIE

UNE BATAILLE PLANÉTAIRE

CHAPITRE 1

LE NUMÉRIQUE IMPOSE SES LOIS

La révolution numérique est planétaire. Partie des États-Unis, elle s'est propagée comme une traînée de poudre sur tous les continents. Il est impossible d'expliquer comment le numérique a envahi aussi vite notre vie quotidienne et transformé en profondeur des pans entiers de l'économie, sans comprendre au préalable que cette troisième révolution repose sur des « lois » entièrement nouvelles. Ces lois sont à l'origine de l'explosion des réseaux et des usages. Avec elles, tout s'accélère, de nouveaux acteurs apparaissent, d'autres que l'on croyait puissants sont engloutis. Les cartes sont sans cesse rebattues : aujourd'hui distancée, l'Europe n'a pas dit son dernier mot.

Depuis les deux chocs pétroliers, les gains de productivité[14] ont fortement ralenti en Europe, ils sont de l'ordre de 1 à 2 % par an, c'est deux fois moins qu'à l'époque des Trente Glorieuses. En comparaison, l'économie numérique affiche des gains de productivité infiniment plus élevés. Observons par exemple le trafic internet : il augmente dans le monde d'environ 35 % par an[15], tous réseaux confondus. Pourtant, les opérateurs de télécommunication acheminent ce trafic avec un volume d'investissements annuel qui n'augmente pas et avec des effectifs plutôt orientés à la baisse.

Si les lois de l'économie traditionnelle ne permettent pas d'expliquer un tel dynamisme, c'est bien que l'économie numérique obéit à d'autres lois.

---

[14] Source : OCDE. La productivité se définit comme le rapport entre la quantité de biens produite et le volume de "facteurs de production" utilisés, main d'œuvre et capital investi.

[15] Source : Cisco, Visual Networking Index, juin 2016.

Les nouvelles lois de production

En 1971, la société américaine Intel parvient à réunir tous les transistors d'un processeur électronique sur le même circuit : le premier microprocesseur est né. Depuis cette époque, la taille des transistors qui composent les microprocesseurs n'a cessé de diminuer, passant de quelques microns à quelques nanomètres[16].

La proximité entre chaque transistor réduit les temps de réaction ainsi que les déperditions d'énergie. Mais surtout, elle en réduit considérablement les coûts de fabrication. En 1965 **Gordon Moore**, à l'époque patron d'Intel, dégage de ses observations un constat : tous les dix-huit mois, la puissance des processeurs double. Dix ans plus tard, Moore reformule sa « loi » : tous les deux ans, le nombre de transistors contenus sur une puce double. À la stupéfaction générale, presque un demi-siècle plus tard, la « loi de Moore » reste toujours valide. La puissance des équipements informatiques croit toujours au même rythme exponentiel. Cette miniaturisation des microprocesseurs est au cœur du processus d'innovation qui entraine avec lui toute l'économie numérique. Qui en 2000 aurait prédit qu'en 2015, la puissance de traitement d'un téléphone portable excèderait largement celle d'un PC de l'époque et même celle des plus gros centres de calcul des années 1970 qui permirent d'envoyer des hommes sur la lune[17] ?

Mais ce n'est pas tout. Traiter en un instant un volume considérable d'informations n'aurait qu'un intérêt limité si l'on ne savait pas les stocker. Or, depuis les premiers ordinateurs, les capacités de stockage ont augmenté à une vitesse vertigineuse. Le chercheur américain **Mark Kryder** constate que la capacité des disques durs double

---

[16] Le premier processeur Intel de 1971 comportait 2300 transistors pour une puissance de 108 kHz. Vingt-deux ans plus tard, en 1993, le processeur Intel Pentium comprenait 3 millions de transistors pour 66 MHz (x 600), alors que sa taille était divisée par 10. En 2017, Intel annonce la sortie d'un processeur avec plus de 3 milliards de transistors.

[17] Les centres de calcul Cray 1 construits en 1976 avaient une puissance de traitement de 83 MHz et une mémoire vive de 8 Mo, alors qu'un iPhone 7 dispose en 2017 d'un processeur de 2,3GHz et d'une mémoire vive de 2Go.

chaque année. Ainsi, la capacité moyenne d'un disque dur qui n'était que de cent mégaoctets en 1990 est passée à dix gigaoctets en 2000, pour atteindre plusieurs téraoctets de nos jours. Concrètement, cela signifie qu'un disque dur pouvait stocker 2 heures de musique en 1990, 6 jours en 2000, tandis qu'aujourd'hui un fan de musique aura besoin de quatre ans pour venir à bout de tous les hits stockés sur son disque dur… voilà de quoi satisfaire les plus insatiables mélomanes.

Nous avons vu que la *phase d'éclosion* de la révolution numérique résultait d'une triple rupture : la numérisation des contenus, l'arrivée du protocole internet et la connectivité. Les lois de Moore et de Kryder n'auraient pas suffi à provoquer cette rupture si à l'explosion des capacités de traitement et de stockage de l'information, ne s'était ajoutée une troisième explosion, celle des capacités de transport. Un auteur américain, **George Gilder**, toujours à partir de l'analyse du passé, énonce une troisième loi : la capacité des systèmes de télécommunications triple tous les douze mois. Les évolutions récentes des réseaux en fibre optique viennent confirmer ce rythme de croissance.

Martin Cooper, un ancien directeur de Motorola considéré comme l'inventeur du premier téléphone mobile, s'intéresse quant à lui aux techniques de compression des informations numériques avec pour objectif d'en réduire le volume. Son constat est voisin de celui de Gilder : les capacités de transmission des fréquences radio doublent tous les trente mois. Cooper va encore plus loin : il démontre que cette loi est restée valide depuis l'invention de la TSF par l'Italien Guglielmo Marconi !

Toute la question est de savoir si ces équations - ce sont en réalité plus des constats empiriques que de vraies « lois » - continueront à se vérifier dans l'avenir. La miniaturisation extrême se heurte en effet aux lois de la physique. Une fois atteinte la taille moléculaire[18], on voit mal comment la gravure des puces pourra devenir encore plus fine. En outre, la proximité extrême des composants entraîne

---

[18] Les circuits intégrés actuels comportent des couches isolantes d'une épaisseur égale à deux molécules d'oxyde de silicium.

l'apparition de « bruits » qui freinent leurs performances. Enfin, la course aux fréquences supérieures, un des facteurs explicatifs de la loi de Gilder, n'est désormais plus possible. Des fréquences radio trop élevées dégagent une trop forte quantité de chaleur, susceptible de faire fondre la puce en silicium.

Pour contourner ces obstacles, les fabricants commencent à produire des puces en trois dimensions où les transistors sont empilés les uns sur les autres. D'autres solutions pourraient consister à intégrer plusieurs composants sur la même puce (processeur, carte graphique…), à améliorer l'isolation des transistors pour lutter contre les effets parasites ou encore à imaginer de nouvelles architectures logicielles, notamment en transférant le plus « d'intelligence » possible des terminaux vers les plateformes situées dans le réseau. La question de l'épuisement, ou en tout cas du ralentissement des lois de Moore, Kryder, Gilder et Cooper reste néanmoins posée.

Les nouvelles lois de l'utilité

Un autre grand principe de l'économie classique est la loi d'utilité. Chaque consommateur attribue un certain niveau d' « *utilité* » aux marchandises et aux services qu'il consomme. Dans sa théorie de l'équilibre général, Léon Walras montre qu'il existe toujours un seuil à partir duquel l'utilité marginale, c'est-à-dire le surplus d'utilité procuré par l'acquisition d'une unité supplémentaire de ce bien, commence à diminuer. L'utilité marginale finit même par devenir négative lorsque le consommateur se retrouve envahi par un trop grand nombre de marchandises similaires… tout cela est finalement question de bon sens.

Mais comment expliquer la croissance exponentielle des usages dans l'économie numérique ? La demande numérique semble infinie et la courbe d'utilité ne jamais s'infléchir. Avec le passage du web 1.0 où l'on se connectait uniquement à de gros serveurs, au web 2.0 où tout le monde s'échange quantité de contenus, puis au web 3.0 où tout objet devient communicant, le trafic de données croit à un rythme qui ne ralentit pas. Dans l'économie traditionnelle, un objet rare a beaucoup de valeur, celui qui est produit en masse non seulement coûte beaucoup moins cher, mais en se banalisant, sa valeur d'utilité diminue. Dans l'économie numérique, la production explose, mais la valeur accordée aux services numériques ne baisse pas pour autant. Un supplément d'offre trouve toujours de nouveaux débouchés, la vieille théorie de Jean-Baptiste Say s'en trouverait presque réhabilitée. Volume produit et valeur d'utilité ne sont plus corrélés. À nouveau, il nous faut rechercher des explications ailleurs.

Robert Metcalfe, fondateur de la société 3Com, montre que le nombre de liens dans un réseau est égal au carré du nombre d'extrémités[19]. Ainsi, l'utilité d'un réseau croit de façon exponentielle par rapport au nombre d'utilisateurs reliés entre eux. Dans les réseaux de télécommunication traditionnels, l'utilité perçue par les utilisateurs se heurte néanmoins à une contrainte liée au coût des appels, notamment lorsque l'appelé est situé dans un pays où les coûts de terminaison d'appels sont élevés. Encore une fois, l'arrivée d'internet bouleverse la donne : tous les internautes sont connectés entre eux grâce à leur adresse IP, qui contrairement au numéro de téléphone, ne dépend pas de leur adresse physique. Il n'est dès lors pas plus cher d'envoyer une vidéo à son cousin d'Amérique qu'à son voisin de palier… On objectera qu'être connecté dans le monde à trois milliards d'internautes n'a en soi qu'une utilité théorique.

C'est pourquoi en 1999, l'informaticien américain **David Reed** montre que l'utilité d'un réseau dépend du nombre de sous-groupes d'utilisateurs susceptibles de se former en son sein[20]. Dix ans plus tard, l'essor fulgurant des réseaux sociaux confirme son intuition. Facebook et les autres réseaux sociaux démultiplient l'efficacité d'internet. Une rumeur lancée sur Twitter a le temps de faire plusieurs fois le tour de

---

[19] Ou plus exactement à n (n-1)/2, ou encore à n^2 /2 lorsque n, le nombre d'utilisateurs tend vers l'infini. S'il n'y a qu'une liaison possible entre deux personnes, il y a 45 liaisons possibles entre 10 personnes, 500 000 entre 1000 personnes… Mais s'il y a 1001 utilisateurs, il y aura 501 000 liaisons possibles, soit mille de plus.

[20] Reed démontre que le nombre de sous-groupes d'utilisateurs d'un réseau est égal à 2 puissance n - (n-1), n étant le nombre d'utilisateurs.

la planète avant d'être reprise par la radio ou la télévision. Et cela pour une raison simple : les relations des relations … de vos relations sont très nombreuses. Il est très probable que vous soyez au cinquième degré « ami » du Président des États-Unis, mais aussi d'un chauffeur de taxi de Djakarta[21]. Retenons simplement que la loi de Reed est la version actualisée et encore plus puissante de la loi de Metcalfe.

Une trainée de poudre planétaire

L'économie numérique n'a pas détruit les lois de l'économie traditionnelle, elle leur a superposé ses propres lois. Tout comme les deux premières révolutions industrielles, la révolution numérique a mis en place ses propres cercles vertueux de croissance, mais à la différence de la révolution de la vapeur et du charbon et de celle de l'électricité et du pétrole, la révolution numérique n'est ni européenne, ni américaine, elle est globale.

Nous avons vu que l'économie numérique reposait sur trois piliers : la numérisation des données qui permet de stocker l'information, le web ou réseau IP qui permet de la transporter et la connectivité qui permet d'y accéder. A ces trois piliers, David Reed propose d'en ajouter un quatrième : le réseau social qui permet de collaborer. Avec ces quatre piliers, la circulation de l'information est devenue complètement fluide, les entreprises et les individus où qu'ils se trouvent, peuvent travailler entre eux, accéder aux connaissances, participer à l'innovation, créer de nouveaux marchés. La rupture est globale : sur tous les continents, elle concerne les entreprises, les individus et le fonctionnement de la société dans son ensemble… La *phase de mutation*, quatrième période de la révolution numérique, ne fait que commencer…

---

[21] La théorie selon laquelle il suffit d'une chaîne de cinq personnes pour entrer en contact avec n'importe qui sur la planète a été présentée dans les années 1960 par le psychologue américain Stanley Milgram. Selon une étude de l'université de Milan menée conjointement avec Facebook en 2011, n'importe quel utilisateur de Facebook peut se connecter en quatre étapes avec 92 % des 1,7 autres milliards d'utilisateurs du réseau social.

Les nouvelles lois de la production, celles de Moore, Kryder, Gilder et Cooper, conjuguées aux nouvelles lois de l'utilité, celles de Metcalfe et Reed ont une autre conséquence : la révolution numérique n'est pas seulement globale, elle porte également en elle les germes de son accélération. Ces lois encouragent en effet une diffusion de l'innovation beaucoup plus rapide qu'autrefois.

Un siècle sépare l'invention du téléphone par Graham Bell de sa généralisation dans tous les foyers français à l'aube des années 1980. Quarante ans se sont écoulés entre les premiers essais de télédiffusion du haut de la tour Eiffel en 1935 et la grand-messe quotidienne du 20 heures dans tous les foyers français. Les premiers téléphones portables sont lancés au début des années 90 et quinze ans plus tard, les smartphones « 3G »[22] envahissent nos poches. En 2017, les réseaux 4G sont à peine déployés dans le monde, qu'est annoncée l'arrivée prochaine de la 5G. L'explosion des réseaux sociaux, ou encore des services *«cloud»* hébergés dans le réseau est aussi fulgurante. Car la révolution numérique constitue son propre vecteur de diffusion de l'innovation : en rendant quasi nul le coût de transmission de l'information, mais aussi en permettant à des créateurs d'idées nouvelles de venir greffer leurs inventions sur un écosystème déjà existant[23], la révolution numérique facilite la diffusion des innovations qui lui font sans cesse franchir de nouvelles étapes.

Un autre facteur explique l'accélération des cycles d'innovation. Passer de la sidérurgie traditionnelle au four Bessemer nécessitait de reconstruire tous les hauts-fourneaux, construire l'Airbus A380, le plus gros avion commercial du monde, obligea à repenser entièrement

[22] Les réseaux mobiles de deuxième génération ou « 2G » ont été déployés en Europe au début des années 1990, en remplacement des premiers réseaux de radiocommunication. Ils reposent sur la norme GSM (Global System for Mobile Communication). Les réseaux « 3G » qui permettent d'accéder à internet en mobilité utilisent en Europe la norme UMTS. La « 4G » qui atteint des débits de 30 à 40 Mb/s, repose intégralement sur le réseau IP.

[23] La plupart des systèmes d'exploitation des ordinateurs et des smartphones possèdent ce que les informaticiens appellent des API ouvertes (Application Programming Interfaces). Ces API permettent aux développeurs d'applications de construire de nouveaux services et de les intégrer directement dans ces systèmes d'exploitation.

des usines d'assemblage aéronautique. Passer de l'internet bas débit au haut débit, du web 1.0 au web 2.0 ou du réseau mobile 3G au réseau 4G nécessite certes d'investir dans des équipements nouveaux, cartes ADSL, serveurs de données ou antennes cellulaires. Mais pour l'essentiel, ces innovations ont pu se diffuser aussi vite parce qu'elles reposaient sur des infrastructures existantes. D'une vitesse initiale de 512 kbits/s, soit déjà dix fois plus que l'internet bas débit, l'ADSL est passé en quelques années à 8, puis 20 Mbits/s, voire 50 avec la technique du VDSL[24]. Le haut débit a offert une cure de jouvence à la vieille paire de fils en cuivre qui reliait chaque abonné au réseau téléphonique. Ce n'est qu'avec l'arrivée de la fibre optique jusque dans les foyers, que l'on commence à retirer le vieux fil de cuivre qu'un agent des PTT vint un beau jour des années 1970 installer dans notre maison.

Cette accélération de l'innovation entraîne à son tour une explosion des usages dont l'Europe bénéficie à l'égal du reste du monde.

[24] Le VDSL (Very High Bitrate Digital Subscriber Line) consiste à augmenter la fréquence du signal en en réduisant la portée. Cette technique ne peut être utilisée que pour raccorder des abonnés situés à moins de 500 mètres du centre de répartition de lignes de l'opérateur.

CHAPITRE 2

L'EXPLOSION DES USAGES

Nous savons que sur un marché traditionnel, l'offre et la demande se rencontrent en un point d'équilibre qui détermine les volumes et les prix. Sur les marchés des services numériques, offre et demande semblent obéir à une spirale de croissance infinie. Les nouvelles lois de production entrainent une croissance exponentielle de l'offre qui favorise l'émergence de nouveaux usages, lesquels entraînent à leur tour une explosion de la demande d'équipements et de services numériques. Les données numérisées pouvant être dupliquées et transportées à l'infini pour un coût marginal très faible, l'offre s'ajuste en retour à ce surplus de demande sans que les prix n'augmentent.

Si dans la course aux usages numériques, les Européens sont encore en retard par rapport aux Américains et surtout aux Japonais et aux Coréens, ce retard devrait bien vite être comblé.

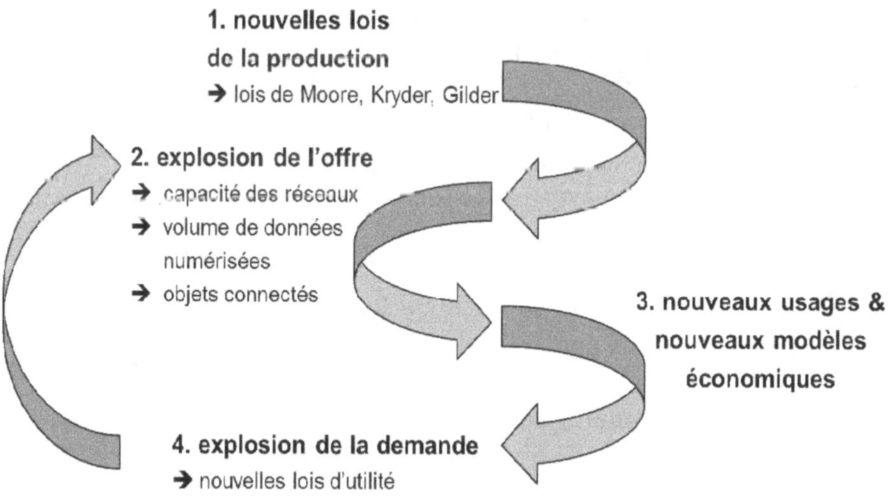

Figure 4.
La spirale de croissance des nouveaux marchés numériques

Le réseau : une économie de l'offre ?

Les capacités de traitement des processeurs, de stockage des serveurs et de transport des réseaux augmentent à un rythme si rapide que le facteur humain peine à suivre. Et si le consommateur découvre chaque jour de nouveaux usages qui rendent sans cesse sa vie plus numérique, ces usages demeurent bien en deçà de ce que la puissance des ordinateurs et la capacité des réseaux permettent d'imaginer.

Pourtant, l'offre numérique crée sa propre demande. Ce n'est pas le niveau actuel des besoins qui pousse à investir dans des réseaux toujours plus rapides. C'est le pari jusqu'à présent toujours vérifié que ces nouveaux réseaux feront éclore de nouveaux besoins auxquels répondront de nouveaux usages. Ce point est essentiel, il explique l'hyper-dynamisme d'internet. Les acteurs du net, au cœur de notre *nouveau soleil*, ne connaîtraient pas un taux de croissance de 15 % par an si en amont, les capacités des réseaux ne se développaient pas aussi vite.

La durée de vie d'un réseau de télécommunications est très longue, bien supérieure à 50 ans. Les câbles en fibre optique qui remplacent depuis une trentaine d'années les câbles en cuivre dans la partie centrale des réseaux seront encore là dans plusieurs générations. Il est donc crucial de savoir anticiper les besoins longtemps à l'avance lorsqu'on dimensionne l'infrastructure des réseaux. Les câbles sous-marins, épines dorsales du trafic internet entre les continents, en fournissent un bon exemple : leur pose représente un énorme investissement et leurs capacités sont dimensionnées à partir de projections de trafic à très long terme. En revanche, les équipements actifs comme les routeurs de trafic ou les plateformes de services ont une durée de vie plus courte, de l'ordre de dix à vingt ans, tandis que la durée de vie moyenne d'un ordinateur n'excède pas quatre ans et celle d'un smartphone deux ans. Tout comme les embouteillages se concentrent à l'entrée des grandes villes, les phénomènes de congestion du trafic s'observent au niveau des serveurs qui hébergent les contenus et des réseaux d'accès sur lesquels se connectent les internautes. Calibré pour faire face durablement à l'explosion des trafics, le cœur de réseau est en revanche rarement saturé.

Mais toujours, l'offre de nouveaux réseaux précède la demande. Lorsque Graham Bell crée en 1877 la Bell Telephone Company, l'ancêtre d'AT&T et rassemble des fonds pour investir dans les premiers réseaux, il n'a qu'une vague idée des usages que les abonnés vont faire de son invention. A la fin du XIXème siècle, le téléphone sert à retransmettre dans les foyers aisés des pièces de théâtre et des bulletins d'information, il ne s'impose que plus tard comme un moyen de communication entre les personnes. Lorsque la Direction Générale des Télécommunications lance en 1982 le minitel, premier terminal grand public de vidéotexte, son premier objectif n'est-il pas de réduire les coûts d'impression de l'annuaire papier ? Personne n'avait prédit le succès foudroyant du télétel, dont les services allaient entrer dans la vie quotidienne de 25 millions de Français. Puis au début des années 90, apparaît aux États-Unis l'internet bas débit, branché sur les premiers modems à 56 kbits/s, déjà cinquante fois plus rapide que le minitel. Seuls quelques ingénieurs un peu fous imaginent alors l'essor que connaitra bien vite ce nouveau média.

Une première rupture s'opère vers la fin des années 90, avec l'arrivée du haut débit qui va décupler les capacités d'accès au réseau pour les particuliers. La technique de l'ADSL [25] exploite des fréquences jusqu'alors inutilisées sur le fil de cuivre desservant l'abonné. Les premières offres commerciales apparaissent en Europe en 2000. Cette nouvelle technologie présente peu de risques pour les fournisseurs d'accès, car les investissements, des cartes ADSL installées dans les commutateurs d'abonnés, sont proportionnels au nombre de clients. Et comme toujours, l'offre précède la demande, mais une fois les capacités en place, les usages suivent très vite. Le peer to peer, les jeux en ligne, la télévision sur ADSL et les films à la demande, sans oublier la téléphonie illimitée avec la voix sur le réseau IP, sont nés dans les années suivantes. Un cercle vertueux s'est créé et la demande a répondu à cette offre de nouveaux services.

Si l'internet s'est démocratisé plus lentement en Europe, et en particulier en Europe du Sud qu'aux États-Unis, au Japon ou en Corée,

[25] L'ADSL (Asymetric Digital Subscriber Line) ou accès internet haut débit est ainsi nommé car le débit descendant, c'est-à-dire arrivant chez l'utilisateur, est environ dix fois supérieur au débit remontant.

il n'y a aujourd'hui plus guère de différence dans la pénétration de l'internet dans les foyers entre l'Europe et les pays les plus avancés de la planète. Fin 2016, la France comptait 27,4 millions de foyers équipés d'un accès haut débit[26], soit un taux de pénétration de 83 %. Le consommateur européen est définitivement entré dans l'ère du numérique, à l'égal du consommateur américain.

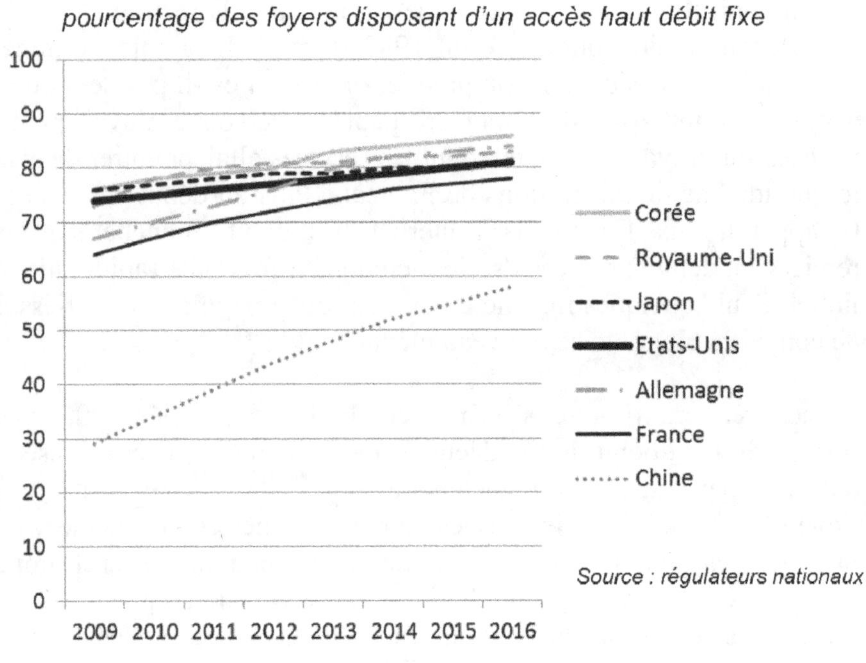

Figure 5. Pénétration du haut débit fixe

Même constat pour les réseaux mobiles : l'offre de débit précède toujours la demande de nouveaux usages. Lorsque les premiers réseaux mobiles GSM[27], ou « *2G* », par référence à la première génération des radiotéléphones, sont ouverts au public en France en

[26] Source : ARCEP, dont encore 80 % avec l'ADSL, 6 % avec la fibre, 4 % avec le câble à très haut débit et 10 % avec des technologies intermédiaires.

[27] Global System for Mobile Communication, avec ses évolutions GPRS, puis EDGE.

1992, la révolution numérique vient à peine de basculer de la *phase de gestation* dans sa *phase d'éclosion*. Les ingénieurs de France Télécom, alors monopole public, prédisent que l'avenir de la téléphonie mobile se limitera à une clientèle de cadres supérieurs coutumiers des voyages d'affaires. Ce manque de vision n'est pas sans rappeler la fameuse formule du Général de Gaulle qui au milieu des années soixante avait qualifié le téléphone de « gadget pour femmes bavardes ». Huit ans plus tard, la demande explose, le mobile a conquis toutes les générations, tous les milieux sociaux.

La leçon fut apprise. En 2000, France Télécom et SFR acceptent de verser à l'État des sommes considérables[28] pour déployer les réseaux UMTS[29], dits « *3G* », capables d'acheminer des images ou des vidéos et de se connecter à internet. Pourtant, aucune demande n'existait alors pour ces réseaux. Encore une fois, le pari fut pris et gagné, avec en 2007 l'arrivée de l'iPhone d'Apple et le développement spectaculaire de l'usage d'internet sur les téléphones mobiles qui en découla. Les investissements furent ainsi amortis.

La seconde loi des réseaux

La deuxième grande rupture, c'est l'arrivée du très haut débit. Jusqu'aux années 2000, l'usage de la fibre optique était réservé aux cœurs de réseaux. Désormais, les vieux réseaux en cuivre laissent place à la fibre qui pénètre jusque dans les foyers. Ses capacités de transport sont énormes : songeons qu'un fil à peine plus épais qu'un cheveu peut transporter au même instant 400 programmes de télévision haute définition différents à destination de 400 foyers. Déployée jusque chez l'abonné, la fibre offre des débits de plusieurs centaines de Mb/s et les tests actuels permettent d'envisager de monter jusqu'à 10 Gb/s… soit mille fois la vitesse de l'ADSL des années

---

[28] Le montant des licences 3G était au départ fixé à 4,95 milliards d'euros. En 2002, constatant la disproportion entre ce prix et les perspectives de revenus pour les opérateurs, le gouvernement accepta de réduire le prix des licences à 619 millions d'euros, ce qui décida Bouygues Télécom à acquérir une licence.

[29] Universal Mobile Telecommunication System. Cette norme connut ensuite plusieurs évolutions, avec HSDPA ou « 3G+ ».

2000. Les réseaux câblés ne sont pas en reste, les technologies actuelles permettent de porter leur débit à des vitesses comparables à celles de la fibre[30].

Le déploiement des réseaux mobiles « *4G* » en France à partir de 2013 posa à nouveau les mêmes questions : quels usages nouveaux allaient émerger avec l'arrivée du haut débit sur les smartphones et les tablettes ? Et encore une fois, les utilisateurs trouvèrent les réponses appropriées… Aujourd'hui, les ingénieurs préparent activement l'arrivée de la génération suivante, la « 5G », dont les débits pourront rivaliser avec ceux de la fibre optique pour le fixe[31]…

Mais la course aux débits ne s'arrêtera pas là. Une bonne partie de nos usages dans cinq ans n'existent pas encore aujourd'hui. Certes, les services actuels de télévision haute définition ou de jeux en 3D verront leur qualité améliorée. Mais la vraie rupture pourrait venir des capacités offertes par un débit remontant bien supérieur à 100 Mbits/s : avec l'ultra haut débit, les internautes pourront non seulement recevoir, mais aussi émettre des flux d'information à très grande vitesse. Que feront-ils de ce nouveau pouvoir ? La réponse est dans leurs mains. Soyons sûrs que les usages suivront et démentiront les Cassandre qui croient encore que ces investissements sont prématurés car la demande n'existe pas. L'offre est là… la demande a juste besoin d'un peu de temps pour lui répondre.

La loi de Gilder déterminait que la capacité des réseaux de télécommunication triplait tous les douze mois. Cette « loi » ne repose pas sur les principes de la physique, mais sur un simple constat empirique. Avec le recul dont nous disposons, il devient possible de compléter la loi de Gilder par une seconde loi des réseaux, tout aussi

---

[30] La technologie DOCSIS 3.1, déployée depuis le milieu des années 2010, consiste à moduler des fréquences sur un même câble et à réallouer les capacités à chaque instant en fonction de l'usage effectif de chaque abonné. Elle permet des débits pouvant atteindre 10 Gb/s descendants et 1 Gb/s montants.

[31] Il est très difficile de se faire une idée précise du débit exact d'un réseau mobile. Le débit théorique correspond à l'usage d'une personne seule dans une cellule, immobile et éloignée des bordures de cette cellule. Ainsi, le débit de la 5G pourrait atteindre 1 Gbit/s. Dans des conditions d'usage normal, la 3G offre une vitesse réelle de 384 kbits/s, la 4G jusqu'à dix ou vingt Mbits/s et la 5G jusqu'à cent.

empirique et que nous pourrions formuler ainsi : le débit moyen des accès fixes pour les grandes entreprises a *en permanence* dix ans d'avance sur le débit des accès fixes pour le grand public, qui a lui-même *en permanence* dix ans d'avance sur le débit des réseaux mobiles. Cette « seconde loi des réseaux » semble se vérifier depuis une vingtaine d'années, ainsi que l'illustre le graphique suivant.

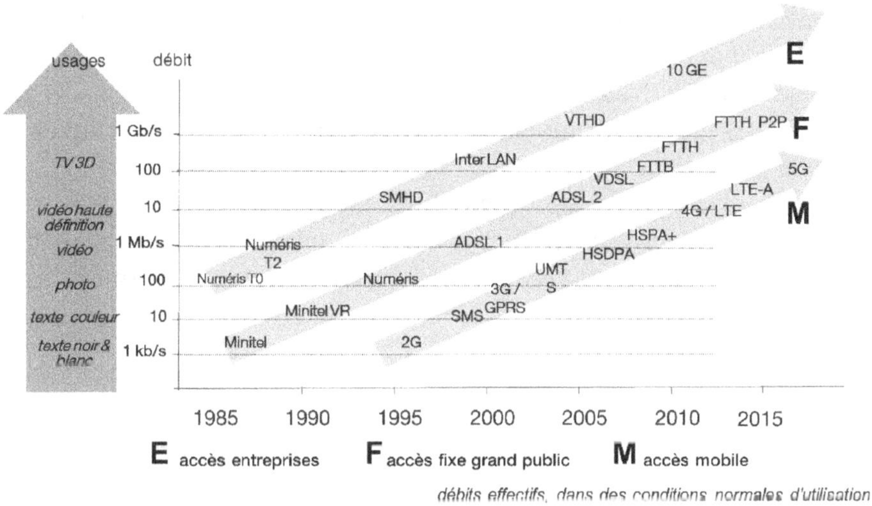

Figure 6. La deuxième loi des réseaux

Si les Européens ont comblé leurs retards dans l'accès à internet en général, nous verrons plus loin que la bataille du très haut débit est encore loin d'être gagnée…

Vers une connexion totale

En vingt ans, le coût de transport de l'information sur les réseaux a été divisé par 1000 et le nombre de connexions à internet a explosé. Conséquence, le volume d'informations circulant sur ces autoroutes numériques a suivi une évolution comparable à celle des débits disponibles.

Avec l'arrivée des smartphones, la connexion ne se mesure plus en nombre de foyers et d'établissements, mais en nombre d'individus connectés. Aux 27,4 millions de connexions fixes en France, s'ajoutent en 2017, 75 millions de téléphones mobiles dont plus de 77 % de smartphones. La pénétration des smartphones est un bon indicateur du niveau de transformation de la société numérique. Le smartphone n'est en effet pas seulement un téléphone intelligent connecté au web, c'est également un véritable ordinateur de poche. La puissance de calcul d'un smartphone actuel est supérieure à celle d'un ordinateur moyen de gamme acheté en 2008, tandis que sa capacité de stockage est équivalente. L'arrivée des smartphones « quadruple cœur » dotés de quatre niveaux de processeurs, augure de nouveaux bouleversements[32].

Là encore, les écarts sont importants entre Européens. Mais avec la démocratisation des smartphones et des tablettes, les usages des Européens ne devraient pas tarder à rattraper ceux des Américains, Japonais et Coréens.

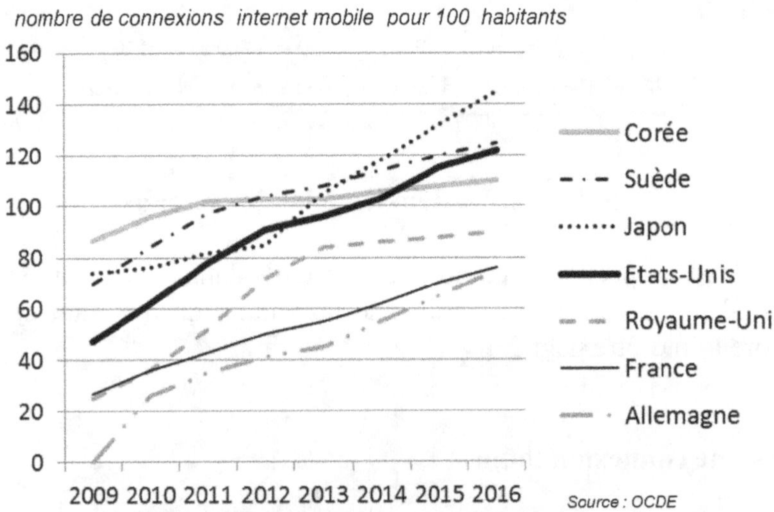

Figure 7. Pénétration de l'internet mobile

---

32 Le principal défi lancé par cette hyper-miniaturisation des composants est l'autonomie des batteries : ces smartphones ultra puissants voient en effet leur consommation d'énergie fortement augmenter.

Après la connexion des foyers, puis celle des personnes, la société numérique est entrée dans l'ère de la multi-connectivité. Chaque individu possède désormais plusieurs équipements connectés à internet et les utilise chez lui, sur son lieu de travail ou à l'extérieur, au gré de ses besoins et de ses envies. Le trafic généré par une tablette numérique est cinq fois plus élevé que celui d'un smartphone et celui d'un ordinateur portable connecté au réseau mobile, cinq fois plus élevé que celui d'une tablette.

Un changement plus radical encore se profile : le passage de l'ère des personnes connectées à l'ère des objets connectés. Grâce à une nouvelle version du protocole IP[33], il devient possible d'attribuer un nombre quasi infini d'adresses internet différentes et donc de connecter au web un nombre illimité d'objets. Supervision à distance des compteurs d'eau et d'électricité, de l'éclairage public, mais aussi des distributeurs automatiques, des automobiles ou même des pacemakers, les applications potentielles sont infinies. Déjà, une multitude de capteurs et autres équipements connectés à internet envoient à travers le réseau des milliards d'alertes et d'informations quotidiennes, reçoivent des ordres et les transmettent à des machines.

La multi-connectivité des personnes et le passage à l'ère des objets connectés sont deux phénomènes majeurs de cette *phase de mutation* de la révolution numérique. Le *M2M* ou « machine to machine », va transformer des pans entiers de notre société, nous y reviendrons plus loin. Bornons nous pour l'heure au constat suivant : avec le passage de l'internet des foyers à celui des personnes, puis de l'internet des personnes à celui des objets, le nombre de connexions à internet est en train d'exploser. Au milliard de lieux connectés dans le monde et aux plus de trois milliards de personnes, pourraient s'ajouter d'ici 2020 près de 50 milliards d'objets connectés[34].

---

33 Le protocole « IP V4 » permet d'attribuer quatre milliards d'adresses IP. Grâce à des adresses plus longues de 128 bits au lieu de 32, « IP V6 » permettra de connecter jusqu'à 667 millions de milliards d'objets. Ce nouveau protocole est en cours de déploiement.

34 Selon une prévision d'Hans Vestberg, Président d'Ericsson, formulée en avril 2010 et toujours en vigueur aujourd'hui.

Une demande jamais assouvie

Le développement des usages est étroitement lié aux capacités des nouveaux terminaux connectés. Ainsi, les utilisateurs de l'iPhone6 d'Apple consomment sept fois plus de données que ceux de l'iPhone3, de cinq ans seulement son aîné[35]. Le trafic internet mondial augmente de 35 % par an et sur les seuls réseaux mobiles, a cru de 63 % sur la seule année 2016[36]. Tiré par la vidéo en ligne et toutes les nouvelles applications, le volume de données acheminées sur l'ensemble des réseaux mobiles pourrait bien être multiplié par cinq entre 2017 et 2021, après avoir été multiplié par trente entre 2010 et 2015. Il n'y a dans toute l'histoire économique aucun autre exemple de croissance aussi rapide d'un nouvel usage. L'électrification, l'automobile et la télévision, innovations les plus marquantes de la révolution précédente, ont vu leur pénétration doubler tous les cinq ans au plus fort de leur expansion, alors que l'usage de l'internet mobile double tous les dix-huit mois. Ce n'est qu'un début : la généralisation de la 4G et l'arrivée programmée de la 5G ne laissent pas présager un ralentissement de cette croissance.

Quels seront les usages de demain ? Difficile de répondre avec précision à cette question. Toutefois, plusieurs tendances se dessinent : le smartphone sera utilisé pour la plupart des paiements de la vie quotidienne. Les internautes communiqueront toujours plus avec les objets qui composent leur environnement. L'intelligence artificielle entrera dans notre vie quotidienne, nous permettant de trouver des réponses pertinentes à la plupart de nos besoins en communiquant avec la machine en langage humain. Avec la réalité augmentée, nous vivrons des expériences multiples sans avoir à nous déplacer. Et tout cela se traduira par toujours plus de données échangées sur le réseau et l'accès à ces données à travers une grande diversité de connexions différentes, Wi-Fi, NFC, Bluetooth, 4G et bientôt 5G.

---

[35] Source : Arieso, janvier 2014.
[36] Source : Cisco, février 2017.

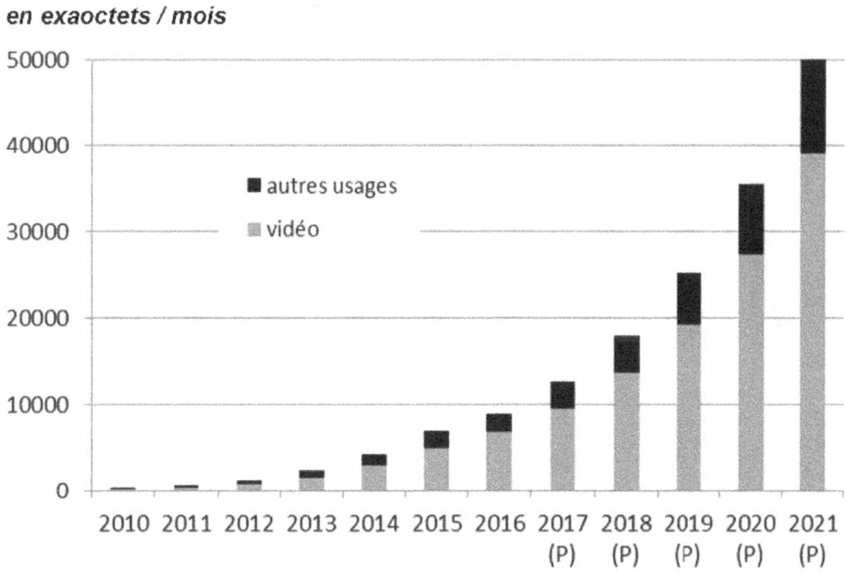

Source Cisco visual networking index 2016 - 2021
(P) : prévision

Figure 8. Évolution des usages mondiaux de l'internet mobile

Toutes ces tendances portent en germe les futures mutations de l'économie numérique. Hyper-connecté en tout lieu et à tout moment, l'individu interagit en temps réel avec son environnement, l'acheteur communique avec le vendeur, le salarié avec son entreprise, le citoyen avec l'ensemble de la société. Du supercalculateur des années 70 jusqu'à l'ordinateur personnel des années 2000, « l'intelligence » était confinée à l'intérieur des ordinateurs. Elle est désormais partagée à travers le réseau. Les services de *cloud computing*, nés il y a une quinzaine d'années pour répondre aux besoins d'informatique partagée des grandes entreprises, s'ouvrent aux particuliers. Des espaces de stockage gigantesques, des capacités de calcul énormes, toute une panoplie de nouveaux services sont désormais accessibles à tous à travers le réseau, quel que soit le mode de connexion.

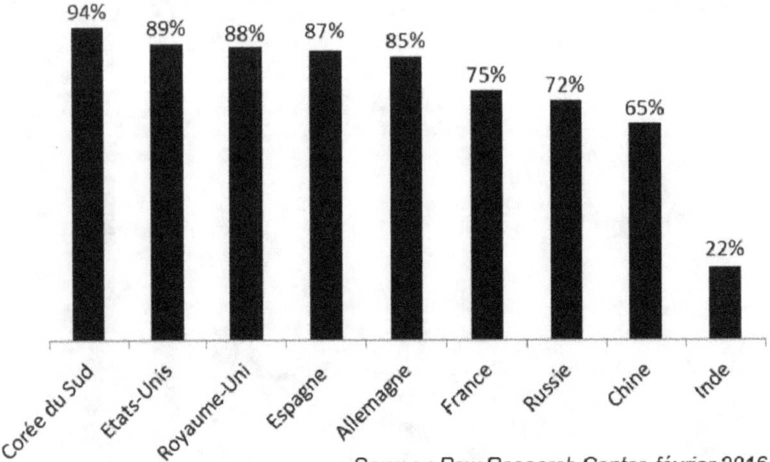

Figure 9. Part de la population adulte utilisant régulièrement internet (2016)

Le volume de trafic internet échangé offre une idée assez bonne du degré de digitalisation d'un pays. Il reflète l'intensité des usages des entreprises et des particuliers. En 2016, l'Europe[37] représentait 19 % du volume total des données échangées dans le monde sur les réseaux mobiles, alors que notre continent pèse pour 23 % du PIB mondial.

De nouveaux termes décrivent l'explosion du trafic internet mondial, on parle désormais en petaoctets, en exaoctets et même en zettaoctets[38]. Comme ces barbarismes vertigineux n'ont guère de sens pour le commun des mortels, remettons-nous en à une simple comparaison. En 2017, le volume mondial du trafic internet équivaut à deux fois l'enregistrement vidéo de toutes les réunions qui ont lieu la même année dans le monde.

---

[37] Europe géographique (UE 27 + Russie, Suisse, Norvège, Turquie, Ukraine…), source Cisco.

[38] 1000 gigaoctets (ou gigabytes) = 1 teraoctet, 1000 To = 1 petaoctet, 1000 Po = 1 exaoctet, 1000 Eo = 1 zettaoctet

De ce rapide panorama des trafics et des usages, retenons ceci : la demande des internautes finit toujours par répondre à l'offre de capacités supplémentaires. La créativité des consommateurs et leur appétit pour de nouveaux services finit toujours par remplir les réseaux et les espaces de stockage des serveurs et des ordinateurs. Gageons que l'ultra haut débit qui se prépare à déferler, trouvera à son tour ses propres débouchés.

L'autre leçon, c'est la forte appétence des Européens pour les services numériques. Et même si des retards existent sur certains usages par rapport aux Américains et aux Asiatiques, ces retards n'excèdent pas deux à trois années et sont aisément rattrapables : du point de vue de la demande et des usages, l'Europe du numérique est bien au rendez-vous.

CHAPITRE 3

QUAND LE TALENT DÉFIE LE CAPITAL

L'information est le pétrole de la nouvelle économie. Diffuser, dupliquer, stocker l'information ne coûte presque rien. Les distances sont abolies. Les marchés sont plus efficaces car l'offre et la demande se rencontrent plus facilement. Pour les nouveaux acteurs du net, la plupart des coûts sont variables et les idées comptent plus que le capital investi. Il n'y a plus de chasse gardée et certains des gagnants d'aujourd'hui seront supplantés par les jeunes pousses de demain. L'Europe est riche en créateurs talentueux. Et si les futurs Larry Page ou Mark Zuckerberg[39] étaient européens ?

Des oligopoles autrefois bien protégés

Les technologies de l'information et de la communication, les « TIC », reposent sur des infrastructures de réseau très coûteuses. Les opérateurs de télécommunications « historiques », Deutsche Telekom, Orange ou Telefonica en Europe, ATT, Verizon ou Sprint aux États-Unis, ont investi lourdement pour construire les réseaux que nous utilisons aujourd'hui. Coût du génie civil, coût des commutateurs, des répartiteurs et désormais coût des relais mobiles et des routeurs IP[40], le modèle économique des *telcos* se caractérise par une forte intensité capitalistique. À ces coûts fixes, s'ajoute le coût du personnel nécessaire à l'entretien des réseaux. Que le trafic soit dense ou non, ces coûts restent les mêmes. Le coût d'une minute de conversation ou d'un méga octet de données transportées est très élevé si le réseau est peu utilisé, il devient très faible lorsque le trafic s'intensifie. Certes, s'ajoutent à ces coûts fixes, des coûts variables comme celui des services commerciaux. Mais ces coûts variables sont bien inférieurs

[39] Les fondateurs de Google et de Facebook.
[40] Equipements de transmission du réseau IP (Internet Protocol).

aux coûts fixes et pour rentabiliser ses infrastructures, l'opérateur traditionnel de télécommunications se doit de gérer une base de clients importante pour être rentable. C'est pourquoi dans la plupart des pays, un maximum de trois ou quatre opérateurs se partagent la propriété des réseaux. Avec des dizaines, voire des centaines de millions de clients, les gros opérateurs ont longtemps réussi à dégager des taux de marge élevés, très supérieurs à ceux du reste de l'économie. Au début des années 2010, les *telcos* américains affichaient un taux de profit de 29 %, le meilleur de toute l'économie américaine[41].

Des modèles à forte intensité capitalistique se retrouvent également chez les acteurs de la couche « matériels » des TIC. Corollaire de la loi de Moore, la fabrication de microprocesseurs toujours plus puissants requiert une technologie de plus en plus sophistiquée. Très peu d'acteurs dans le monde sont capables de supporter le poids des investissements gigantesques nécessaires pour produire des puces électroniques de plus en plus complexes. Intel est l'un d'entre eux. Seule sa très grande taille lui permet de réaliser d'importantes économies d'échelle et de dégager de solides bénéfices. Constat similaire pour la fabrication des ordinateurs personnels et des téléphones mobiles : pour résister dans cet environnement très compétitif, les industriels doivent sans cesse innover. Les investissements en recherche et développement sont considérables et pour rester dans la course, ces entreprises sont tenues de dépenser des sommes énormes dans l'acquisition de brevets et de licences. En 2016, trois fabricants de smartphones réalisaient à eux seuls un peu moins de la moitié des ventes de smartphones dans le monde[42].

Les modèles à forte intensité capitalistique se traduisent par un ticket d'entrée élevé pour tout nouvel acteur tenté de se lancer dans l'aventure. Si le chinois Huawei a réussi à se hisser en une dizaine d'années au deuxième rang mondial des équipementiers de réseaux, c'est parce que Pékin a dépensé des sommes considérables pour

---

41 Devant le secteur minier et pétrolier à 24 %, l'industrie pharmaceutique à 23 % et très loin devant le secteur bancaire à 13 %. À titre de comparaison, le taux de profit moyen des services est de 10 %. Source : CNN Money, Fortune 500.

42 Il s'agit de Samsung (20 %), d'Apple (13%) et de Huawei (10%), source : IDC, septembre 2016.

s'offrir un champion national. Un acteur isolé ne saurait à lui seul mobiliser les volumes d'investissements nécessaires pour pénétrer ces marchés.

Ces modèles à forte intensité capitalistique ont longtemps protégé les entreprises européennes des TIC qui, à l'instar des grands opérateurs de télécoms, avaient lourdement investi dans les réseaux ou dans un appareil industriel puissant comme Alcatel, Siemens ou Nokia.

Ce modèle de rente est aux antipodes de celui d'une entreprise de services. Pour cette dernière, les coûts sont pour l'essentiel variables. Nul besoin de « posséder » un grand nombre de clients pour être rentable. En revanche lorsqu'elle grandit, sa marge augmente moins vite car les économies d'échelle sont moins importantes que dans des entreprises plus capitalistiques.

Si à l'origine, tous les acteurs des TIC relevaient d'un modèle à forte intensité capitalistique, dès la fin des années 90, apparaissent de nouveaux acteurs qui vont radicalement changer la donne. Le premier coup de boutoir vient de l'ouverture des marchés des télécoms. Pour permettre une rapide émergence de la concurrence, les gouvernements européens imposent aux opérateurs « historiques » l'ouverture de leurs réseaux à de nouveaux acteurs. Certains construisent leurs propres infrastructures, d'autres optent pour le statut d'opérateurs « *virtuels* », préférant payer un droit de passage pour utiliser les réseaux des autres. Reposant sur un modèle de coûts entièrement variables, ces entreprises ne fournissent que le service[43] et parviennent à être rentables avec un nombre de clients bien moins élevé que les opérateurs historiques. L'arrivée de ces opérateurs « virtuels » n'était que le prélude à des changements bien plus importants. En passant de la phase d'*éclosion* à la phase d'*expansion*, la révolution numérique allait basculer de l'ère de l'industrie dans l'ère du service et ébranler

[43] Les MVNO (Mobile Virtual National Operators) rémunèrent les opérateurs de réseaux en fonction du volume de trafic écoulé. Il en existe plusieurs dizaines en France, dont certains ont un nombre très restreint de clients. À la même époque apparait une multitude de fournisseurs d'accès internet, qui louent l'accès haut débit aux opérateurs historiques pour le revendre aux internautes. La plupart disparaissent avec l'éclatement de la bulle internet en 2002.

des acteurs européens jusqu'alors solidement ancrés dans leurs réseaux et dans leurs usines.

David contre Goliath

La nouvelle économie n'existerait pas sans les acteurs des TIC, opérateurs de télécoms, fabricants de terminaux et de matériels informatiques et concepteurs de logiciels complexes. Mais la révolution numérique n'aurait pas vu le jour sans l'éclosion en son cœur d'une nouvelle catégorie d'acteurs, plus agiles, plus rapides et tous issus du monde des services.

Ces nouveaux acteurs du numérique, nous les connaissons bien, certains font partie de notre vie intime plus sûrement encore que bien des amis. Ce sont les géants du net, ils ont pour nom Google, Facebook, Amazon ou Baidu[44], ce sont aussi des acteurs de taille intermédiaire comme Priceminister, Spotify, Pininterest ou encore CDiscount, mais également une myriade de start-up et de fournisseurs d'applications indépendants. Si différents soient-ils par leur taille et par la nature de leurs prestations, tous ces acteurs ont pour activité commune de rassembler, retraiter et diffuser à partir d'une plateforme des flux d'information sous divers formats, texte, image, vidéo, ou données transactionnelles. Produire une information fiable et de qualité peut s'avérer extrêmement coûteux, songeons au coût de production d'un blockbuster ou au nombre de journalistes employés dans une grande chaîne de télévision. En revanche, dupliquer un contenu numérisé, l'agréger et le diffuser ne coûte presque rien, car cette diffusion emprunte des réseaux qui existent déjà : là réside la grande nouveauté de l'économie numérique.

Conséquence, les seuls véritables coûts fixes de ces nouveaux acteurs du net sont les coûts de développement de logiciels et d'algorithmes toujours plus sophistiqués. La taille des serveurs

---

[44] Peu connu en occident, Baidu est le moteur de recherche utilisé par plus de 3 internautes sur 4 en Chine.

informatiques étant proportionnelle au volume d'informations traitées, il suffit souvent d'un investissement modeste pour lancer un nouveau service. De plus, les services internet utilisent des technologies très standardisées, les développeurs viennent le plus souvent greffer leurs applications sur des logiciels et des systèmes d'exploitation libres d'accès. En articulant une application de géolocalisation avec la messagerie instantanée Messenger et le réseau social de Facebook, on peut imaginer toutes sortes de nouveaux services de mise en relation des personnes situées dans un même périmètre et partageant le même centre d'intérêt.

Grâce à la faiblesse de leurs coûts fixes, les acteurs du net peuvent se développer très vite à partir de rien et pour ceux qui réussissent, dégager en quelques années d'importants profits au regard de leur capital investi[45]. Contrairement aux acteurs « traditionnels » des TICs, leur modèle économique n'est pas construit sur une accumulation d'investissements physiques, les anciennes barrières à l'entrée ont disparu : c'est la fin des chasses gardées. Ainsi, la domination de Facebook sur les réseaux sociaux n'a pas empêché le lancement réussi de Path, un réseau social pour les amis proches, de Millionnaires, un autre réseau social pour les personnes fortunées et de quantité de réseaux communautaires, sans oublier bien sûr Twitter, LinkedIn ou Tumblr. Le ticket d'entrée sur le marché ne se chiffre plus en dollars, la capacité à investir est éclipsée par celle à être le premier à avoir *la* bonne idée. Le créateur talentueux peut désormais réunir des millions d'utilisateurs autour d'un service dont le nom même était inconnu six mois plus tôt. Ce service viendra aussitôt enrichir d'autres services existants pour en accroître l'utilité : cette trans-fertilisation explique l'extrême rapidité avec laquelle s'est développé le « *cœur internet* » de l'économie numérique.

---

[45] En 2016, le bénéfice net de Google (19,5 milliards de dollars) était deux fois plus élevé que le volume de ses investissements de l'année, il représentait le tiers de ses immobilisations corporelles totales. Par comparaison, pour Orange le bénéfice net 2016 était trois fois moins élevé que ses investissements de l'année.

Un village planétaire

Le métier des nouveaux acteurs du net consiste à centraliser, stocker, interpréter, retraiter et diffuser des contenus numérisés à partir d'une plateforme. La disparition des coûts de transport est l'une des ruptures majeures apportée par la révolution numérique. La locomotive au XIXème siècle, puis l'automobile et l'avion au siècle suivant avaient considérablement réduit les distances et les coûts de transport, entrainant dans leur sillage un formidable essor du commerce des marchandises et des déplacements de personnes. Mais le prix d'un billet de train ou d'une tonne de fret maritime reste encore aujourd'hui fortement dépendant de la distance parcourue. Même les réseaux téléphoniques d'avant le tout numérique n'avaient pas pu s'affranchir totalement de cette loi d'airain de la distance, on évitait d'appeler trop longuement sa grand-mère de Lozère, tandis que l'on pouvait pour un prix modique passer des heures au téléphone avec son voisin de palier. Dans l'économie numérique, la distance est abolie.

Cette absolue nouveauté tient à la structure du réseau internet et des technologies qui lui sont associées. Dans les anciens réseaux en mode « *circuit* », un lien physique s'établissait lors de chaque communication. Ce lien était plus ou moins direct, il dépendait de l'occupation du réseau. Par exemple, une conversation entre Paris et Lyon était acheminée à travers un ensemble de commutateurs et pouvait aussi bien emprunter une route directe que transiter par Strasbourg ou Bordeaux. Mais globalement, téléphoner à l'autre bout de la France nécessitait d'emprunter plus d'équipements de commutation et de transmission, donc coûtait plus cher qu'appeler à côté de chez soi.

Avec internet, l'information s'affranchit de toute contrainte liée à un itinéraire physique. Un flux d'information, conversation, courriel, photo ou vidéo, est décomposé et encapsulé dans des datagrammes ou « *paquets* ». Chaque paquet, d'une taille d'environ 1500 octets[46] (soit 8 x 1500 bits élémentaires) emprunte un chemin différent à travers le

---

[46] A titre de comparaison, une image de résolution moyenne pèse 1000 k octets. Pour être acheminée, cette image doit être décomposée en près de 700 paquets, qui empruntent autant de chemins physiques différents.

réseau. Il possède un en-tête qui l'aide à trouver sa destination finale. Arrivés à destination, les paquets sont rassemblés pour reconstituer l'intégralité de l'information transmise. Comme les paquets circulent à la vitesse de la lumière, l'utilisateur final n'a aucun moyen de savoir si la page web qu'il vient de consulter est hébergée sur un site implanté dans les forêts de l'Oregon ou en face de chez lui.

L'abolition de la distance a une autre conséquence importante : global et local ne font plus qu'un. L'économie traditionnelle reposait sur la distinction entre des marchés locaux et des marchés lointains. Désormais, une entreprise à la recherche d'un produit, même très spécifique, peut en quelques clics trouver et mettre en concurrence les fournisseurs du monde entier susceptibles de répondre à son besoin. Le site chinois Alibaba en est une parfaite illustration : cherchez n'importe quel produit, un fauteuil hydraulique pour dentiste si telle est votre profession, et vous trouverez en quelques secondes des dizaines de fabricants en Chine et aux États-Unis. De même, une petite entreprise peut se faire connaitre du monde entier dès lors qu'elle est sur le bon créneau et qu'elle a su mettre en avant les bons mots clés pour se faire référencer. Accéder à l'information ne coûte plus rien… encore faut-il savoir communiquer.

C'en est fini du dernier village gaulois. Si la révolution numérique n'est pas la seule cause de la mondialisation, elle en a sérieusement accéléré le mouvement.

Des barrières immatérielles

Des coûts fixes pour l'essentiel supportés par d'autres, un coût de transport de l'information très faible, les acteurs du net disposent de sérieux atouts pour conquérir le monde. Ce panorama quelque peu idyllique doit cependant être nuancé, sans quoi absence de barrières à l'entrée rimant avec quasi absence de coûts, la ruée vers le *soleil* numérique rendrait tout le monde riche et heureux …

La première nuance porte précisément sur l'idée qu'il n'y aurait pas de barrières à l'entrée. S'il n'est nul besoin d'investir massivement pour lancer un nouveau service numérique, ne devient pas Larry

Page[47] qui veut. En d'autres termes, le capital productif des acteurs du net, ce ne sont pas des réseaux ou des usines, ce sont d'abord des idées, un savoir et un savoir-faire accumulés dans le temps. Et les très bonnes idées sont rares, elles peuvent valoir de l'or. Lorsque Google rachète en 2011 Motorola pour 12,5 milliards de dollars, ce n'est pas pour posséder les usines de ce fabricant de terminaux, c'est avant tout pour mettre la main sur ses milliers de brevets dans le domaine des systèmes d'exploitation pour téléphone mobile. Les brevets sont des protections efficaces. En valorisant les actifs immatériels des entreprises du net bien plus cher que des usines ou des machines, les marchés financiers l'ont parfaitement compris. En déclenchant de coûteux procès pour violation de la propriété intellectuelle, les géants du net disposent d'une arme redoutable pour freiner l'expansion de leurs concurrents.

L'autre barrière à l'entrée, c'est la notoriété de la marque. Si l'idée vous vient d'ouvrir demain un site de commerce en ligne sans chercher à vous adosser à une marque forte, vos chances de concurrencer un jour eBay ou Amazon sont voisines de zéro. Cette seconde barrière est pourtant moins difficile à franchir que la première. À condition d'être original, bien conçu et de répondre à une réelle attente des consommateurs, un nouveau service peut se faire sa place au soleil grâce aux réseaux sociaux et au marketing digital, sans que son concepteur ne soit obligé de dépenser une fortune en publicité. Le « *buzz* » numérique est infiniment plus efficace que le classique bouche à oreille. Une application mise en ligne sans moyen particulier peut en quelques mois faire la fortune de son inventeur[48]. A contrario, être adoubé par une grande marque n'est pas forcément un gage de succès. Bing, le moteur de recherche lancé par Microsoft en 2009 n'est jamais parvenu à inquiéter Google, pas plus que Google + n'a sérieusement menacé Facebook. Capital intellectuel, valeur de la

---

[47] Larry Page est avec Sergueï Brin, le co-fondateur de Google. Il est Président d'Alphabet, la maison mère de Google.

[48] Ainsi, Angry Birds l'application la plus téléchargée sur téléphones mobiles, comptait en 2012 à peine trois ans après son lancement, un milliard de téléchargements dans le monde. Rovio, la société finlandaise à l'origine d'Angry Bird, est valorisée pour près d'un milliard de dollars.

marque… ces barrières à l'entrée ne sont pas infranchissables. N'entre toutefois pas dans le *cœur internet* qui veut.

Il est un autre coût auquel personne ne prêtait attention aux débuts de l'internet, c'est celui de l'énergie. Car si le transport de l'information ne coûte presque rien aux acteurs du net, le traitement de cette information dans des centres de données toujours plus grands consomme beaucoup d'énergie. Pour faire fonctionner un serveur qui traite des milliards d'opérations en un instant, il faut en permanence refroidir des machines remplies de processeurs dégageant une énorme quantité de chaleur. Une étude très remarquée affirmait il y a quelques années que la consommation énergétique pour « maintenir en vie » un personnage virtuel dans le jeu Second Life était comparable à celle d'un Brésilien moyen[49]. Si de tels calculs sont discutables, il n'en reste pas moins que l'énergie représente pour les hébergeurs de sites un coût variable loin d'être négligeable.

À l'issue de ce chapitre, retenons une autre leçon. Les acteurs nés au cœur du *« soleil internet »* se sont développés à partir de structures de coûts très différentes de celles des acteurs traditionnels des TIC. Beaucoup plus souples que leurs aînés, ils ont inventé de nouveaux modèles économiques, capables d'ériger en quelques années des start-up en multinationales. Alors que dans l'économie traditionnelle, des entreprises se sont battues pendant des décennies pour gagner quelques parts du marché mondial, dans l'économie numérique, les champions d'aujourd'hui n'existaient pas il y a quelques années… et rien n'indique qu'ils existeront encore demain. C'est un message d'espoir pour l'Europe. Car si comme nous le verrons plus loin, les champions de la nouvelle économie sont aujourd'hui américains ou asiatiques, l'Europe possède de très nombreux talents…et la roue du numérique tourne vite.

---

[49] Nicholas Carr dans « The big switch, rewiring the world » (2008).

Figure 10. La fin des chasses gardées

CHAPITRE 4

PENSER GLOBAL POUR EXISTER

Si le talent et les idées sont les valeurs les plus sûres de la nouvelle économie, encore faut-il ne pas se tromper de terrain de jeu. Dans l'économie numérique, l'information se propage à la vitesse de la lumière et les vieilles frontières sont abolies. Les nouveaux maîtres du net l'ont bien compris qui offrent aux internautes un service global sur une base mondiale. Trop peu d'Européens ont eu jusqu'à présent cette ambition, ou ceux qui l'on eue se sont fait racheter par les géants américains.

Des marchés sans frontières

Dans l'économie traditionnelle, le marché est plus ou moins fragmenté, le prix d'un bien n'est pas le même partout, l'offre et la demande ne s'équilibrent pas de la même façon en tout lieu et en tout temps. Les causes de distorsion sont nombreuses. C'est d'abord la distance qui sépare le producteur du consommateur, même si avec l'essor des transports modernes, les deux premières révolutions industrielles ont fortement réduit les écarts de prix liés aux coûts de transport. La deuxième distorsion réside dans la connaissance imparfaite du marché : l'information circule plus ou moins bien. Les distributeurs en jouent, en segmentant le marché pour vendre plus cher ici et moins cher ailleurs. La longueur des circuits de distribution, la réglementation qui dresse des barrières artificielles aux frontières ou encore les effets de mode et d'imitation sont d'autres facteurs de distorsion.

Dans l'économie numérique, tous ces motifs de viscosité du marché volent en éclats.

Le marché numérique est transparent. L'information sur les prix et les caractéristiques des produits sont diffusés gratuitement, partout et sans délai. La disponibilité de l'information n'est plus un critère discriminant, l'offre va à la rencontre de la demande et la demande à la rencontre de l'offre. Avec les comparateurs de prix, les forums de discussion et les sites d'information, le consommateur dispose de toute l'information nécessaire, tandis que le vendeur va directement au juste prix et communique en temps réel sur ses opérations commerciales. Avec les sites d'enchères en ligne, voire d'enchères inversées, la salle des ventes est à l'échelle de la toile. Le marché est global et s'ajuste instantanément.

Le marché des services numériques est atomisé. Certes, les grands agrégateurs captent une part importante de la valeur créée sur internet[50]. Certains acteurs sont même dominants dans leur secteur. Google est le leader incontesté des moteurs de recherche, Facebook des réseaux sociaux et eBay des enchères en ligne. Mais à côté de ces géants, prospère une multitude d'acteurs dont aucun n'impose ses prix sur le marché[51].

Sur le marché des services numériques, les contenus sont homogènes. Un film ou un morceau de musique peut être dupliqué à l'infini, il reste le même sur tous les sites qui le distribuent, même si le marketing s'emploie à différencier le service qui accompagne ce contenu.

Enfin sur le marché numérique, les facteurs de production circulent librement. La distance est abolie, les coûts de transport sont nuls, un site peut indifféremment choisir de se faire héberger sur un serveur européen ou américain.

Transparence, fluidité et atomicité du marché, homogénéité des produits, mobilité des facteurs, la révolution numérique aurait-elle découvert le Graal de la concurrence pure et parfaite jadis théorisée par Léon Walras ? Certes non. Les entraves au fonctionnement *pur et parfait* des marchés sont loin d'avoir disparues, même au cœur du

[50] Sur un chiffre d'affaires de 4100 milliards d'euros réalisé par les TICs dans le monde, les cinq plus grosses entreprises totalisaient en 2016 un chiffre d'affaires de 860 milliards d'euros, soit 21 %.

[51] Apple qui continue de fixer les tarifs des applications vendues sur ses iPhones et le pourcentage qu'il prélève sur les revenus des fournisseurs des services accessibles à travers ces applications, constitue une exception.

nouveau soleil. Réglementations protectionnistes et rentes d'oligopoles restent légions. Pour preuve, les attaques lancées en 2016 par la Commission européenne contre Google pour abus de position dominante. Les contenus ne sont pas accessibles partout car les droits de diffusion sont négociés pays par pays, entravant l'émergence d'un marché mondial.

Pourtant, la révolution numérique améliore globalement l'efficacité des marchés en rendant plus fluide l'ajustement entre l'offre et la demande. Les techniques de tarification en temps réel, ou *yield management* en sont une illustration intéressante : grâce à une information centralisée et en temps réel sur l'état des réservations, compagnies aériennes et ferroviaires modulent leurs tarifs en fonction du nombre de places disponibles dans les avions et dans les trains, optimisant ainsi l'ajustement de la demande à une offre par définition peu flexible[52].

Ce fonctionnement plus efficace des marchés a pour corollaire une redéfinition des rapports de force entre le producteur et le consommateur. Et si les marchés sont plus efficaces, les besoins des consommateurs se sont individualisés et l'offre s'est personnalisée. À l'intérieur d'un marché global, s'installent quantité de micromarchés sur lesquels viennent se positionner des acteurs de plus en plus spécialisés. Des micro-monopoles alimentés par un marketing de la différenciation, se forment pour répondre à ces besoins spécifiques. Certes, les marchés sont plus transparents et plus fluides, l'économie numérique crée aussi des rentes de situation dont profitent tous ceux qui ont su répondre à un besoin très précis des clients.

Plus efficaces, les marchés numériques sont également plus flexibles. Dans l'économie traditionnelle, le marché réagit à une augmentation de la demande par une augmentation des prix, car sur le court terme, le volume produit est limité par la quantité de machines et de main d'œuvre capables d'assurer cette production. Ce n'est qu'ensuite que les entreprises adaptent leurs capacités de production pour répondre à un surplus durable de la demande.

---

[52] Une illustration de la fluidité des marchés numériques fut donnée en 2011 par la catastrophe de Fukushima. Dans les heures qui suivirent, le prix des billets d'avion au départ du Japon s'envola jusqu'à 8000 euros, pour retomber au bout de quelques jours grâce aux réseaux sociaux.

Les services numériques bouleversent cette logique. L'offre répond instantanément à la demande, diffuser en plus grand nombre un blockbuster ou une musique à la mode ne coûte pas plus cher, puisque le coût de duplication et de transport de l'information est presque nul. Le consommateur qui ne paye rien ou parfois un prix fixe pour un accès illimité en streaming, est insatiable et la seule limite à la demande est physique : le temps disponible pour consommer des biens numériques n'est pas extensible à l'infini. Et comme le prix ne dépend plus de la demande, dans l'économie numérique, les prix baissent alors que la demande explose.

Des intermédiaires si précieux

Autrefois, c'est-à-dire à la fin du XXème siècle, le volume d'informations disponibles était limité. Nous accédions à six chaînes de télévision et pas une de plus. Rares, les programmes captaient facilement notre attention. Aujourd'hui, c'est l'inverse : les contenus sont pléthoriques et notre attention devient rare face à leur multitude[53]. Trouver sur le web une information utile ou un contenu précis sans aucune aide, c'est comme chercher une aiguille dans une meule de foin. L'information a très peu de valeur en tant que telle, pas plus que la faculté d'être connecté avec plus de trois milliards d'internautes ou 600 millions de sites. En revanche, l'information pertinente a une grande valeur pour qui en a besoin.

C'est pourquoi internet a vu fleurir dès ses débuts un nouveau métier : l'agrégateur numérique, dont la valeur ajoutée consiste à mettre l'information pertinente en face de la personne intéressée.

Sa valeur repose sur trois éléments. D'abord, l'agrégateur numérique doit être capable de classer et de restituer toute l'information disponible de façon pertinente. Un moteur de recherche qui se bornerait à rassembler tous les articles de presse existants et à les présenter par ordre chronologique ne présenterait guère d'intérêt.

---

53 Seize ans de visionnage ininterrompu seraient nécessaires pour regarder l'ensemble des vidéos ajoutées en une seule journée sur le site de YouTube.

Ensuite, l'agrégateur doit s'efforcer de bien connaitre les attentes de ses utilisateurs. C'est vrai pour les généralistes : tel service de vidéos recommandera à ses clients des films en lien avec ceux déjà vus, tel site de commerce en ligne proposera de bonnes affaires en rapport avec les transactions précédentes. C'est vrai aussi pour les spécialistes. Dans l'économie traditionnelle, viser une clientèle très précise peut s'avérer un choix périlleux. Les petites librairies spécialisées ont souvent du mal à survivre, car leur clientèle existe mais elle est très dispersée. Avec internet, l'agrégateur se spécialisant dans un marché de niche aura autant de chances de réussir dans son domaine qu'un agrégateur généraliste, pour peu qu'il vise un marché global : la distance étant abolie sur le web, le spécialiste des montres à gousset du XVIIIème siècle n'aura pas trop de mal à trouver son marché dans l'économie numérique... si son site est accessible aux collectionneurs des cinq continents. Tandis que s'il commence par ouvrir une boutique à Paris, il y a fort à parier qu'il succombera sous le poids des charges avant d'avoir reçu la visite de son premier client.

Enfin, l'agrégateur numérique doit apporter un service qui n'existe pas dans l'économie traditionnelle. Acheter en ligne des pâtes italiennes présente peu d'intérêt si les mêmes produits existent chez l'épicier d'à côté. En revanche, ne plus faire la queue comme autrefois dans une agence de voyages spécialisée dans les vols à prix réduit est un service précieux que seul peut rendre l'agrégateur numérique.

Les modes d'agrégation ne cessent d'évoluer. Avant la révolution numérique, l'agrégation de contenus obéissait à une logique éditoriale linéaire, les articles de presse se succèdent dans les pages du quotidien, les émissions dans la grille de programmes de la chaîne de télévision. La révolution numérique a fait émerger de nouveaux modes d'agrégation entièrement « délinéarisés ». On y entre par n'importe quelle porte en fonction de ses centres d'intérêt, c'est le moteur de recherche, le catalogue de vidéos, la boutique d'applications mobiles. La phase de *mutation* dans laquelle nous entrons voit émerger un troisième type d'agrégation, où l'utilisateur non seulement choisit sa porte d'entrée, mais devient également acteur : il recommande, partage et enrichit les contenus reçus. Avec l'arrivée des *chatbots*, ces messageries instantanées où la machine comprend le langage de l'utilisateur et peut, grâce à l'intelligence artificielle, lui proposer des solutions répondant à ses besoins précis, l'agrégateur devient un robot intelligent capable de rendre tous les services.

Avec les agrégateurs numériques, le monde entier devient une place de marché unique.

Convergence à tous les étages

Avec l'arrivée du « tout internet », les grands acteurs du net se positionnent sur tous les niveaux de la chaîne de valeur dans une logique d'intégration « verticale ». Leur objectif est simple : être au plus près du consommateur dans tous les instants de sa vie numérique afin d'en prendre le contrôle global. Cette évolution n'aurait pas été possible sans une convergence généralisée des technologies, des réseaux, mais aussi des services.

La première convergence est d'ordre technologique. C'est le rapprochement entre l'informatique et les télécoms. Le mariage fut scellé en trois temps.

A l'origine, les réseaux télécoms acheminaient la voix sur des fréquences analogiques, on se souvient des commutateurs jadis actionnés manuellement par des opératrices. Automatisés après la guerre, les commutateurs électromécaniques cèdent la place vers la fin des années 70 aux commutateurs électroniques. Les flux de transmission sont alors numérisés.

Le second acte du mariage entre l'informatique et les télécoms, c'est bien sûr l'arrivée de l'internet. Avec le protocole IP, le lien physique entre l'émetteur et le récepteur de l'information disparait, on passe de la commutation en mode « circuit » à la commutation en mode « paquet », avec comme nous l'avons vu, une conséquence essentielle : l'information est désormais transportée à un coût variable presque nul puisque la distance ne compte plus. Internet porte ce mariage jusque dans les foyers : avec l'ADSL puis la fibre, les fréquences analogiques du téléphone sont abandonnées au profit d'une bande de fréquences beaucoup plus élevée qui véhicule un signal numérique. L'informatique devient communicante.

Le troisième acte de ce mariage, c'est le *« cloud computing »*, l'informatique dans le nuage. Avec l'explosion des débits, l'intelligence qui se trouvait dans les ordinateurs est déportée à travers le réseau dans des serveurs géants. D'énormes puissances de calcul et de stockage sont ainsi mises en commun dans des centres informatiques partagés, accessibles en tout lieu et en tout temps. Le réseau est lui-même virtualisé, son intelligence est déportée dans des couches logicielles complètement flexibles. Ce troisième acte vient à peine de commencer, il ouvre d'énormes perspectives pour des services numériques radicalement nouveaux. Ainsi, la phase de *mutation* scelle une convergence complète entre le monde de l'informatique et celui des télécoms.

La deuxième convergence s'opère à l'intérieur même de la couche télécoms, c'est la convergence entre les réseaux. Là aussi, la pièce est écrite en trois actes.

A l'origine, les réseaux mobiles reposaient sur des architectures distinctes de celles des réseaux fixes. Non seulement l'accès local différait, avec pour le mobile un maillage de cellules autour des antennes, mais le réseau de transport et ses systèmes de supervision étaient également séparés. Pour cette raison, les services proposés aux utilisateurs du téléphone portable n'étaient à l'origine pas les mêmes que ceux proposés aux utilisateurs du fixe. Avec la généralisation des cœurs de réseau IP vers la fin des années 2000, les fonctions de contrôle qui assurent le bon acheminement des flux sont mutualisées avec celles des réseaux fixes. Grâce à cette première convergence, les principaux services de communication sont utilisables quel que soit le réseau, comme par exemple la consultation des courriels ou la messagerie instantanée.

Le second acte résulte de l'explosion des usages internet en mobilité. Pour éviter la saturation des réseaux mobiles dont les fréquences constituent des ressources rares, les opérateurs cherchent à déporter le plus de trafic possible vers les réseaux fixes. En connectant leurs téléphones mobiles, ordinateurs et tablettes sur des points d'accès wi-fi dans la rue ou chez eux, les internautes contribuent à la convergence des réseaux.

Le dernier acte de cette convergence entre réseaux fixes et mobiles, c'est l'arrivée de la 4G. Désormais fixe et mobile fonctionnent de bout en bout avec le même protocole IP, les architectures des deux réseaux sont en passe d'être entièrement fusionnées. Pour les internautes, cela signifie que n'importe quel service, la télévision par exemple, est accessible partout, quel que soit le mode d'accès au réseau. Illustration de cette convergence des réseaux, en 2017 plus de la moitié des foyers français utilisent le fixe et le mobile dans le cadre d'un contrat tarifaire unique.

La troisième convergence, c'est la convergence entre les services. Le passage au tout numérique du secteur des médias et du divertissement en est à l'origine. En 2016, un tiers des revenus de ce secteur a déjà basculé sur internet et même 38 % pour le seul domaine de la publicité[54]. Le chiffre d'affaires de la musique en ligne excède désormais celui des ventes de compact discs, tandis que les ventes de jeux en ligne dépassent celles des jeux vendus sur des supports physiques. Avec la numérisation des contenus, les frontières entre les formes d'expression disparaissent : les grandes chaînes de télévision, les stations de radio et les groupes de presse deviennent multimédia et mêlent tous types de contenus sur tous types de supports, interagissant avec leur public via les réseaux sociaux. Avec le livre électronique, la lecture d'un texte se prolonge par celle de vidéos. Les téléviseurs directement connectés à internet effacent la distance qui restait entre le monde de la télévision et celui du web.

À l'origine limitée aux médias, la convergence des services est en train de gagner tous les secteurs d'activité. Le tourisme et les transports sont confrontés à une même problématique de gestion de leurs taux de remplissage. En mutualisant les offres de vols et de séjours grâce à des techniques de *yield management*, compagnies aériennes et chaînes hôtelières parviennent ensemble à optimiser le remplissage des avions et des chambres d'hôtels. Le développement du paiement sur mobile annonce d'autres formes de convergence, par exemple entre les services bancaires et les programmes de fidélité des

---

[54] Source: PricewaterhouseCoopers, Global entertainment and media outlook 2016-2020).

commerçants. On l'a compris, la convergence des services ne fait que commencer.

Le triomphe des acteurs globaux

La recherche d'un lien direct et permanent avec le consommateur n'est pas l'apanage des seuls acteurs du numérique, c'est un enjeu clé pour de nombreuses entreprises. Par ce lien, elles espèrent compléter le revenu initial issu de la vente d'un bien par un flux de revenus réguliers. Créer une relation d'intimité avec le client favorise cette relation durable et limite le risque de le voir partir un jour vers un concurrent. Ainsi, le métier d'un constructeur automobile ne consiste plus à vendre des voitures, mais à fournir un service de transport individuel, incluant réparation, entretien et remplacement du véhicule, moyennant un abonnement mensuel. Cet enjeu de proximité avec le client final est crucial pour les acteurs du numérique :

- les fabricants de matériel électronique veulent s'assurer que leurs clients leur resteront fidèles le jour où ils renouvelleront leur équipement, ce qui advient en moyenne tous les trente-six mois pour un ordinateur individuel et tous les dix-huit mois pour un smartphone ;
- les agrégateurs numériques veulent maximiser l'audience de leurs plateformes et cherchent à capter sur celles-ci l'ensemble des usages numériques des internautes ;
- les opérateurs télécoms ont toujours entretenu un lien fort avec leurs clients, à travers leurs réseaux de boutiques, leurs centres d'assistance et une facturation mensuelle. Mais cette relation privilégiée leur est aujourd'hui contestée par les fabricants de terminaux et les agrégateurs numériques. Conserver ce lien est pour eux un enjeu d'autant plus crucial qu'ils ne peuvent plus compter sur la croissance du nombre de leurs clients et recherchent à en augmenter la valeur en leur proposant de nouveaux services. Perdre ce lien les ravalerait au rang de simples fournisseurs de bande passante.

Être présent à chaque instant de la vie numérique des internautes est donc l'objectif de tous les grands acteurs de l'internet. Chaque client peut valoir beaucoup d'argent. Souvenons-nous des prix astronomiques auxquels furent rachetés certains opérateurs mobiles au début des années 2000 [55] . Aujourd'hui encore, la valeur des agrégateurs numériques reste directement liée au nombre d'utilisateurs de leurs services, que ceux-ci leur rapportent de l'argent ou non. Leurs introductions en bourse rappellent que le nombre de clients reste bien ce Graal à conquérir[56]. Or, la révolution numérique est avant tout une révolution de services. C'est à travers le service que l'on conquiert et fidélise le client. « Posséder » un client, c'est lui offrir un service de bout en bout, le plus complet et le plus intégré possible.

La convergence des technologies et des services conjuguée à cette volonté de maîtriser la relation avec le client dans sa globalité a pour conséquence une complète redistribution des cartes. Les frontières entre les cercles concentriques du *nouveau soleil* deviennent floues. La compétition est générale et chacun cherche à investir dans les domaines adjacents à son métier d'origine afin d'accompagner ses clients dans l'ensemble de leur vie numérique.

Ainsi, les fabricants de matériel ont créé des plateformes de services qui offrent à leurs clients une totale continuité d'expérience entre leur terminal et les usages associés. La boutique d'applications App Store et la bibliothèque de contenus multimédia iTunes Store constituent les exemples les plus aboutis de cette stratégie d'intégration, qui voit la firme à la pomme récompensée par une fidélité inoxydable de ses clients. Les fabricants de téléviseurs comme Sony ou Samsung cherchent également à intégrer bouquets de chaînes et services du web dans leurs téléviseurs connectés afin de mieux fidéliser leurs clients.

Les géants des services informatiques n'ont pas tous suivi la même stratégie. Alors qu'IBM se délestait de sa branche ordinateurs

---

[55] France Télécom accepta de débourser 50 milliards d'euros en mai 2000 pour le rachat d'Orange, soit rapporté au nombre de clients de l'époque, 5000 euros par client.

[56] Ainsi, Facebook est entré en bourse en mai 2012 sur la base d'une valorisation de 100 milliards de dollars, alors que le réseau social comptait 900 millions d'utilisateurs, soit une valeur d'environ 100 dollars par utilisateur, à comparer à une recette unitaire de 6 dollars par an. En mars 2014 King Digital, l'éditeur britannique du jeu sur mobile Candy Crush est entré en bourse sur une valorisation de 7 milliards de dollars, fort de ses 144 millions de joueurs quotidiens.

personnels en 2005 pour se recentrer sur son cœur de métier, les grands ordinateurs, Microsoft fort de sa position dominante sur les systèmes d'exploitation pour ordinateurs personnels, se positionne sur toutes les couches, « matérielle » avec sa console de jeux Xbox, télécoms avec Windows Messenger puis en 2011 avec le rachat de Skype et services internet avec son navigateur Explorer, complété par le moteur de recherche Bing.

Les opérateurs télécoms s'inscrivent dans la même logique d'intégration verticale, à la fois pour encourager l'utilisation de leur réseau, avec par exemple des services de stockage des contenus personnels en ligne accessibles quel que soit le terminal utilisé, mais aussi pour se différencier de leurs concurrents, en développant de nouvelles sources de revenus qui fidélisent les clients. Ainsi, Orange, SFR et Bouygues ont construit leurs propres plateformes de télévision et distribuent les catalogues de Canal +, TF1, France Télévisions et bien sûr des grands majors américains. En revanche, peu d'opérateurs franchissent le pas conduisant de l'agrégation de contenus à l'édition exclusive de ces contenus[57].

Mais ce sont les agrégateurs numériques, nés dans le *cœur internet*, qui ont poussé le plus loin cette logique d'intégration verticale. Leur ambition mondiale leur fournit un avantage décisif par rapport aux autres acteurs des TIC et notamment par rapport aux Européens dont l'intégration verticale est freinée par l'éclatement du marché au niveau de chaque pays : les licences des réseaux télécoms sont en effet octroyées au niveau national, les droits de diffusion des films et de la musique sont négociés pays par pays, les circuits de distribution sont régionaux. Les *internet players* se jouent de ces contraintes : leur base d'utilisateurs est planétaire, leurs services sont disponibles dans le monde entier et surtout, leurs coûts de diffusion sont presque nuls. Ainsi, des services entièrement nouveaux peuvent en quelques mois séduire des dizaines, voire des centaines de millions d'internautes dans le monde entier.

---

[57] Citons France Télécom qui avait acquis en 2008 pour 824 millions d'euros, une partie des droits de diffusion de la Ligue 1 de football pour sa chaîne Orange Sport.

Pour développer leur audience et fidéliser leurs clients, les géants du net agrègent autour de leurs plateformes le plus vaste ensemble de services numériques possibles, soit en partenariat, soit à travers leurs propres solutions. Par exemple, Facebook enrichit l'expérience de ses deux milliards « d'amis » avec des jeux en ligne spécialement adaptés au réseau social par Zynga, rachète à prix d'or le service de messagerie WhatsApp ou encore le site de partage de photos Instagram. Google va encore plus loin, en imposant son système d'exploitation Android sur la plupart des smartphones et tablettes : Android est le cheval de Troie de tout l'univers de services de Google[58]. Plusieurs acteurs du net n'ont pas hésité à prendre directement position dans la couche matérielle pour mieux contrôler la distribution de leurs services. Ainsi le rachat du fabricant de téléphones mobiles Motorola par Google en 2011, de Nokia par Microsoft en 2013, ou le lancement par Amazon du Kindle, un terminal dédié à la distribution des contenus vendus sur sa plateforme et plus récemment de son assistant vocal Alexa.

Conséquence de ces stratégies d'intégration verticale, les grands agrégateurs numériques rachètent à prix d'or tous les acteurs du net susceptibles de renforcer leur présence dans la vie numérique du client. Nombre d'entreprises européennes prometteuses, dès lors qu'elles commencent à grandir, tombent ainsi dans le giron des géants américains, sans qu'aucune alternative ne leur soit offerte par des acteurs du vieux continent. Fin 2016, huit des vingt-cinq « licornes[59] » battent pavillon européen ; pour combien de temps encore ?

---

[58] Lancé en 2008, le système d'exploitation Android équipait 88 % des smartphones vendus dans le monde en 2016. Tous les autres systèmes d'exploitation ont été marginalisés par Android, à l'exception d'iOS le système d'Apple qui équipe 12 % des smartphones.

[59] Les « licornes» désignent les start-up internet dont la valorisation excède un milliard de dollars.

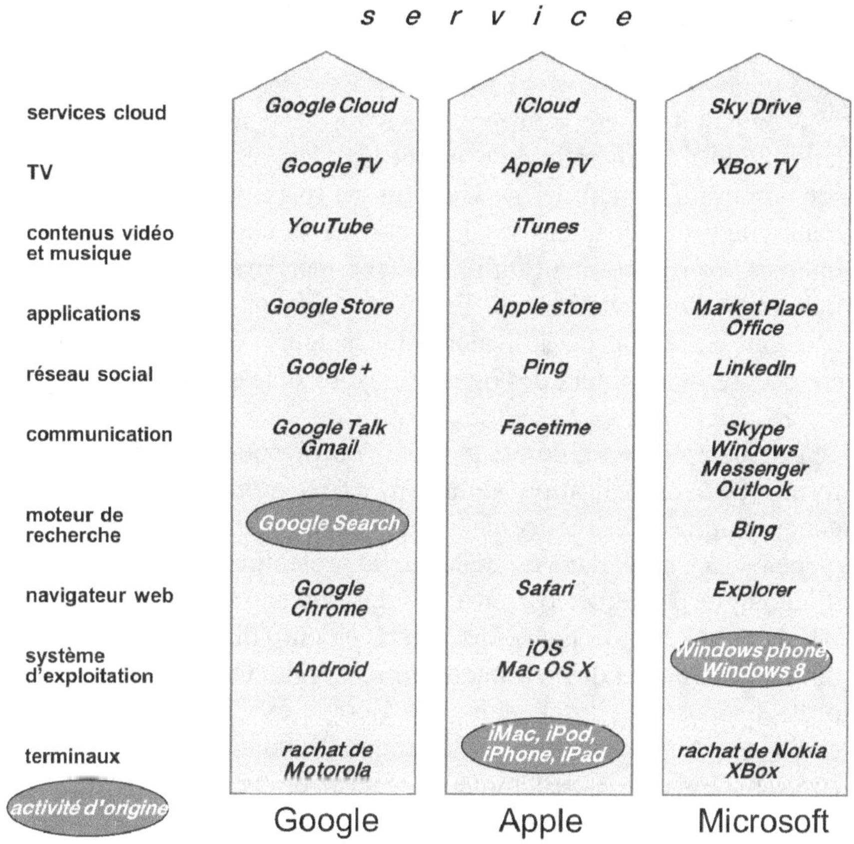

Figure 11. La verticalisation des grands acteurs du net

Un constat se dégage de ce rapide survol : qu'ils soient originaires des trois couches concentriques qui forment les TIC ou qu'ils soient agrégateurs de contenus ou « *pure players* » nés dans le *cœur internet*, tous les acteurs de l'économie numérique continuent de réaliser l'essentiel de leur chiffre d'affaires dans leur métier historique. Les services de télécommunication, fixe ou mobile, continuent de représenter près de 95 % du chiffre d'affaires des opérateurs. Il en va de même pour les acteurs du net. En dépit d'un développement tous azimuts, Google réalise 86 % de ses revenus dans la publicité en ligne[60] et Apple concentre 86 % de son chiffre d'affaires dans la vente de matériels électroniques grand public[61].

Il en résulte une concurrence de nature asymétrique : pour fidéliser leurs clients et en attirer de nouveaux, les géants du net proposent souvent gratuitement des services qui ne relèvent pas de leur domaine d'activité historique. Ces services, comme la voix ou la messagerie sur internet ne représentent qu'une source marginale de leurs revenus et leur coût d'exploitation est limité. Ce faisant, ils détruisent ce qui constitue le cœur de la valeur des acteurs situés dans les autres couches, et notamment des opérateurs télécoms européens.

Le champ de bataille est global… ou presque. Car il est une autre forme de verticalisation dont on parle moins, la verticalisation géographique. Elle concerne pourtant un quart des habitants de la planète. La Chine, dans un mélange de protectionnisme économique et d'idéologie politique, est en train de recréer sans le dire un espace internet qui se détache progressivement du web mondial. La domination de Baidu, le moteur de recherche chinois et les multiples obstacles posés à l'implantation de Google en Chine, la limitation des accès aux serveurs situés à l'étranger, le contrôle systématique des courriels grâce à des techniques avancées de recherche sémantique, la main mise sur le système d'attribution des noms de domaines, sont autant d'exemples d'une renationalisation de l'internet chinois. Avec l'arrivée des services dans le « *cloud* », les autorités chinoises ont d'emblée interdit l'hébergement des données de leurs citoyens sur les serveurs américains. D'autres pays, comme l'Iran et dans une moindre mesure l'Inde, cherchent à créer leur propre espace national sur internet.

Les agrégateurs de contenus participent à leur façon à cette verticalisation géographique d'internet, puisqu'ils bloquent l'accès à

---

[60] Source : Alphabet investors relations, février 2017.
[61] Source : Apple, avril 2017.

certains de leurs catalogues depuis l'étranger, afin de garder un plein contrôle sur leur diffusion[62].

Des modèles économiques à l'échelle du monde entier

Les champions du net sont américains. Tous ont compris que pour réussir, leur modèle économique ne devait pas s'adresser aux seuls geeks de la Silicon Valley mais rechercher l'audience la plus large possible et potentiellement viser les trois milliards et demi d'internautes de la planète.

Bon nombre de ces grands acteurs ont construit leur succès sur des **modèles de gratuité**, entièrement financés par la publicité et par la valorisation des données qu'ils possèdent sur leurs utilisateurs. Ces derniers ne payent rien, mais le site valorise le nombre de visiteurs auprès des annonceurs publicitaires. L'audience est le moteur de ces modèles de gratuité.

Bien sûr, la révolution numérique n'a pas inventé les modèles de gratuité. Les chaînes de télévision en accès libre, les abribus urbains, les journaux gratuits financés par la publicité existaient bien avant l'arrivée d'internet. Mais avec la révolution numérique, c'est un changement de dimension. L'abolition de la distance, corollaire de la diffusion sans coût de l'information, ouvre aux acteurs du net la perspective d'audiences planétaires. L'audience n'est plus seulement affaire de puissance financière, c'est aussi une question de flair et de talent. Un site sans grands moyens financiers peut voir son audience grimper en flèche de façon totalement impromptue[63]. Des sites créés au départ dans le plus grand anonymat, accueillent des dizaines de millions de visiteurs quotidiens venus du monde entier, voire des centaines de millions s'ils se nomment Facebook ou Google. Cette

[62] Il n'est ainsi pas possible d'accéder à une émission de télévision mise en ligne par Hulu si l'on ne réside pas aux États-Unis ou au catalogue de films de Netflix si l'on n'habite pas dans un pays où il est commercialisé.

[63] Déjà en 2008, la vidéo d'un jeune amateur qui s'était amusé à parodier avec son caméscope les épreuves des jeux olympiques, a eu plus de visiteurs uniques sur You Tube que l'émission la plus regardée sur TF1 la même année.

foule numérique est très convoitée par les annonceurs, d'autant plus que l'internaute ne manque pas d'attraits : contrairement au téléspectateur passivement installé devant son écran de télévision[64], l'internaute est un chasseur aux aguets, il surfe sur la toile toujours à l'affût du meilleur contenu, de la meilleure affaire. De son côté, l'agrégateur numérique affine le ciblage des publicités par des méthodes de profilage tenant compte des goûts et des attentes de chaque individu[65]. Ces méthodes renforcent l'impact des messages et le taux de conversion de chaque « *clic* » en achat. Les annonceurs rémunèrent les sites financés par des modèles d'audience en fonction du nombre de clics. Le grand nombre de visiteurs d'un site compense un faible « *taux de clic* » : le pourcentage des internautes exposés à une bannière et cliquant pour se rendre sur la page de l'annonceur excède rarement 1 %.

Pour la majorité des internautes, la toile véhicule des valeurs de liberté, de solidarité et surtout de gratuité : l'information est libre et librement accessible. Mais internet est un Janus à deux visages. Les modèles d'audience sont l'autre face de la gratuité. En 2016, les revenus de la publicité en ligne s'élevaient à 150 milliards d'euros, soit près de 20 % des revenus générés par internet, leur taux de croissance dépasse 20 % par an[66].

Aux côtés des modèles de gratuité, se sont développés des **modèles «*freemium*»**, néologisme anglo-saxon combinant gratuité et «*premium*», que l'on pourrait traduire par modèles de « hameçonnage numérique ». Un grand nombre d'internautes sont attirés sur un site grâce à des contenus gratuits, une partie d'entre eux

---

64 Les américains utilisent le terme intraduisible de « couch potatoes », qui signifie littéralement « pomme de terre affalée ».

65 De nombreuses techniques permettent de renforcer l'efficacité de la publicité en ligne. Par exemple, certaines régies mettent aux enchères en temps réel les bannières et encarts qui ne sont pas encore vendus. Le « reciblage » consiste à envoyer à un internaute une bannière sur un site qu'il parcourt, après qu'il ait manifesté son intérêt pour un autre site.

66 Dont 45 % pour les liens sponsorisés, le reste étant partagé entre les bannières, les vidéos et les nouveaux marchés des réseaux sociaux et de la publicité sur mobile. A lui seul, Google absorbe plus de 40 % de ces revenus. (Sources : Idate Digiworld Yearbook 2015, PricewaterhouseCoopers).

accepte alors de payer pour accéder à une version plus performante ou plus complète. La plupart des grands sites de musique ou de presse fonctionnent sur ce modèle, au grand dam des pionniers du net qui pensaient avoir trouvé dans internet l'aboutissement du vieux rêve de phalanstère universel.

Les **sites de commerce** n'échappent pas à cette course à la globalité. Leur organisation est très centralisée. Les marchandises sont stockées sur de vastes plateformes logistiques et sont expédiées sans intermédiaire. Alors que dans le commerce traditionnel, la taille du catalogue est limitée par des contraintes purement pratiques, coûts de stockage, surface des magasins et capacité des vendeurs à promouvoir un grand nombre de produits, le commerce en ligne ne connait pas ces contraintes. Il offre un catalogue de produits souvent très étendu. Le *e-commerce* dément ainsi la loi de Pareto selon laquelle 20 % des produits représentent généralement 80 % des ventes. Ses acteurs réalisent une part significative de leur chiffre d'affaires sur des produits dont les volumes de vente unitaires sont très modestes. Ainsi, Amazon propose sur son catalogue vingt fois plus de livres que la chaîne de librairies Barnes & Nobles, les livres introuvables en librairie représentent 57 % de ses ventes. Le catalogue de musique en ligne de Spotify est mille fois plus riche que celui des grands magasins Wall Mart[67]. Ces modèles de *« longue traîne »* se sont fortement développés dans l'économie numérique où ils ont trouvé un terreau fertile.

Si les **modèles de partage de revenus** ne sont pas spécifiques au monde numérique, ils ont pris un essor considérable grâce au web. Apple en est un exemple bien connu. La firme à la pomme ouvre aux développeurs d'applications sa plateforme de publication iTunes, en échange d'un prélèvement de 30 % sur tous les montants payés par les utilisateurs de ces applications.

De tous les modes d'échanges sur internet, le plus répandu échappe à tout modèle économique marchand : c'est le **don direct** entre internautes. En apparence rien de nouveau, nous savons depuis Lévi-Strauss que le don existait déjà dans les sociétés primitives. Mais ici

---

[67] Amazone propose un catalogue de 2,3 millions de livres et Spotify de 30 millions de titres musicaux (source : Eric Brynjolfuon et Jeffrey Hu, MIT). Les enregistrements peu connus représentent 22% des ventes.

encore, la révolution numérique induit un changement complet de dimension. Les lois de l'économie numérique ont mis à la portée du plus grand nombre la faculté de créer ses propres contenus, de les stocker, de les dupliquer et bien sûr de les partager sans coût. Le « peer to peer », où plusieurs ordinateurs se connectent directement entre eux, démultiplie les possibilités d'échange gratuit entre internautes. Cette démonétisation de l'échange n'est pas sans poser certains problèmes, le débat sur les droits d'auteur et les limitations légales imposées au *peer to peer* sont là pour nous le rappeler.

Pour passer de l'échange gratuit à l'**échange payant** entre particuliers, il manquait une brique intermédiaire. En effet, il ne suffit pas de mettre en relation un vendeur avec un acheteur pour que s'établisse une transaction dans des conditions de sécurité satisfaisantes. Entre deux personnes qui n'ont pas vocation à se rencontrer dans le monde réel, un acteur doit se poser en tiers de confiance. Cet acteur, c'est à nouveau l'agrégateur numérique. Il vérifie l'identité des parties[68], s'assure de la crédibilité financière du vendeur et de l'acheteur et suit la traçabilité de la transaction … sans oublier de prélever une commission pour rémunérer son service. EBay est le champion de ce type de modèle économique[69].

Tous ces nouveaux modèles ont un point commun : l'audience est leur moteur. Faut-il dès lors s'étonner que dans ce *cœur internet* de la nouvelle économie, la valeur d'une entreprise dépende plus de son audience mesurée en nombre de visiteurs que de son chiffre d'affaires, plus de ses brevets et de sa capacité à innover que de ses actifs physiques ? Les acteurs locaux ont aussi du talent, mais s'ils hésitent à partir à la conquête de l'audience mondiale, si leur ambition est purement nationale, ils restent des nains qui tôt ou tard disparaissent ou se font manger par les géants… C'est ce qui est arrivé à nombre de start-up et de fournisseurs de services internet du vieux continent.

---

[68] Cette fonction est essentielle, car contrairement à un numéro de téléphone qui est attaché à une personne ou à un foyer, la connexion à travers une simple adresse e-mail ne permet pas de vérifier l'identité de la personne qui accède au service.

[69] Le site d'origine française PriceMinister, en obligeant l'acheteur à déposer le montant de la transaction sur un compte bloqué jusqu'à réception de la marchandise et le vendeur à ne recevoir les fonds qu'une fois le bien certifié conforme par l'acheteur, a renforcé la crédibilité de l'agrégateur « tiers de confiance ».

DEUXIÈME PARTIE

LA VIEILLE EUROPE BOUSCULÉE

CHAPITRE 1

DES CHAMPIONS MENACÉS

L'Europe ne manque pas d'atouts. C'est le plus vaste marché mondial, son niveau d'éducation est élevé et sa main d'œuvre est qualifiée, elle possède de grandes entreprises dans tous les domaines d'activités. L'usage par les Européens des services numériques n'est pas très différent de celui des Américains ou des Japonais. Et pourtant… le déséquilibre est de plus en plus criant entre une demande d'équipements et de services numériques dont la croissance est soutenue et une offre qui semble progressivement échapper aux acteurs du vieux continent. Bien sûr, l'Europe possède quelques grands champions, mais ces champions occupent rarement les premières places mondiales et leur rang a plutôt tendance à reculer.

Un écart criant entre la géographie de l'offre et celle de la demande

Si la demande de produits et de services numériques croît en Europe à un rythme globalement comparable à celui des autres pays développés, on peut parler d'un véritable décrochage de l'offre numérique européenne : sur la période 2007 – 2015, le chiffre d'affaires des entreprises nord-américaines des TIC a crû de 79 %, celui des entreprises asiatiques de 67 %… contre seulement 2 % pour celui des européennes[70].

Le *nouveau soleil* de la révolution numérique, les technologies de l'information et de la communication, représentait 8 % de la

[70] Source : Thomson Reuters, Arthur D. Little, The economics of telecoms, novembre 2016. Calcul effectué à partir des revenus du top 30 des acteurs de chacune des couches des TIC.

production mondiale en 2016 [71] . La couche matérielle en est l'enveloppe externe, l'interface visible que chacun tient dans ses mains, écrans, ordinateurs, smartphones et toute la panoplie de l'électronique grand public et des équipements informatiques. La couche informatique regroupe les logiciels et tous les services d'hébergement et de maintenance des équipements. La couche télécoms comprend l'ensemble des services d'accès au réseau et de transport des communications. Au cœur de ce *nouveau soleil,* se trouvent les acteurs du net, dont les revenus proviennent principalement des contenus numériques vendus en ligne, des sites payants, de la publicité et de la valorisation de l'audience et enfin des marges générées par le commerce électronique.

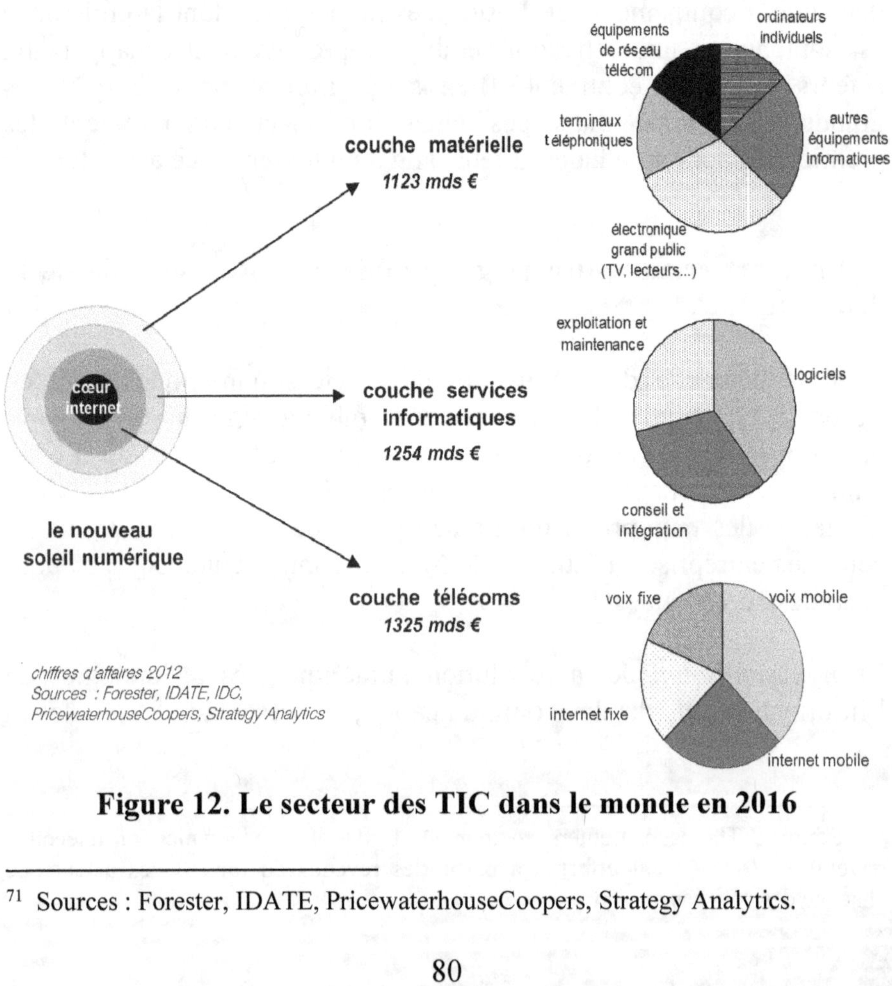

Figure 12. Le secteur des TIC dans le monde en 2016

---

[71] Sources : Forester, IDATE, PricewaterhouseCoopers, Strategy Analytics.

Globalement, le secteur des TIC est plus concentré que la plupart des autres activités. Les dix plus grandes entreprises du secteur représentaient en 2015 près de 38 % de son chiffre d'affaires mondial[72]. Les vagues de fusions et d'acquisitions y sont fréquentes, qu'il s'agisse pour les acteurs du net de gagner toujours plus d'audience ou de mettre la main sur des start-up innovantes, pour les *telcos* de conquérir de nouvelles parts de marché dans des pays en forte croissance ou pour les fabricants de matériels de réaliser de substantielles économies d'échelle. Ces mouvements de concentration ont renforcé les plus gros, au détriment des acteurs de taille moyenne. Ils ont, dans l'ensemble, bénéficié aux géants américains qui se sont offerts les plus belles pépites européennes. Bien placée il y a quinze ans dans tous les palmarès, l'Europe décroche.

Fabricants de matériel

rang	société	revenus matériel électronique	pays
1	Apple	233,7	Etats-Unis
2	Samsung	195,9	Corée du Sud
3	Foxconn (Hon Hai)	141,2	Taïwan
4	Hewlett Packard	109,8	Etats-Unis
5	HP	112,3	Etats-Unis
6	Hitachi	91,2	Japon
7	Sony	76,0	Japon
8	Panasonic	73,5	Japon
9	Toshiba	63,2	Japon
10	Huawai	62,9	Chine

Source : Hardware top100, année 2015

Services informatiques

rang	société	revenus logiciels (milliards $)	pays
1	Microsoft	62,2	Etats-Unis
2	Oracle	29,9	Etats-Unis
3	IBM	29,2	Etats-Unis
4	SAP ■	18,8	Allemagne
5	Symantec	6,1	Etats-Unis
6	EMC	5,9	Etats-Unis
7	Vmware	5,5	Etats-Unis
8	HP	5,1	Etats-Unis
9	Salesforce.com	4,8	Etats-Unis
10	Intuit	4,3	Etats-Unis

IBM : hors activité matériel, Source : Softwaretop100, année 2015

Opérateurs télecoms

rang	société	revenus (milliards $)	pays
1	ATT	162,3	Etats-Unis
2	Verizon	127,1	Etats-Unis
3	China Mobile	113,3	Chine
4	NTT	94,7	Japon
5	Deutsche Telekom ■	80,2	Allemagne
6	Softbank	73,5	Japon
7	Vodafone ■	59,8	Royaume-Uni
8	Telefonica ■	57,3	Espagne
9	China Telecom	56,0	Chine
10	America Movil	52,1	Mexique

Source : Forbes top 2000, année 2016

Sites Internet

rang	site	visiteurs uniques/mois (millions)	pays
1	Facebook	1 860	Etats-Unis
2	Google	1170	Etats-Unis
3	YouTube (Google)	1 000	Etats-Unis
4	Baidu	350	Chine
5	Wikipedia	475	Etats-Unis
6	Yahoo	750	Etats-Unis
7	Qq	ND	Chine
8	Reddit	ND	Etats-Unis
9	Taobao	ND	Chine
10	Amazon	500	Etats-Unis

Source : Alexa, année 2016

■ acteurs européens

Figure 13. Les tops 10 mondiaux du numérique

[72] Source Global Fortune 500.

Depuis le rachat de la branche téléphones de Nokia par Microsoft en 2013, il n'y a plus d'européen dans le top 10 des fabricants de matériels. Pire, aucun site européen ne figure dans le top 10, ni d'ailleurs dans le top 30 des audiences mondiales du web. Les services informatiques résistent un peu mieux tout comme les télécoms, même si les opérateurs des pays émergents sont en train de grimper très vite vers les premières places.

Observons plus en détail chacun de ces domaines.

La couche « matérielle »

En proie à une intense concurrence industrielle, la couche « matérielle » est soumise à une importante pression sur ses coûts. Elle a traversé de nombreux épisodes de concentration, au profit de quelques géants qui contrôlent aujourd'hui l'essentiel de son activité.

Les fabricants d'équipements de réseaux télécoms ont ainsi connu plusieurs vagues de rapprochements. Le finlandais Nokia et l'allemand Siemens Networks fusionnèrent leurs activités réseaux en 2006. De même, le français Alcatel et l'américain Lucent se marièrent en 2007 pour former le deuxième groupe du secteur... avant d'être à leur tour rachetés par Nokia en 2015. Resté à l'écart de ces regroupements, le canadien Nortel a été déclaré en faillite en 2010. Une poignée d'acteurs contrôlent ce secteur[73], tel Cisco qui domine le créneau des routeurs assurant la transmission des flux de données sur internet. Un seul européen affiche une relative bonne santé, le suédois Ericsson. Mais les Chinois sont en embuscade : largement en tête par le nombre de brevets déposés chaque année, Huawei casse les prix et s'est en quelques années imposé comme le numéro un mondial du secteur.

La concentration est tout aussi forte dans le domaine des équipements informatiques, ordinateurs individuels, serveurs, unités

[73] Les quatre premiers équipementiers télécoms mondiaux sont Huawei, Cisco, Ericsson et Qualcom. À eux quatre, ils représentent 46 % du marché (source : Global fortune 500).

de stockage et autres périphériques. Les dépenses consacrées à la recherche y sont considérables : elles représentent plus de 7 % des revenus[74], contre par exemple 4,9 % dans l'aéronautique et la Défense, secteurs pourtant à la pointe de l'innovation. Quelques géants se partagent le marché, les américains HP, Dell et Apple, les japonais Toshiba et NEC. Là aussi, Chinois et Taïwanais gagnent du terrain. Le taïwanais Foxconn, appelé aussi Hon Hai, est passé en quelques années numéro un mondial dans l'assemblage des composants informatiques. Cette gigantesque entreprise emploie plus d'un million de salariés, principalement à Shenzhen aux portes de Hong-Kong. Foxconn était le premier exportateur chinois en 2016... Le grand public connait les fabricants d'ordinateurs taïwanais Acer et Asus, il ignore généralement tout de Foxconn.

Tout aussi concentré est le marché des terminaux téléphoniques. À l'effort d'investissement, s'ajoutent des dépenses de communication énormes qui excluent du jeu les fabricants de taille moyenne. En 2016, le coréen Samsung réalise à lui seul 21 % de l'ensemble des ventes mondiales de smartphones. À travers une marque unique, le géant coréen commercialise à la fois des terminaux bon marché et des smartphones haut de gamme, assemble des appareils grand public et en fabrique les composants électroniques. Apple grâce à l'iPhone, a réussi à conquérir 13 % du marché en volume. Juste derrière, les Chinois sont en embuscade, avec Huawai, Oppo, Vivo et Xiaomi, surtout connus dans les pays émergents où ces acteurs concentrent l'essentiel de leurs efforts. Les profits sont encore plus concentrés que les revenus : Apple, avec sa stratégie haut de gamme, capte à lui seul 80 % des bénéfices mondiaux sur les smartphones, le reste revenant à Samsung. Tous les autres acteurs dégagent une marge très faible ou perdent de l'argent. Le canadien BlackBerry, icône du début des années 2000 et le finlandais Nokia qui dominait le secteur jusqu'en 2008, faute d'avoir correctement anticipé le virage du smartphone, ont jeté l'éponge. En 2013, Microsoft a racheté ce qui restait de la branche téléphones portables de Nokia, marquant la fin du dernier fabricant européen.

---

[74] Source: Booz & Co, Annual review of corporate R&D spending.

Mais le secteur le plus concentré reste le domaine hyper stratégique des composants de base. D'une technicité extrême, les microprocesseurs exigent des investissements gigantesques. Le poids des investissements industriels et de la recherche poussent vers la constitution de monopoles naturels. Avec plus de 80 % de parts de marché, Intel contrôle le marché des microprocesseurs pour ordinateurs, tandis qu'un autre américain, Qualcomm domine celui des puces pour téléphones portables. Ces géants travaillent avec des fondeurs de puces presque tous implantés au Japon ou à Taïwan, comme TSMC. Le Japon réalise jusqu'à 60 % de la production mondiale pour certaines catégories de semi-conducteurs. Cette suprématie japonaise sur un créneau hautement stratégique pour toute l'économie numérique n'est d'ailleurs pas sans rappeler la domination de l'Angleterre sur le marché de la fonte à la fin du XIXème siècle.

Où sont les Européens ? Dans le domaine de l'électronique grand public, le constat est simple : qu'il s'agisse de la fabrication de téléviseurs, d'ordinateurs ou de téléphones portables, il n'y a plus de grand acteur européen. Les dernières usines d'assemblage du continent sont presque toutes situées en Europe de l'Est et dépendent de capitaux coréens ou japonais. La branche grand public du suédois Ericsson a été vendue à Sony en 2011, Philips s'est retiré du marché des téléviseurs à la même époque et Nokia de celui des smartphones.

Si la réussite des français Gemalto et Oberthur, leaders mondiaux des systèmes de sécurité pour cartes à puce, est exemplaire, elle ne doit pas faire oublier la position marginale de l'Europe dans la production des composants électroniques pour microprocesseurs et mémoires d'ordinateurs. Dans le domaine des équipements de réseaux télécoms, l'Europe a un peu mieux résisté, même si à côté du suédois Ericsson, le franco-américain Alcatel-Lucent a vu ses parts de marché s'éroder face aux chinois Huawei et ZTE, avant d'être racheté en 2015 par le finlandais Nokia. En revanche, l'Europe conserve un rôle de premier plan dans la production d'équipements électroniques professionnels. Thales, Siemens, Philips, Schneider Electric, STMicroelectronics et quelques autres ont su s'imposer comme des acteurs majeurs de l'électronique embarquée dans les voitures, les avions, les satellites ou encore dans les matériels médicaux.

Ce bref tour d'horizon mériterait d'être nuancé : pour reconstituer la valeur véritablement créée dans un pays, il faudrait en effet démêler l'écheveau de circuits de production souvent complexes. Prenons le cas du célèbre iPhone. Les smartphones d'Apple sont tous assemblés en Chine par le taïwanais Foxconn, mais la valeur ajoutée provient du monde entier. Les puces et les écrans sont fabriqués au Japon et une grande partie des emplois qualifiés demeure aux États-Unis car les brevets sont américains. Cependant la tendance globale est bien là : l'Europe n'est plus un acteur majeur dans la production de matériels et de systèmes électroniques. En 2015, elle ne réalisait plus que 15 % de la production mondiale, contre 25 % dix ans plus tôt[75]. L'Allemagne dépose dix fois moins de brevets dans le domaine des TIC que le Japon ou les États-Unis, le Royaume-Uni et la France vingt fois moins… l'hémorragie n'est pas finie.

La couche des services informatiques

L'activité de production de logiciels se caractérise par d'énormes dépenses de recherche et de développement. Le capital humain y est central et la R&D représente 13,6 % des revenus de ce secteur[76]. Seule l'industrie pharmaceutique peut se prévaloir de niveaux de recherche comparables. Microsoft reste l'incontestable leader, suivi par IBM et par quelques grosses sociétés spécialisées dans les logiciels pour entreprises, comme Oracle, Accenture et SAP. Ces sociétés ne se bornent pas à concevoir des logiciels, elles fournissent du conseil informatique pour aider les entreprises à intégrer de nouvelles solutions et faire évoluer leurs systèmes d'information.

Beaucoup plus éclatée est l'activité d'exploitation et de maintenance informatique. Si les grandes multinationales y voient un prolongement naturel de leur activité de logiciels et le moyen de dégager des revenus récurrents, elles sont concurrencées par nombre de sociétés de taille moyenne pour lesquelles le ticket d'entrée est moins élevé. Leur croissance est alimentée par la volonté de

---

[75] Source : cabinet Decision, cité par Les Échos.

[76] Source : Booz & Co, Annual review of corporate R&D spending.

nombreuses entreprises d'externaliser une activité qu'elles considèrent comme ne faisant pas partie de leur cœur de métier. Au total, la couche des services informatiques n'a pas connu un degré de concentration comparable à celle de la couche « matérielle »[77].

L'Europe réussit mieux à tirer son épingle du jeu dans la couche des services informatiques. Si ce secteur reste largement dominé par des sociétés américaines, quelques groupes européens comme l'Allemand SAP occupent un rôle de premier plan dans la conception et la vente de logiciels professionnels. Dans le domaine du conseil informatique et de la conception de systèmes, quantité de sociétés de taille intermédiaire ont prospéré dans les années 80 sur un tissu économique en plein essor. La France occupe une position plus qu'honorable dans la fabrication d'architectures complexes, avec plusieurs entreprises comme Cap Gemini, Altran et Athos présentes au top 20 mondial de ce secteur[78]. Dassault Systems est le leader mondial de la conception en 3D. Mais là aussi, le poids réel de l'Europe doit être relativisé. Dans un contexte rendu difficile par une concurrence très vive et par le déclin de secteurs industriels gros utilisateurs de systèmes informatiques, nombre de SSII européennes délocalisent leurs activités en Inde. Ce pays forme en une année plus d'ingénieurs informaticiens qu'il n'en existe au total en France. L'Inde possède d'immenses centres d'études dans la région de Bangalore qui se jouent de la distance, puisque dans l'économie numérique, le coût d'acheminement de l'information, en l'occurrence ici d'un logiciel, est presque nul.

La couche télécoms

Cette troisième couche regroupe l'ensemble des services d'accès et de communication fournis par les opérateurs de télécommunications.

---

[77] Les dix premières sociétés de services informatiques représentent 16 % du marché mondial.

[78] La France produit 6 % des services informatiques mondiaux, soit un peu plus que son poids dans le PIB mondial (source Ministère de l'industrie 2011, rapport sur les technologies clés pour 2015).

Elle est au contact direct du *cœur* internet. Longtemps prévalut l'idée que les télécoms constituaient des monopoles naturels : les économies d'échelle y seraient telles que la coexistence de plusieurs acteurs conduirait à un gaspillage de ressources. Cette idée a volé en éclats dans les années 90. L'arrivée des opérateurs mobiles apporta la preuve que la concurrence était bénéfique pour le consommateur et stimulait la construction de réseaux de qualité en obligeant chaque acteur à assurer un bon niveau de couverture à ses clients. Les autorités de réglementation imposèrent partout aux anciens monopoles l'obligation de vendre en gros leurs lignes d'abonnés à d'autres fournisseurs d'accès et d'interconnecter leurs réseaux avec ces nouveaux venus à des tarifs proches de leurs coûts de revient. Si les opérateurs historiques restaient propriétaires de l'essentiel des réseaux, des acteurs étrangers au monde des télécoms achetèrent des licences pour devenir opérateurs virtuels et certains s'engagèrent dans la construction de leurs propres infrastructures.

Avec trois opérateurs présents dans le top 10 mondial, l'Europe résiste mieux dans le domaine des télécoms. À l'exception du britannique Vodafone, né avec l'essor de la téléphonie mobile, les grands opérateurs européens sont les héritiers des anciens monopoles d'État. Pour compenser leurs pertes de parts de marché dans leur pays d'origine, tous se sont lancés dans d'ambitieuses politiques de développement international. Deutsche Telecom, premier opérateur européen, est ainsi présent sous la marque T-Mobile dans une douzaine de pays en Europe de l'Est et surtout aux États-Unis. L'espagnol Telefonica règne sur une vingtaine de pays, la plupart en Amérique Latine, tandis que le britannique Vodafone et le français Orange concentrent leurs efforts sur l'Europe et sur l'Afrique, la marque Orange étant présente dans près de trente pays [79]. Ces entreprises restent solides, même si leurs marges sont attaquées par la concurrence de plus en plus vive des opérateurs à bas coût et par les

---

[79] Telefonica réalise 75 % de son chiffre d'affaires hors d'Espagne, Deutsche Telekom 55 % hors d'Allemagne et France Télécom rebaptisé Orange, 51 % hors de France (source : rapports annuels des sociétés). L'anglais BT est le seul grand acteur européen qui en se repliant sur le fixe, a perdu toute ambition internationale.

services gratuits de communications proposés par les acteurs du « *cœur internet* ».

Aux États-Unis, la fin du monopole d'AT&T, la compagnie fondée par Graham Bell en 1880 et son éclatement en 1984 en sept « *baby bells* » locales eut pour conséquence inattendue la formation de quasi monopoles régionaux. Depuis, le marché américain a connu plusieurs vagues de fusion entre les baby bells et les opérateurs longue distance[80]. L'ouverture des marchés émergents et l'essor rapide de la téléphonie mobile dans les pays du Sud ont vu apparaitre de nouveaux géants, tels les chinois China Mobile, China Telecom et China Unicom, le mexicain America Movil et l'indien Barthi Airtel, qui pourraient bientôt ravir les premières places aux acteurs occidentaux.

La couche « télécom » est globalement plus concentrée que celle des « services informatiques », mais moins que la couche « matérielle » [81]. La présence de quelques champions européens est une chance pour l'avenir du numérique en Europe. Mais le marché européen reste très morcelé : là où les États-Unis alignent quatre grands opérateurs[82] et la Chine trois, l'Europe des 27 compte plus de cent trente opérateurs, même si quelques-uns sont présents dans plusieurs pays. Là où les États-Unis et la Chine sont soumis à une autorité unique de réglementation des télécoms, l'Europe en compte vingt-sept auxquelles s'ajoute la DG XIII à Bruxelles. Et comme l'attribution des licences reste du ressort de chaque pays, il n'y a toujours pas de marché unique des télécoms en Europe.

Ce morcellement est source de faiblesse. Face à la réduction de leurs marges et contraints de trouver des économies d'échelle pour amortir leurs investissements dans le très haut débit, les opérateurs

---

[80] Des sept « baby bells », il ne reste aujourd'hui qu'AT&T, rachetée par Southwestern Bell qui en a repris le nom en 2005 et Verizon, issue du rachat de Nynex par Bell Atlantic. Level 3 et Cogent n'ont pas de clients directs, ce sont des opérateurs de transit.

[81] Les cinq premiers opérateurs télécoms mondiaux, AT&T, le japonais NTT, Verizon, China Mobile et Deutsche Telekom, réalisent 34 % du chiffre d'affaires du secteur, les dix premiers, 54 % (source Global Fortune 500).

[82] AT&T et Verizon dominent le marché américain du mobile, avec une part de marché respective de 35 et 32 %, devant T-Mobile avec 17 % et Sprint seul opérateur longue distance ayant survécu, avec 14 % (déc. 2016).

européens sont probablement à l'aube d'une grande phase de consolidation. Si les opérateurs européens ne se regroupent pas, on pourrait bientôt assister à une véritable vente à la découpe du marché européen des télécoms. Regorgeant de liquidités, les opérateurs des pays émergents en quête de croissance externe sont à l'affût[83]. China Telecom, après avoir lancé en 2012 un opérateur virtuel au Royaume-Uni, ne cache plus son ambition d'acquérir plusieurs opérateurs en Europe. Ce n'est qu'un premier avertissement.

Le cœur internet

Cet ensemble qui regroupe les services internet proprement dits, représentait un chiffre d'affaires mondial de l'ordre de 380 milliards d'euros en 2016[84]. Cela peut sembler faible : le moteur de la nouvelle révolution industrielle « pèserait » ainsi dix fois moins que les trois couches qui l'entourent et seulement 0,5 % du PIB mondial …

Mais gardons-nous d'un raisonnement simpliste. D'abord, si l'on y ajoute les revenus des fournisseurs d'accès à internet, fixe et mobile, le cœur internet représente 960 milliards d'euros, soit plus du double. Ensuite, avec la convergence des technologies et des services, la frontière qui distinguait ce cœur internet des trois couches qui l'entourent perd une partie de sa pertinence, tout devient « IP[85] ». De plus, ce « *cœur* » se développe très vite : les revenus des acteurs du net augmentent de 15 % par an. C'est quatre fois plus vite que le reste de l'économie et la dynamique n'est pas près de s'épuiser. Au milliard et demi d'utilisateurs d'internet sur les réseaux fixes, s'ajoutent désormais la majorité des sept milliards d'utilisateurs de téléphones mobiles. Et surtout, ces chiffres ne reflètent que la partie émergée d'une activité beaucoup plus vaste[86]. Car le modèle internet reste

---

[83] En 2012 America Movil, opérateur détenu par le milliardaire mexicain Carlos Slim, s'est emparé de 25 % du capital du néerlandais KPN et de 26 % de Telekom Austria, pour ensuite monter à 51 % en 2014.

[84] Sources : PriceWaterhouseCoopers, Juniper Research, IDATE, Forester.

[85] Internet Protocol.

[86] Si l'on rapporte le chiffre d'affaires global des services internet au temps que les trois milliards et demi d'internautes passent à surfer sur le web (3h30 par jour en

largement construit autour du principe de gratuité et la croissance des nouveaux usages est bien plus rapide que la capacité des acteurs à les monétiser.

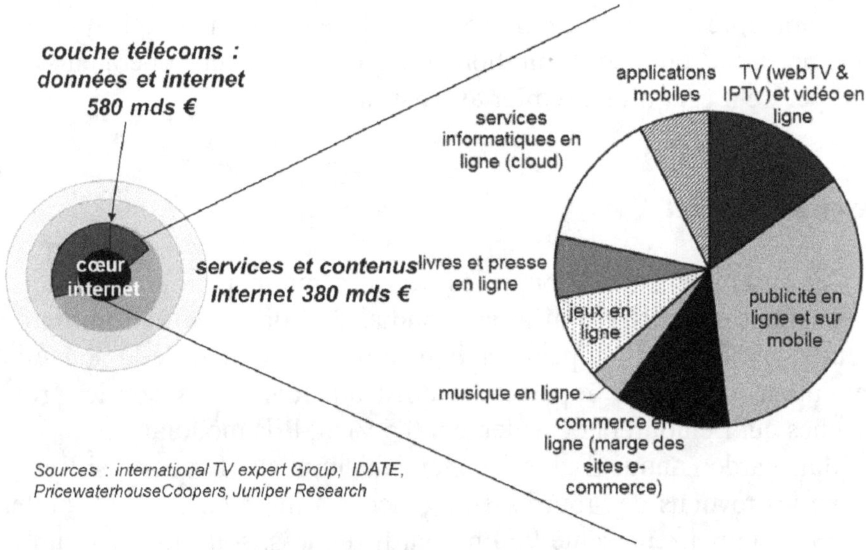

Figure 14. Les revenus d'internet dans le monde en 2016

Le modèle publicitaire reste le modèle dominant des agrégateurs numériques. Les acteurs s'y livrent à une course à la taille pour capter le maximum d'audience et accroître des revenus publicitaires qui sont directement liés au nombre de visiteurs et de pages vues. « *L'effet club* » peut faire exploser l'audience d'un site en peu de temps, il amplifie aussi le déclin des acteurs qui ne s'adaptent pas assez vite. MySpace a perdu tout attrait le jour où tous les « *amis* » se sont donné rendez-vous sur Facebook. Google a écrasé Yahoo du simple fait qu'il est le plus gros, car la pertinence des recherches s'affine avec le nombre de requêtes.

France), on obtient un prix théorique de 8 centimes par heure. Ce calcul n'a bien sûr aucun sens … si ce n'est de montrer que la valeur d'usage d'internet excède de très loin sa valeur purement monétaire.

La publicité capte 39 % des revenus internet dans le monde[87], dont l'essentiel revient aux moteurs de recherche avec leurs bannières personnalisées et leurs liens sponsorisés. Google domine cette activité avec 77 % des requêtes lancées dans le monde[88], très loin devant Baidu, le « Google chinois », qui totalise 8 % des requêtes. Yahoo est marginalisé tandis que Bing, le moteur lancé en 2010 par Microsoft, n'a jamais décollé. La croissance des revenus publicitaires en ligne n'est pas prête de ralentir, avec l'eldorado offert par les réseaux sociaux et la publicité sur smartphones.

L'Europe est quasi absente de cette activité. Quand le consommateur achète un produit auprès d'une marque, il verse un montant invisible qui vient financer les dépenses de publicité de cette dernière. Avec la publicité traditionnelle, cette « taxe » était réinjectée dans l'économie à travers la richesse créée localement par les régies publicitaires et les diffuseurs. Aujourd'hui, un quart de ces revenus publicitaires s'enfuit directement aux États-Unis sans que quiconque s'en aperçoive.

La moitié des revenus du « *cœur* » internet, ce sont tous les services web directement payés par les internautes[89]. Contrairement aux modèles d'audience, ici l'effet « club » joue peu. Une multitude d'acteurs offrent une infinie diversité de services. Les grands agrégateurs côtoient de petits acteurs positionnés sur des services de niche. Les modèles « freemium », mélange de gratuité et de services payants, coexistent avec des modèles d'abonnement ou de paiement à l'acte. Alors que les géants du net ont su capter l'essentiel des revenus issus des modèles d'audience, les acteurs des autres couches des TIC ont réussi à se positionner sur les services payants, en les associant à

[87] Soit 150 milliards d'euros en 2016, dépassant la même année les revenus publicitaires de la télévision (source : PricewaterhouseCoopers).
[88] Source Netmarketshares, février 2017.
[89] Le chiffre d'affaires mondial de l'ensemble des services payants en ligne était estimé en 2016 à 190 milliards d'euros soit 50 % des revenus du cœur internet. Ces services comprennent la TV et la vidéo payante en ligne, les services informatiques en ligne, les jeux en ligne, les applications sur mobile, la presse et la musique en ligne et plus généralement, l'accès à tous les sites payants.

leurs activités traditionnelles. Ainsi, la plupart des opérateurs de télécoms associent des services de télévision à leurs accès haut débit. Les grands fabricants de logiciels comme IBM ou Microsoft vendent des services d'hébergement dans le « cloud ». Les fabricants de matériels, comme Apple, proposent des centaines de milliers d'applications payantes dans leurs « *app shops* » ou commercialisent des jeux en ligne à l'instar de Sony avec sa Playstation. Et tous reversent une part importante de ces revenus aux producteurs de contenus.

Si les éditeurs de sites et les plateformes de contenus européens sont très présents auprès des consommateurs du vieux continent, la concurrence des grands agrégateurs américains est de plus en plus vive. Souvent issus de l'économie traditionnelle, ces derniers amortissent les coûts de leurs catalogues sur le marché américain, avant de partir à la conquête du monde. Tel est le cas du distributeur de films et séries en ligne Netflix qui ne cache pas son ambition de détrôner le britannique Sky TV et les français TF1 et Canal + sur leurs propres marchés. D'autres géants américains comme Time Warner et Disney Channel préfèrent s'associer à des plateformes existantes pour diffuser leurs contenus hors des États-Unis. Dans la musique en ligne, le suédois Spotify et le français Deezer résistent face à l'américain Rapsody, mais sont menacés par les plateformes des géants Google, Apple et Amazon dont l'audience est mondiale : iTunes détient 40 % du marché de la musique en ligne français et 70 % du marché mondial[90].

L'Europe possède un vivier de sociétés particulièrement innovantes spécialisées dans quantité de services variés. Certaines d'entre elles ont réussi à acquérir une notoriété internationale grâce au buzz numérique et à l'effet club. Le français Meetic est ainsi le leader des sites de rencontres en Europe, Blablacar est le leader du covoiturage. Leur structure de coûts est légère, elles ont des dizaines de millions de clients. Mais force est de constater que les plus beaux succès sont américains, à l'image de Dropbox et Evernote dans le stockage en ligne ou de WhatsApp dans la téléphonie sur internet. Et lorsqu'ils commencent à grossir et à acquérir une notoriété internationale, les

---

90 Source : Comscore, 2016.

Européens sont le plus souvent rachetés par les géants américains, comme le suédois Skype, tombé dans l'escarcelle de Microsoft, le français Meetic cédé à un site américain de rencontres ou même japonais, comme le français Primeminister vendu au groupe Rakuten.

Avec le commerce électronique, l'internaute n'achète pas seulement des contenus numériques, mais aussi des biens physiques. Avec une croissance supérieure à 20 % par an, les ventes en ligne représentent entre 5 et 10 % du commerce de détail dans les pays développés. Tout comme le chiffre d'affaires d'une banque ne se mesure pas au volume de ses dépôts, les revenus du commerce électronique ne se calculent pas sur le montant global des achats de marchandises, mais sur les seules commissions perçues par les sites de vente en ligne. Ces commissions représentent environ 12 % des revenus totaux du « *cœur* » internet[91]. Si Amazon, créé en 1994, domine la vente en ligne et eBay les ventes entre particuliers, la plupart des sites de commerce électronique appartiennent à des entreprises de l'économie traditionnelle qui, à partir d'une marque connue et d'un catalogue de produits existant, jouent la complémentarité entre leurs canaux de distribution physiques et en ligne. Qualité du service client et automatisation de toute la chaîne logistique sont les deux grands facteurs de succès des sites de vente en ligne. En 2017, plus de la moitié du commerce électronique aux États-Unis devrait être réalisé à partir du téléphone mobile[92].

Autour du « *cœur* » internet, les acteurs « traditionnels » des TIC font penser aux géants pétroliers de la révolution précédente : arrivés à maturité, ils n'en demeurent pas moins indispensables pour faire fonctionner le cœur. A l'instar d'Exxon ou de Total, leur rentabilité est forte, mais leur croissance est faible. Pour assurer leur avenir, les pétroliers se positionnent sur les énergies renouvelables, les acteurs des TIC sur les services internet. Si comme le prédisent la plupart des

---

[91] Le montant exact des commissions générées par le « e-commerce » n'est pas aisé à calculer. On peut l'estimer à un peu plus de 3 % des 1700 milliards d'euros de chiffre d'affaires réalisés en ligne en 2016 dans le monde (source : eMarketer, 2017), soit environ 50 milliards d'euro.

[92] Source : Gartner, décembre 2016.

experts, la croissance du *nouveau cœur* se maintient au rythme actuel jusqu'au début des années 2020, ses revenus seront multipliés par trois d'ici le début de la prochaine décennie. Une croissance aussi soutenue sur une période de vingt ans n'a pas d'équivalent dans toute l'histoire économique. Au plus fort de la *phase d'expansion* de la première révolution industrielle, c'est-à-dire dans les années 1840 à 1860, la production anglaise de charbon n'augmentait « que » sur un rythme annuel moyen de 4 %. La production automobile mondiale, symbole de la seconde révolution industrielle, s'est développée sur un rythme de 9 % par an entre 1946 et le premier choc pétrolier de 1973[93].

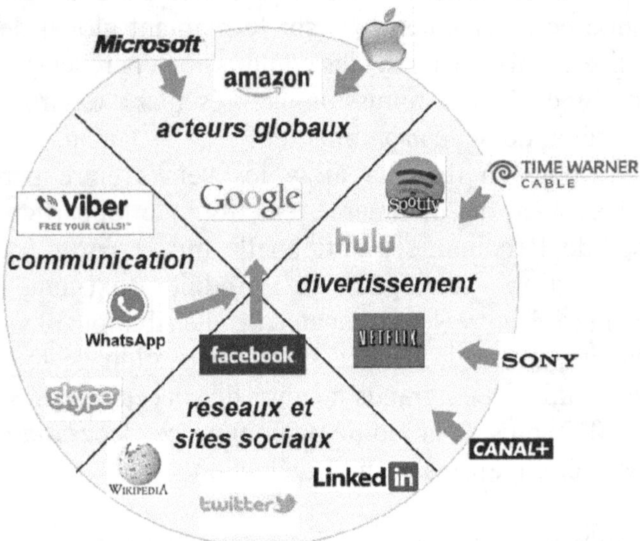

Figure 15. Les acteurs du « *cœur internet* »

Alors oui, même si l'internaute européen est presqu'aussi connecté que son homologue américain ou japonais, l'Europe est relativement moins présente au cœur du réacteur de la troisième révolution industrielle. Le fait qu'aucun acteur européen n'ait réussi à se hisser parmi les champions mondiaux des services en ligne constitue pour

---

[93] La production automobile mondiale est passé de 3,9 millions de véhicules par an en 1946 à 39 millions en 1973 (source : M. Fresseney, CNRS 2011).

nous un défi majeur. Aucun européen ne parvient à rivaliser avec Google, Facebook, Amazon ou iTunes, la plateforme multimédia d'Apple et le premier site européen en termes d'audience ne pointe qu'au-delà de la cinquantième place mondiale[94]. Peut-on se contenter d'être de simples consommateurs, lorsque le numérique porte en lui une telle promesse de croissance et d'emplois pour demain ? Entre la vitalité entrepreneuriale des Américains et la compétitivité industrielle des Asiatiques, l'Europe doit trouver sa place.

Pour mieux comprendre les raisons de la domination américaine, observons de plus près ces géants américains du net.

---

[94] Il s'agit du français Dailymotion.

CHAPITRE 2

SOUS L'AILE DES GÉANTS AMÉRICAINS

Dans la multitude des « *internet players* », quatre acteurs occupent une place particulière : Google, Apple, Facebook et Amazon, auxquels on peut ajouter Microsoft : ce sont les « *GAFAM* ». Seul un moine anachorète vivant reclus à mille lieux de la vie numérique et de la vie tout court pourrait prétendre ne jamais croiser l'un d'entre eux sur son chemin… et encore. Observer la stratégie de ces cinq-là permet de mieux comprendre pourquoi l'Europe a pris du retard dans l'économie numérique. À eux cinq, les « big five » représentaient en juin 2017 une capitalisation boursière de l'ordre de 3 000 milliards de dollars[95], soit bien plus que le PIB de la France. C'est plus du double de la valeur en bourse des cinq premières compagnies pétrolières mondiales, symboles de la seconde révolution industrielle. Une telle comparaison ne peut manquer de surprendre si l'on songe que les « *big five* » ont deux fois moins de salariés que les cinq majors pétroliers et que leur chiffre d'affaires est quatre fois moins important.

Tout semble pourtant les séparer. Apple appartient à la couche « matérielle », Microsoft à celle des « services informatiques », tandis que Google, Facebook et Amazon sont directement nés dans les services internet, au cœur du *nouveau soleil* numérique. Apple dégage d'importants revenus par client, beaucoup plus que Microsoft et Google, tandis que Facebook ne gagne que quelques euros par an et par utilisateur[96]. Leur modèle économique n'est pas le même, vente d'équipements pour le premier, licence d'utilisation de logiciels pour le deuxième, audience publicitaire pour les deux autres et commerce en ligne pour le dernier.

---

[95] En juin 2017, Apple avait la première capitalisation boursière mondiale avec 780 milliards de dollars, Alphabet, la holding de Google, la deuxième avec 670 milliards, Microsoft la troisième avec 570 milliards, Amazon la sixième avec 480 milliards, juste devant Facebook avec 470 milliards.

[96] Chaque utilisateur de Google lui rapporte indirectement 3 € par mois et chaque « ami » de Facebook environ 1 euro.

Et pourtant… ces cinq-là ont tant de choses en commun. D'abord, tous les cinq sont américains, ils sont nés sur la côte Ouest à deux pas de Los Angeles, la *« ville monde »* de ce début de XXIème siècle[97], même si Microsoft a préféré établir son siège un peu plus haut, du côté de Seattle. Tous les cinq sont de purs produits du rêve américain, leur histoire figure désormais dans la grande galerie des mythes unificateurs de l'Amérique, leurs fondateurs Lary Page, Mark Zuckerberg, Bill Gates, Steve Jobs et Jeff Bezos sont entrés au Panthéon des héros américains. Ensuite, ils ont tous les cinq conquis la planète. Deux milliards de personnes dans le monde utilisent au moins une fois par mois le moteur de recherche de Google, Facebook compte 1,8 milliards d'amis fidèles, le système d'exploitation Windows de Microsoft équipe 1,3 milliard d'ordinateurs et Apple a vendu au cours des cinq dernières années plus de 500 millions d'iPhones. Conséquence de leur intimité avec les internautes, les « *big five* » arrivent en tête des marques préférées des consommateurs dans le monde entier[98]. Parfois alliés, souvent ennemis, leurs relations sont complexes. Tous ont pris leur essor dans la *phase d'expansion* de l'économie numérique, chacun la domine dans son domaine en ce début de *phase de mutation.*

en 2016	Google	Apple	Facebook	Amazon	Microsoft
utilisateurs (en milions)	> 2000*	> 500	1800*	300	1250
chiffre d'affaires (milliards $)	89,5	215,6	27,6	135,9	85,3
croissance	+19 %	- 8 %	+ 54%	+ 26 %	- 8,8 %
bénéfice net (milliards $)	19,5	45,7	10,2	2,3	16,8
salariés	53800	116000	10100	268900	120800

*utilisateurs actifs par mois

Source : communications financières des sociétés

Figure 16. Les big five : des profils très différents

97 Voir Jacques Attali, « une brève histoire de l'avenir », Fayard 2006.

98 Le palmarès des marques préférées des consommateurs établi en 2016 par BrandZ / MilwardBrown fait ressortir Google au premier rang mondial, devant Apple, Microsoft, AT&T, Visa, Facebook et Amazon.

Google ou l'hyper-cœur du numérique

« La mission de Google est d'organiser l'information dans le monde et de la rendre universellement accessible et utile ». C'est ainsi que la firme de Mountain View définit elle-même son objectif… rien de moins.

En 1998, deux étudiants de Stanford, Larry Page et Serguei Brin mettent au point un algorithme qui classe les résultats d'une requête en fonction de la fréquence de son apparition sur le web. Google était né. Presque vingt ans plus tard, la société accompagne plus de deux milliards d'êtres humains dans presque toutes les étapes quotidiennes de leur vie numérique. Le moteur de recherche s'est enrichi de quantité de nouveaux services, pourtant son modèle économique n'a jamais dévié. Capter l'audience des internautes et monétiser la connaissance de leurs données personnelles par la publicité, là est la clé de son succès.

Un modèle centré sur la publicité

Le cœur du réacteur de l'économie numérique, c'est le moteur de recherche. Dans l'économie numérique, le coût de diffusion de l'information est presque nul. À chaque instant, une quantité colossale de données est mise en ligne : la vie d'un individu ne suffirait pas pour regarder tout ce qui est publié sur la toile en une seule heure dans le monde. Cette masse d'informations n'a pas de valeur en soi, elle ne vaut que par la mise en relation de son émetteur avec des utilisateurs potentiels. Google est le premier à avoir compris la valeur stratégique de cette fonction d'intermédiation.

La force de Google, c'est la gratuité : l'internaute ne paye rien à Google. C'est aussi d'avoir créé un cercle vertueux, car plus le nombre de requêtes augmente, plus les critères de classement s'affinent et plus les résultats d'une recherche sont pertinents. S'y ajoute un effort permanent de recherche. Plus de cinq cent améliorations sont apportées chaque année à l'algorithme de Google Search par les ingénieurs de la société. Des centaines de personnes dans le monde testent en permanence la qualité de ces nouvelles versions. Deux grands principes fondent la qualité du moteur de Google : l'exhaustivité, car toutes les pages accessibles du web sont explorées et tous les termes en sont indexés. L'index est parcouru chaque fois qu'un internaute formule une requête. Mais aussi la personnalisation, car les milliers de réponses sont classées en tenant compte du contexte de l'utilisateur, des sites qu'il a précédemment visités, de sa fréquence de consultation et d'une multitude d'autres critères comme la pertinence géographique, obtenue à partir de sa géolocalisation[99].

Le secret de fabrication de Google Search est aussi sûrement gardé que celui la célèbre pâte de Coca Cola. Google Search est le moteur favori de 77 % des internautes dans le monde, et même de 93 % en France. Excepté en Chine où le pouvoir politique lui préfère Baidu, Google est numéro un partout, ne laissant que des miettes à Yahoo et à Bing, le moteur concurrent de Microsoft. La recherche de pages web fut tout naturellement complétée par celle d'images, avec Google Image Search créé dès 2001 et de points d'intérêt, avec Google Maps lancé en 2004. Lary Page comprit très vite que pour exploiter au mieux cette audience, il fallait posséder le plus d'informations possibles sur chaque internaute. C'est ce qui motiva en 2009 le lancement de Google Chrome, devenu aujourd'hui le navigateur le plus populaire, utilisé par plus de la moitié des internautes dans le monde. Google Chrome conserve la trace de tous les sites visités par les internautes, connait la fréquence des visites, les usages et les goûts de chacun. Les milliards d'informations ainsi collectées représentent une mine d'or pour valoriser l'audience du moteur de recherche.

90 % du chiffre d'affaires de Google provient d'AdWords et AdSense, ses deux régies publicitaires. Les liens sponsorisés, qui permettent aux entreprises de figurer en tête des requêtes des internautes, représentent les deux tiers de ces revenus publicitaires, le reste provenant des bannières qui s'affichent à l'intérieur des sites ou en surimpression, ainsi que de la publicité locale, grâce aux points

---

[99] Voir Steven Levy "how Google's algorithm rules the web" in www.wired.com (2010).

d'intérêt indexés sur Google Maps. La connaissance de la vie numérique des internautes permet de définir des algorithmes de profilage et de cibler les messages en fonction des centres d'intérêt de chacun pour en décupler l'efficacité. Au total, Google capte à lui seul 32 % des recettes mondiales de la publicité sur internet[100]. Si à travers ses nombreuses acquisitions, Google donne l'impression de se diversifier tous azimuts, l'audience reste le point cardinal de toute sa stratégie. La déferlante des nouveaux terminaux connectés et l'apparition de nouveaux usages lui sont autant d'opportunités pour développer de nouvelles sources d'audience et élargir un modèle économique déjà très rentable[101].

L'eldorado de l'internet mobile

Pressentant la déferlante des smartphones, Google comprit très vite que celui qui contrôlera le système d'exploitation du mobile aura la haute main sur la relation entre l'internaute et ses usages en mobilité. C'est ainsi que Google rachète en 2005 une start-up totalement inconnue nommée Android et lance deux ans plus tard le système d'exploitation éponyme.

Fidèle à sa stratégie d'audience, Google souhaite qu'Android soit utilisé par le plus grand nombre d'internautes dans le monde. Le système est donc libre d'utilisation. Les fabricants de smartphones ne payent rien pour installer Android sur leurs terminaux, pas plus que les distributeurs de films ou de musique pour y vendre leurs catalogues. Objectif atteint : en 2017, 87 % des smartphones vendus dans le monde fonctionnent sous Android, contre 12 % sous iOS, le système d'exploitation concurrent d'Apple. Corollaire de ce succès, le nombre d'applications disponibles sur Google Play dépasse le million et demi, soit davantage que sur l'App Store de la firme à la pomme. Pour en arriver là, Google n'a pas été avare en moyens. Le rachat en 2011 de la branche mobile de Motorola a permis à la firme de Mountain View de mettre la main sur des milliers de brevets décisifs

[100] Très loin devant Facebook (8 %) et Microsoft (2,5 %), source : eMarketer (chiffres 2015).

[101] Peu d'entreprises de cette taille peuvent se prévaloir d'un bénéfice égal à 22 % de leur chiffre d'affaires.

pour renforcer la position d'Android. Et tant pis si Android inspire aussi des avatars sur lesquels Google n'exerce aucun contrôle[102].

Android est un cheval de Troie pour Google Search, qui s'est naturellement imposé comme le moteur de recherche principal des internautes sur les smartphones. Avec le rachat de la régie publicitaire AdMob en 2009, Google applique les recettes du web au monde du mobile, le nouvel eldorado de l'économie numérique[103]. Il ne s'agit pas de bombarder l'utilisateur d'une pluie de messages intempestifs, mais de lui fournir des informations personnalisées en fonction de son contexte et de sa localisation.

Après les smartphones, Android a conquis le marché des tablettes. La télévision est désormais le fruit de toutes les convoitises, car elle représente plus du tiers des recettes publicitaires mondiales. Mais le combat est loin d'être gagné. En effet, les chaînes américaines, redoutant que des publicités indésirables viennent en surimpression sur leurs émissions, bloquent le référencement de leurs programmes par Google. Les fabricants de téléviseurs ne voient pas d'un meilleur œil l'arrivée d'Android dans leurs appareils. Google TV se borne à référencer les contenus de YouTube, tandis que Chromecast, la clé USB lancée en 2013, donne accès à des catalogues multimédia.

Une constellation de services pour toujours glaner plus d'audience

Si Google peut être comparé à une pieuvre étendant ses tentacules dans tous les domaines de la vie numérique, ses choix stratégiques visent toujours avec la même obstination le développement de son audience. Larry Page n'hésite jamais à stopper lui-même un service qui faillirait à cet objectif. Cette cohérence de choix se retrouve dans l'articulation entre les différents services. L'utilisation d'un service vient toujours nourrir l'utilisation des autres dans une logique

[102] Ainsi existe-t-il désormais un véritable « Android chinois » adapté uniquement au marché des smartphones vendus en Chine et contrôlé par Baidu, le grand rival de Google dans l'empire du Milieu.

[103] En 2016, le mobile représentait 50 % des revenus publicitaires de Google aux États-Unis (source : Google).

globale : faire de Google l'inséparable compagnon de notre vie quotidienne.

Partout Google tisse sa toile, à commencer par les services de communication. Google Talk pour « chater », G Mail pour s'écrire, Google Voice pour se parler, Google + pour les réseaux sociaux. Aucun de ces services n'est pensé isolément : la force de chacun, c'est sa complémentarité avec tous les autres, la mise en commun de ses fonctionnalités[104]. Qui a goûté à l'un se ralliera bientôt aux autres. Android est bien sûr un puissant levier d'adoption de tous ces services. Tous gratuits, ils constituent une menace d'autant plus sérieuse pour les opérateurs télécoms que Google ne s'attaque pas à leur activité traditionnelle pour en détourner la valeur, mais dans le seul but de nourrir son audience : détruire ce qui fait la valeur des *telcos* n'est tout simplement pas son problème, c'est juste un effet collatéral de sa stratégie globale.

Divertir et informer sont les deux autres grands vecteurs d'audience. Avec le rachat de YouTube en 2006, Google a mis la main sur un site qui représente à lui seul 45 %[105] du volume total des données transportées sur internet dans le monde ! YouTube, c'est plus de quatre milliards de vidéos visionnées par jour, 1,2 milliard d'utilisateurs par mois, la moitié des flux vidéo sur téléphone mobile[106]… Si au début, la mise en ligne de vidéos privées ne dégageait aucun revenu, YouTube a compris le profit qu'il pourrait tirer de son audience. Le site a désormais plus de 30 000 partenaires éditeurs de contenus audiovisuels et diffuse des chaines de télévision thématiques sur internet. Les internautes sont attirés vers ces contenus payants à partir de la diffusion gratuite d'extraits sur le site.

Des vidéos, il n'y avait qu'un pas à franchir pour offrir aux internautes n'importe quel autre type de contenu numérique. Google News, lancé en 2006, est le moteur de recherche des dépêches

---

[104] Par exemple, Google + contient un moteur de recherche, permet de stocker des photos en ligne, d'organiser des « chats » vidéo à plusieurs…

[105] YouTube représente plus de 68 % des vidéos en ligne vues dans le monde (source : ComScore 2016), la vidéo représentant 67 % du volume total de données échangées sur internet (source Cisco).

[106] Source : Google.

d'agences et des journaux en ligne. Le rachat de Zynga en 2010 fut le point de départ de Google Games. Google Books créé en 2004 est peut-être le projet le plus ambitieux. Bénéficiant de moyens importants et de l'accord d'une centaine de grandes bibliothèques dans le monde, Google Books numérise tous les livres tombés dans le domaine public. Trente millions d'ouvrages édités dans presque toutes les langues sont à ce jour en ligne[107]. En 2011, Google signe un accord avec les principaux labels américains et lance Google Music, puis crée la même année Google Wallet, un portefeuille de cartes de fidélité virtuelles. Enfin, Google Doc offre à chaque internaute la possibilité de stocker gratuitement ses contenus personnels dans le *« cloud »*.

Et comme toujours, ce qui fait la valeur de chacun de ces services, c'est son intégration parfaite dans l'univers de Google. Le moteur de recherche, présent sur tous les catalogues de vidéos, de musique, d'actualités et de livres de Google, voit ainsi gonfler son audience et les revenus publicitaires qui en découlent. Google est l'agrégateur global par excellence, il connait tout, ou presque, de notre vie numérique.

Jusqu'où ira Google ? En août 2015, Larry Page crée Alphabet, une société holding dans laquelle il décide de regrouper l'ensemble des activités nouvelles du groupe. Alphabet rachète des sociétés expertes en réalité virtuelle et en intelligence artificielle, mais aussi investit dans des projets ambitieux. Ainsi sont nés Google Car, un projet de voitures connectées sans conducteur, Loon, un projet de diffusion d'internet à partir de ballons captifs en Afrique ou encore Google Glass. Avec le rachat en 2014 du fabricant de thermostats Nest, Google cherche à tout savoir sur la vie à l'intérieur du foyer… Toutes ces initiatives donnent accès à de gigantesques gisements de données, qui seront collectées dans les voitures et dans les foyers et que Google cherchera à transformer en revenus publicitaires.

---

[107] La grande majorité de ces livres sont tombés dans le domaine public et sont mis en ligne gratuitement. Pour les œuvres plus récentes, Google fait face à l'opposition de nombreux éditeurs qui lui reprochent de numériser sans l'autorisation préalable des auteurs. Plusieurs accords ont néanmoins été signés, prévoyant le partage des revenus entre Google, les éditeurs et les auteurs.

Ce rapide tour d'horizon ne serait pas complet, sans évoquer Google Entreprise qui valorise les actifs techniques de Google : quatre millions de sociétés dans le monde confient à Google la gestion de leur messagerie ou encore le stockage de leurs données sensibles. Cette activité est très rentable, car elle repose sur une infrastructure de serveurs déjà existante.

Pourquoi Google a marginalisé ses rivaux

Si la stratégie de Google peut faire penser à un mouvement brownien, elle n'en demeure pas moins d'une cohérence extrême, car tournée vers un objectif unique : l'audience. Google a entouré son moteur de recherche d'une constellation de services, tous conçus dans une grande logique de complémentarité, l'usage des uns venant renforcer celui des autres. Pour compléter sa palette et acquérir des savoir-faire pointus, la firme de Mountain View n'hésite jamais à racheter les entreprises dont elle a besoin. Ainsi, pas moins de 224 sociétés ont été acquises au cours des quinze dernières années.

Son modèle économique est très rentable[108]. À l'instar des autres acteurs du *« cœur internet »*, la plupart de ses coûts sont variables. Google a investi dans la construction d'immenses centres informatiques qui hébergent les données et traitent les milliards de requêtes quotidiennes des internautes. Cette infrastructure de plusieurs millions de serveurs regroupés dans une soixantaine de « fermes » présentes sur tous les continents, se développe au fur et à mesure que grossit son audience. Des sommes énormes sont réinvesties dans la recherche sur les domaines clés qui feront l'internet de demain, comme par exemple le web sémantique ou la reconnaissance de l'image[109].

Le géant californien a bien sûr ses faiblesses et ses détracteurs. Les instances réglementaires n'aiment pas les géants et les telcos trouvent

---

[108] La marge opérationnelle de Google est de l'ordre de 40 %.

[109] En 2016, le budget de R&D de Google s'élevait à 14 milliards de dollars, soit 16 % de son chiffre d'affaires (source : Google, résultats financiers).

ses services bien encombrants [110]. Mais sa connaissance des internautes est si large, son audience si grande, sa marque symbole de l'internet gratuit si populaire, que Google restera un acteur incontournable de la *phase de mutation* de la révolution numérique. Les budgets publicitaires vont continuer à basculer des supports traditionnels vers internet et son chiffre d'affaires à augmenter de 20 % par an… n'en déplaise aux fantassins européens de la diversité.

Facebook ou deux milliards d'amis qui valent de l'or

À la recherche d'un modèle rentable

En 2004, un jeune étudiant d'Harvard piratait le système informatique de son école et créait un site sur lequel les garçons pouvaient voter pour les étudiantes du campus en consultant leurs photos. Quatre ans après cette plaisanterie d'un goût assurément potache, Facebook comptait 50 millions « d'amis ». Encore quatre ans plus tard, Mark Zuckerberg était à la tête du plus grand site communautaire jamais créé, avec plus d'un milliard d'utilisateurs dans le monde. Facebook est un phénomène de société, il a transformé le quotidien d'une génération, révolutionné le rapport entre la marque et le consommateur.

La moitié des utilisateurs de Facebook se retrouvent tous les jours sur le site, où ils consacrent un milliard d'heures à communiquer, à actualiser leur « mur » ou consulter celui de leurs amis, à lire leur « fil d'actualité », ou encore à télécharger quelque 500 millions de photos. Facebook est présent partout, on a même pu dire que la ville dans le monde qui comptait le plus de comptes actifs était… Djakarta. En France, 85 % des jeunes de 18 à 24 ans possèdent un compte Facebook sur lequel ils passent en moyenne vingt heures par mois, c'est bien plus que tous les autres modes de communication réunis[111].

---

[110] Pour répondre aux opérateurs qui l'accusent d'encombrer les réseaux avec des contenus vidéo trop volumineux, Google a décidé d'investir dans des serveurs relais situés au plus près des utilisateurs.

[111] La France est le quatrième pays au monde en nombre d'utilisateurs. Sources : TNS digital life et Facebook.

Car Facebook est aussi une plateforme de communication où l'utilisateur peut converser avec ses amis sous toutes les formes, voix, messagerie, chat audio ou vidéo.

Mark Zuckerberg a très tôt compris l'immense potentiel de l'internet mobile. Aujourd'hui, les 3/4 des utilisateurs se connectent à partir de leur smartphone et l'application s'est enrichie de nombreux usages de géolocalisation. Pour franchir le seuil du deuxième milliard d'utilisateurs, la société de Palo Alto se tourne vers le nouvel eldorado des pays émergents et mise sur ses accords avec les fabricants pour embarquer son application dans tous les smartphones à bas coût qui sont en train d'inonder les pays du Sud.

Réseau fermé d'utilisateurs à géométrie variable, car les amis de mes amis ne sont pas forcément mes amis, l'effet club y joue à fond. La loi de Reed, on s'en souvient, montre que l'utilité d'un réseau dépend du nombre de sous-groupes qui peuvent se former en son sein. En vertu de cette loi, il ne peut y avoir coexistence entre deux grands réseaux sociaux rivaux[112]. MySpace, créé à la même époque que Facebook et qui réunissait près de la moitié des utilisateurs de réseaux sociaux en 2008, l'a appris à ses dépens, laissant à Facebook une part de marché de l'ordre de 65 %. Seuls subsistent des réseaux sociaux aux vocations spécialisées, comme LinkedIn pour les relations professionnelles, la plateforme de blogs Tumblr, Instagram racheté en 2012 par Facebook pour les photos et bien sûr la micro-messagerie Twitter dont l'originalité du concept en fait un complément plus qu'un véritable rival de Facebook.

Mais si sa popularité fut foudroyante, Facebook tel Midas sur les berges du fleuve Pactole, donna longtemps l'impression d'être assis sur un tas d'or que l'entreprise était incapable de valoriser. Pourtant, depuis cinq ans, Facebook connait une croissance de ses revenus de 50 % par an grâce à la publicité tirée de son audience.

---

[112] En effet d'après la loi de Reed, l'utilité d'un réseau social global est bien supérieure à l'utilité cumulée de deux et a fortiori de x réseaux sociaux qui auraient au total le même nombre d'utilisateurs.

La force d'attraction d'une plateforme globale

Le modèle économique de Facebook comme celui de Google repose en effet sur l'audience. Sa richesse, c'est le volume considérable d'informations collectées chaque jour auprès de bientôt deux milliards d'utilisateurs. Quel annonceur soucieux de mieux cibler ses publicités ne rêve-t-il pas d'accéder à cette mine d'informations, de connaitre les habitudes, les goûts et les produits préférés de ses clients ? Le pari réussi de Facebook, c'est d'avoir transformé ce qui était au départ un « simple » réseau social, en carrefour de la vie numérique sur lequel se retrouvent chaque jour des centaines de millions d'internautes. Carnet d'adresses, photos, vidéos, jeux, applications… presque tout est accessible à partir de Facebook. D'agrégateur de contenus personnels, la société de Palo Alto est devenue une plateforme intégrée de communication, de médias et de divertissement. En février 2014, le réseau social rachète l'application de messagerie WhatsApp pour la somme astronomique de 19 milliards de dollars, complétant ainsi Facebook Messenger, la messagerie instantanée intégrée au réseau social. WhatsApp, c'est autant de messages envoyés en une journée que tous les SMS émis dans le monde entier. Le modèle de Facebook est ouvert, chaque développeur peut venir y intégrer ses propres applications[113]. Ses services, le plus souvent gratuits, sont complétés par des contenus payants. Facebook est devenu un canal de distribution pour les chaînes de télévision, les majors du cinéma, de la musique et des jeux[114]. Le rachat en 2012 pour un milliard de dollars d'Instagram, une start-up américaine de retouche et de partage de photos sur smartphones créée à peine un an plus tôt, renforce un peu plus la connaissance que Mark Zuckerberg possède de la vie numérique de ses deux milliards d'« amis ». C'est

---

[113] « Facebook Plateform » héberge plus de dix millions d'applications et de sites web, consultés par plus d'un milliard de personnes par mois.

[114] Notamment avec Hulu aux États-Unis et TF1 en France pour les séries télévisées, Netflix et la Warner Brothers pour les films payants, Spotify et Vevo pour la musique ou encore Zynga pour les jeux en ligne.

cette connaissance sans équivalent qui valut à Facebook d'être valorisé lors de son entrée en bourse en mai 2012, pour plus de cent milliards de dollars, soit près de trente fois son chiffre d'affaires[115].

Pourtant, sa logique de valorisation de l'audience est très différente de celle de Google. Si les publicités sont personnalisées comme chez Google en fonction des informations recueillies sur chaque utilisateur, Facebook y ajoute une dimension communautaire extrêmement puissante, puisque les annonces circulent entre « amis ». La première source de recettes publicitaires, ce sont ces encarts plutôt discrets sur le fil d'actualité de chaque utilisateur, qui s'insèrent en fonction de son profil. Ce qui en décuple la force, c'est la faculté donnée à chacun de partager ses commentaires et de s'affirmer *« fan »* grâce au fameux bouton « *I like* ». Les annonces ainsi plébiscitées par un utilisateur sont transférées dans le fil d'actualité de tous ses amis, dont l'attention se trouve ainsi attirée par l'opinion favorable de celui-ci. « Un annonceur peut produire les publicités les plus originales du monde, mais le fait de savoir que vos amis aiment vraiment boire le Coca-Cola est sans doute la meilleure recommandation que Coca-Cola puisse obtenir », disait déjà Mark Zuckerberg en 2004. Depuis 2012, le réseau intègre également des publicités dans le fil d'actualité des « mobinautes ».

Les annonceurs peuvent créer leur propre « *fan page* » qui leur sera facturée par Facebook Connect, la régie publicitaire du site. Pas moins de dix mille nouvelles pages commerciales sont ainsi créées chaque jour et 92 % des grandes marques dans le monde possèdent la leur. Ce mode de communication « virale » présente d'immenses avantages pour les annonceurs, car son coût reste modeste pour un effet de levier important. En effet, l'effet démultiplicateur des « *I like* » émis par les utilisateurs ne leur coûte rien. Grâce au « bouche à oreille » numérique du réseau social, des entreprises peu connues mais disposant d'un concept original, ont ainsi pu accéder à une notoriété que leurs modestes budgets publicitaires ne leur auraient jamais permis d'espérer. C'est ainsi que la plateforme de jeux Zynga est

[115] Les analystes furent divisés sur la justification de cette valorisation. Six mois plus tard, Facebook avait perdu la moitié de sa valeur. Aujourd'hui, avec une valorisation supérieure à 400 milliards de dollars, chaque « *ami* » de Facebook « vaut » plus de 200 dollars !

sortie de l'obscurité pour conquérir en quelques mois 400 millions d'adeptes dans le monde. Ce qui vaut pour un produit, vaut tout autant pour un groupe de chanteurs rock, un écrivain méconnu… ou un apéro géant. Facebook met également à la disposition des annonceurs un outil de ciblage « comportemental », faisant ressortir des corrélations entre les fans d'une marque, leurs profils et leurs goûts. Les amateurs de telle marque de jeans seront majoritairement des jeunes de moins de 25 ans, attirés par les voyages, mais aussi fans de Lady Gaga. Certains annonceurs vont même jusqu'à rémunérer des *« fans »* pour bénéficier d'un encart plus visible sur leur *« mur »* Facebook. En s'invitant dans le cercle privé des échanges entre *« amis »*, les marques construisent sur Facebook un dialogue à la fois plus direct et plus intime avec leurs clients. Elles troquent leurs régiments de vendeurs contre une armée de fans. Pour Facebook, chaque utilisateur rapporte en moyenne 15 €, dont la moitié en recettes publicitaires et le reste en commissions perçues sur les transactions réalisées sur le site. C'est encore trois fois moins que Google alors que Facebook a dix fois plus de pages vues. Mais le potentiel de son modèle d'audience est énorme, car si Google connait bien les internautes grâce à leur historique de navigation, Facebook pénètre bien plus profondément dans la vie de ses presque deux milliards *« d'amis »*. En revanche, le réseau social n'a pas encore prouvé qu'il pouvait s'imposer comme un acteur majeur du commerce en ligne.

Facebook peut faire peur. Le volume de données personnelles centralisées sur ses serveurs excède largement tous les dossiers accumulés dans les archives de la CIA et de feu le KGB réunis. Si l'utilisateur a le choix d'ouvrir ou non l'accès à ses informations personnelles à tous les internautes, à tous ses *« amis »*, à une sélection d'entre eux ou à une seule personne, la liste des données ouvertes par défaut s'est subrepticement élargie au fil des ans, au grand bonheur des annonceurs. Face à la bronca des utilisateurs, Mark Zuckerberg fut obligé en 2011 de renoncer à partager les numéros de téléphone et les adresses physiques de ses membres avec les développeurs d'applications.

L'Europe peut-elle rivaliser avec le réseau social planétaire, cet autre exemple de la « soft domination » américaine ? Un peu partout se développent des réseaux sociaux spécialisés avec des règles de confidentialité plus étroites. Mais ni ces initiatives, ni les pressions grandissantes des instances de défense de la vie privée, ni la préférence des plus jeunes pour Instagram ou pour Snapchat ne semblent en mesure de freiner le développement de Facebook, dont le modèle économique construit autour du partage communautaire et de la personnalisation a fait la preuve de sa solidité.

Apple ou la nouvelle chasse gardée

Un gourou inspiré

Apple occupe une place particulière au sein des big five. Fabricant d'équipements électroniques, il n'appartient pas au *« cœur »* du nouveau soleil numérique, mais à sa couche externe, la couche « matérielle » au contact physique des utilisateurs. Apple, contrairement aux deux géants du net, n'est pas né dans la *phase d'expansion* de la révolution numérique, mais en 1976, à l'époque où la révolution numérique n'en était qu'à sa *phase de gestation.* Tout a été dit sur Steve Jobs. Objectivement, Steve Jobs n'a rien inventé, tous ses produits reposent sur des technologies existantes. Mais cet homme a eu le rare génie de créer les produits les plus emblématiques de leur époque et de lancer des services plébiscités par le monde entier. C'est en cela qu'Apple est un acteur incontournable de l'économie numérique. Car si l'iPhone ne représente en 2017 « que » 12,5 % des ventes de smartphones, loin derrière Samsung[116], sa capitalisation boursière est la première au monde, supérieure à celle du géant pétrolier Exxon Mobil. De retour aux commandes en 1997 après dix années d'un purgatoire forcé, Steve Jobs lance un défi à ses salariés : « voulez-vous passer le reste de votre vie à vendre de l'eau sucrée, ou voulez-vous changer le monde ? ». En mettant ses ingénieurs au service des designers, en faisant de l'ergonomie et de la simplicité d'usage une obsession permanente, en recherchant la nouveauté sans

[116] Samsung représente 21 % des smartphones vendus dans le monde début 2017 (source : Strategy Analytics).

se soucier de compatibilité avec les solutions du passé, Apple a bien révolutionné le monde. « Ne demandez pas aux clients ce qu'ils veulent, ils n'en savent rien » scandait encore son visionnaire patron.

Car en 1977, il fallait être visionnaire pour lancer à partir de presque rien l'Apple II, le premier ordinateur personnel vendu à grande échelle et défier la suprématie du géant IBM dans l'informatique. Deux ans après avoir lancé l'iPod, Steve Jobs initie en 2003 une deuxième révolution : coupler un terminal dédié à un magasin de musique en ligne, c'est ainsi que nait iTunes Store. Fort du succès d'iTunes, il décide en 2007 d'attaquer le marché déjà très encombré de la téléphonie mobile, dominé à l'époque par quelques poids lourds et où le canadien RIM règne en maître sur le haut de gamme avec son BlackBerry. En couplant l'iPhone à la plateforme iTunes, Steve Jobs donne le véritable coup d'envoi d'une troisième révolution : le terminal mobile multimédia. Son autre coup de génie, c'est d'avoir ouvert iTunes aux développeurs du monde entier en mettant à leur disposition une interface simple pour les applications qu'ils allaient créer. Dix ans plus tard, le magasin d'applications App Store compte 2,2 millions d'applications et 140 milliards de téléchargements dans le monde, soit plus de cent par terminal vendu. Et tout s'accélère : le « Mac » atteint son cent millionième utilisateur au bout de vingt-cinq ans, l'iPod Touch en sept ans, l'iPhone en moins de cinq ans alors que deux ans suffisent à la tablette iPad pour franchir le même seuil. Et ensuite ?...

Jusqu'à son décès en octobre 2011, Steve Jobs dirigea sa société en véritable despote éclairé. Jusqu'au jour de leur sortie, toutes les innovations étaient tenues dans le plus grand secret. Steve Job réussissait à dicter au marché son propre calendrier, ne lançant qu'en 2010 une tablette numérique pourtant dans les cartons depuis plusieurs années. À l'heure du tout numérique, il décida même d'ouvrir son propre réseau de boutiques contre l'avis de tous.

Bien sûr, les révolutions industrielles auraient eu lieu si les James Watt, George Stephenson, Henry Bessemer ou Henry Ford n'étaient pas nés, car le progrès technique avance par grappes, l'accumulation du capital est collective et l'initiative des hommes est d'abord celle des peuples. Mais le génie de ces hommes a accéléré la succession des phases. Et si Steve Jobs n'a pas inventé les lois de l'économie numérique, il a su créer et populariser de nouveaux usages. Les telcos qui avaient payé à prix d'or leurs licences 3G aux alentours de 2000, durent attendre 2007 et le succès foudroyant de l'iPhone pour qu'enfin décolle l'internet mobile. Bien sûr, le « PC » a répondu au Mac, Android à iOS, Google Play à l'Apple Store et les tablettes Samsung à l'iPad, mais Steve Jobs a toujours su créer la référence. Pour preuve, les multiples batailles juridiques livrées par la firme de Cupertino pour protéger ses brevets contre ses principaux rivaux[117].

Et pour l'Europe, un autre enseignement s'impose : l'Europe n'est pas moins capable que l'Amérique de faire naitre de grands entrepreneurs, l'enjeu dans le numérique est de savoir ensuite les retenir.

Apple est l'archétype d'une stratégie d'intégration verticale. Google et Facebook ont étendu leurs tentacules dans tous les domaines de la vie numérique, mais laissent l'internaute libre de ses choix. Apple fait au contraire penser à une immense secte, avec ses fidèles, ses grand-messes, ses objets de culte et son gourou. Car depuis ses origines, la stratégie d'Apple vise à construire une véritable chasse gardée autour de ses produits. Aux tenants de l'interopérabilité entre matériels et usages, Apple oppose une vision centrée sur l'utilisation exclusive de ses terminaux et de ses logiciels propriétaires. Les clients sont captifs de sa marque sans qu'ils s'en aperçoivent. Ainsi, le premier Macintosh fonctionnait sur un système d'application Mac OS, incompatible avec Windows qui équipait tous les autres ordinateurs. Plus tard, Apple fera le choix de Mac OS pour ses iMac et du navigateur Safari pour tous ses ordinateurs. Les magasins en ligne iTunes Store pour la musique et App Store pour les applications ne sont disponibles que sur les seuls terminaux Apple. Le système d'exploitation iOS interdit tout rapprochement des iPhone et des iPad avec d'autres terminaux mobiles. Apple n'accepte pas le logiciel graphique Flash qui équipe les autres navigateurs, de telle sorte que de nombreux catalogues de contenus payants ne sont pas disponibles sur ses terminaux… sauf si leurs distributeurs acceptent de s'acquitter

---

117 En août 2012, un tribunal californien infligeait à Samsung le paiement d'un milliard de dollars à Apple sous le grief de violation de six de ses brevets.

d'un droit d'octroi auprès d'Apple… Quitter la firme à la pomme, c'est pour l'internaute partir pour un autre monde et s'exposer à perdre ses droits sur tous les services et contenus achetés.

Un modèle jalousement protégé

Car si Apple a investi l'univers numérique des internautes à l'instar de Google et de Facebook, son modèle économique n'a rien à voir avec celui des deux géants du net.

Ses terminaux au design épuré et à l'usage si intuitif ont attiré autour d'eux tout un univers de contenus et de services qui viennent renforcer leur attrait. Toutes les applications numériques y sont en effet bienvenues pour peu qu'elles soient elles-mêmes ergonomiques et se soumettent aux règles de partage des revenus imposées par la firme de Cupertino : Apple facture tout ce qui est acheté à partir de ses terminaux et se réserve 30 % de tous les montants collectés. Initialement conçue pour la musique, cette règle fut étendue à l'ensemble des contenus numériques payants, applications, livres, jeux, magazines et films[118]. Aucune négociation n'est possible. Un ancien responsable de Dell avait osé faire une analogie saisissante : « *Quand j'achète quelque chose avec mon ordinateur Dell, la société Dell ne prélève pas de commission. Eh bien c'est ce que fait Apple avec son iPhone !* ». Mais ces clauses léonines n'ont pas ralenti les ardeurs des développeurs et des fournisseurs de contenus. Le pouvoir tarifaire d'Apple va plus loin encore. C'est Apple qui décide le montant de la remise que les opérateurs accordent sur le prix des iPhone et des iPad qu'ils vendent à leurs clients. La firme à la pomme fait régner sa loi sur la couche des services informatiques avec ses logiciels propriétaires, sur la couche télécoms avec ses tarifs imposés et sur le cœur internet en autorisant ou non une application à figurer dans son magasin en ligne. Apple constitue l'exemple le plus achevé d'une stratégie d'intégration verticale.

---

[118] Google perçoit également 30 % lors du téléchargement d'applications payantes sur Google Play, mais à la différence d'Apple ne prend ensuite pas de commission sur les revenus récurrents.

Si l'univers de services de l'App Store dégage une marge confortable, cet univers de services demeure au service d'un objectif central : vendre toujours plus de terminaux et encourager le renouvellement régulier de ceux-ci. En enrichissant ses smartphones de services de communication comme Facetime pour la visiophonie et iMessaging pour la messagerie, Apple ne cherche pas à capter une partie du chiffre d'affaires des opérateurs télécoms, car ces services sont gratuits. Son objectif consiste tout simplement à maintenir ses aficionados dans leur « *prison dorée* » [119], en les persuadant le jour venu d'acheter la version suivante de leur iPhone ou de leur iPad préféré.

Il en va de même avec iCloud qui permet de synchroniser et de sauvegarder toutes ses données dans le *« nuage »*, ou avec la plateforme de téléchargement iTunes, qui donne accès à un nombre infini de contenus, comme par exemple iTunes U, une plateforme de mise en ligne de cours universitaires. Tous ces services sont accessibles n'importe où, n'importe quand et à partir de n'importe quel terminal… à condition qu'il soit frappé du logo de la marque à la pomme. Tous ces services contribuent à renforcer l'attachement des clients à Apple, mais concourent également à la fragmentation du net au profit du géant américain.

Intégration verticale ne signifie donc pas diversification. Apple reste ancré dans la couche « matérielle », les ventes d'équipements électroniques représentaient 91 % de son chiffre d'affaires en 2017… un constat à méditer pour les partisans d'une politique industrielle européenne. Son modèle économique est l'un des plus rentables au monde et ses produits sont des machines à cash. La société, dirigée par Tim Cook depuis la disparition de Steve Jobs en 2011, possède un trésor de guerre incroyable de plus de cent milliards de dollars. La marge moyenne d'un iPhone ou d'un iPad dépasse 200 dollars. Car si le client est prêt à payer le prix fort pour la marque à la pomme et son design, il sait rarement que l'intégralité de la production est sous-traitée à Foxconn. Le géant taïwanais assemble iPhones et iPad dans

[119] Les applications développées par Apple ne sont en effet pas compatibles avec d'autres systèmes d'exploitation, de telle sorte qu'elles ne fonctionnent qu'entre les utilisateurs de terminaux Apple.

de gigantesques usines qui font travailler 700 000 personnes à Shenzen en Chine continentale. Grâce à son positionnement unique et à des clients faisant eux-mêmes la publicité de la marque, Apple dégage un taux de marge de l'ordre de 40 %, comparable à celui des grands acteurs du net, mais largement supérieur à tous les autres acteurs de la couche « matérielle ».

Acteur incontournable du numérique, Apple impose sa loi. La firme de Cupertino oblige développeurs, éditeurs de contenus et opérateurs européens à passer sous ses fourches caudines. À l'inverse, le coréen Samsung en s'appuyant sur Google, propose un modèle plus ouvert. Retenons pour l'Europe une leçon : marginalisé dans la fabrication de terminaux, notre continent ne pourra construire un écosystème riche et innovant, capable d'entraîner autour de lui une puissante dynamique et de rivaliser avec les géants américains, que s'il réussit à fédérer l'innovation autour de quelques grands acteurs européens du numérique.

Microsoft ou le syndrome de Gulliver

Le rentier de l'informatique

Google, Apple et Facebook exercent sur nous une telle fascination que nous en aurions presque oublié Microsoft. Revenons une quinzaine d'années en arrière, à l'aube des années 2000. La *phase d'éclosion* de la révolution numérique s'achevait. Google prenait son envol, Apple entamait un délicat redressement et Facebook n'existait pas. Microsoft, créé un quart de siècle plus tôt par Bill Gates et son ami Paul Allen, régnait en maître absolu sur l'économie numérique. Son système d'exploitation Windows, dont la première version remonte à 1985, équipait plus de 95 % des ordinateurs personnels et ses logiciels professionnels, 45 % des centres de calcul vendus dans le monde. La suite Office avec ses logiciels de bureautique Word, Excel, Powerpoint et Outlook, par sa facilité d'usage avait éclipsé ses rivales et même réussi à marginaliser les logiciels en accès libre. Windows était le langage universel qui avait démocratisé l'informatique grand public. Avec l'arrivée d'internet, Microsoft lança son propre navigateur. L'intégration par défaut d'Explorer dans presque tous les ordinateurs à l'exception du Macintosh d'Apple lui offrit un avantage décisif face à Netscape qui dominait alors ce marché avec son Navigator. En 2000, la capitalisation boursière du géant de Redmond dépassait 430 milliards de dollars, soit le double de celle d'IBM, l'autre géant de l'informatique.

Le modèle économique de Microsoft est simple. Un ordinateur ne pouvant être utilisé sans son système d'exploitation, surfer sur internet n'étant pas possible sans un navigateur, Windows, Office et Explorer étaient pré-embarqués dans la quasi-totalité des ordinateurs personnels, moyennant un coût de licence directement payé par le fabricant à Microsoft et refacturé au client dans le prix du matériel vendu. Une innovation permanente permet de maintenir l'avance technologique de la société : les coûts de recherche représentent plus de 15 % de son chiffre d'affaires, seules les entreprises du secteur de la Défense et du secteur pharmaceutique consacrent un effort comparable au développement de nouveaux produits. En revanche, ses coûts variables sont très faibles, la vente unitaire d'un logiciel rapporte beaucoup et ne coûte presque rien[120].

On connaît les démêlés de Microsoft avec la justice, les accusations de vente liée prononcées à l'encontre de Windows, les procès et les amendes record infligées pour abus de position dominante aux États-Unis et en Europe[121]. Microsoft est désormais tenu de vendre Office indépendamment des ordinateurs. Mais toutes les tentatives visant à briser la position dominante de Microsoft ont échoué. Microsoft a imposé ses propres standards et tué dans l'œuf toute velléité de concurrence. Cette rente de situation, en maintenant un niveau de prix

---

[120] Microsoft dégage un taux de marge brute de l'ordre de 85 % (source : Microsoft, rapport financier).

[121] Les fabricants d'ordinateurs sont tenus de vendre des produits opérationnels, c'est-à-dire équipés d'un système d'exploitation au moment de la vente. Cette obligation, si elle protège le consommateur, a également constitué un argument juridique de poids pour Microsoft. En 2004, la Commission européenne a condamné Microsoft à une amende record de 497 millions d'euros pour abus de position monopolistique, puis à une amende de 899 millions d'euros pour la même raison en 2008.

artificiellement élevé sur tous ses produits, constitue un cas unique dans l'économie numérique. Alors que les nouvelles lois de production se traduisent par une baisse spectaculaire du prix du gigaoctet transporté et stocké, le prix des licences d'exploitation de Windows et des différentes versions d'Office ne bouge pas.

Cette position dominante de Microsoft rend toutes nos données personnelles prisonnières d'un format propriétaire… c'est comme si nous écrivions sur des feuilles de papier qui ne nous appartenaient pas. Elle a en revanche créé des « externalités positives » pour tous : Microsoft simplifie la vie de plus d'un milliard d'utilisateurs qui n'ont pas à réapprendre la bureautique chaque fois qu'ils changent d'ordinateur. Microsoft rend également service aux fabricants d'ordinateurs en favorisant un renouvellement rapide de ceux-ci. Les éditeurs de logiciels sont aussi gagnants, puisqu'ils ne sont pas obligés de décliner leurs services autrement que sous Windows et Mac OS.

Le prix des incohérences

Bill Gates rêvait de voir " *un ordinateur sur chaque bureau et dans chaque maison, tournant sur Windows* ". Formulé voici plus de trente ans, le rêve du fondateur de Microsoft s'est largement réalisé. En 2016, plus de huit foyers occidentaux sur dix possèdent au moins un ordinateur, 90 % d'entre eux « *tournent* » sous Windows… Pourtant en dix ans, la valeur boursière de Microsoft a été divisée par deux, elle est désormais dépassée par celle d'Apple et de Google. Et si la croissance de la société fut longtemps enviable, de l'ordre de 10 % par an, elle est bien inférieure à celle des géants du net.

Acteur de la couche des services informatiques, Microsoft a joué la carte de l'intégration verticale afin de tirer profit de l'explosion du *« cœur internet »*. Comme pour les autres acteurs, cette intégration ne signifie pas diversification, puisque Microsoft continue de réaliser 90 % de son chiffre d'affaires dans son métier d'origine, la vente de logiciels. Mais emprisonné dans des choix parfois incohérents et souvent tardifs, Microsoft n'a pas réussi à créer autour de ses logiciels un univers de services numériques global, comme l'ont fait Google autour de son moteur de recherche, Facebook autour de son réseau social et Apple autour de ses smartphones. Les tentatives furent pourtant nombreuses, avec quelques belles réussites.

Tout avait bien commencé. Pressentant l'explosion d'internet, la firme de Redmond lance dès 1995 son propre fournisseur d'accès, MSN, dont le portail accessible dans le monde entier est doté d'un service de courrier électronique, Hotmail, et d'un service de messagerie instantanée, MSN Messenger. Rebaptisés Windows Live par souci de cohérence, les services internet de Microsoft s'étoffent au fil des ans avec l'ajout de nouveaux usages. Non sans succès, en 2011 Windows Live Messenger représentait 40 % des messageries instantanées utilisées dans le monde.

Mais la taille de Microsoft est sans doute la principale raison de son relatif échec sur internet. Tout d'abord, l'étroite surveillance des autorités de la concurrence ont interdit à l'entreprise de Bill Gates d'articuler ses services internet avec ce qui constitue son cœur d'activité, le système d'exploitation Windows et la suite bureautique Office. Cette interdiction constitue un handicap majeur par rapport à ses grands concurrents dont nous avons vu qu'ils avaient tissé leur toile autour de leur métier historique. Isolé des autres services de Microsoft, le navigateur Explorer perd ainsi des parts de marché[122]. D'autres services comme le lecteur de fichiers Windows Media, s'ils sont appréciés par le public, ne dégagent pas de réelle synergie avec les autres activités. Microsoft a voulu riposter à la suprématie de Google en lançant en 2009 son propre moteur de recherche. Aujourd'hui, les parts de marché de Bing peinent à franchir la barre des 7 %. Microsoft se heurte à la puissance d'intégration des univers de Google, de Facebook et d'Apple. Les jeunes boudent peu à peu Windows Live Messenger pour s'en aller « *chater* » sur Facebook Messenger, directement relié à leur liste d'amis, à leur mur et à leur fil d'actualité. Conscient de la nécessité de renforcer la cohérence globale de Microsoft dans l'univers du net et de rattraper son retard face aux trois autres géants, Steve Ballmer rachète en 2011 Skype, le service de communications gratuites sur internet, pour un montant de 8,5

[122] La part de marché d'Explorer sur les ordinateurs personnels est passée de plus de 70 % en 2005 à environ 13 % en 2017 (source : NetMarketShare).

milliards de dollars. Skype est aussitôt intégré dans la panoplie des services existants, Hotmail, Outlook, Messenger et même dans la Xbox, le terminal de jeux en ligne.

Le rachat de Skype vise surtout à combler un retard bien plus grave, celui de l'internet mobile. Car focalisé sur son métier historique du logiciel pour ordinateurs personnels, Microsoft n'a pas vu venir la révolution du smartphone et de l'internet mobile. Absents des systèmes d'exploitation et des navigateurs pour smartphones, les successeurs de Bill Gates ont tardé à comprendre qu'une stratégie de verticalisation ne pouvait plus s'envisager à partir du seul ordinateur fixe. D'autant plus que le système d'exploitation du smartphone constitue désormais le cheval de Troie de tous les services numériques. En 2010, Microsoft lance enfin Windows Phone 7 et équipe tous les smartphones Nokia avant de racheter toute la division téléphones mobiles du Finlandais en 2014... Ce qui n'a pas empêché la descente aux enfers de l'ancien roi du téléphone portable. Microsoft n'a pas réussi à briser le duopole de Google et d'Apple sur ce qui constitue le « moteur » du smartphone, son système d'exploitation[123].

Cet échec est d'autant plus préoccupant pour Microsoft que son marché traditionnel commence à décliner. Il n'est d'ailleurs pas exclu que l'ordinateur personnel disparaisse bientôt, remplacé par des tablettes de plus en plus performantes. Le rachat du réseau social professionnel LinkedIn pour un prix record de 26 milliards de dollars en 2016 permettra-t-il à Microsoft de retrouver avec le cœur internet une partie des synergies perdues ? Rien n'est moins sûr.

Toujours anticiper, c'est bien la leçon à retenir de la chute de Nokia, c'est aussi celle que nous apprend Microsoft. Et si les Européens oubliaient le rêve chimérique de construire un Google ou un Facebook européen, mais s'unissaient pour anticiper le monde numérique de demain ?

---

[123] Windows Phone 7 n'équipait plus que 1 % des smartphones vendus en 2016 (source IDC).

Amazon, Netflix, Baidu : les nouveaux géants

La nouvelle économie numérique est le théâtre de succès foudroyants. De tous les autres grands acteurs, le cas d'Amazon est le plus saisissant, car Amazon a réussi en quelques années à rejoindre le club très fermé des géants du net. Spécialiste dès sa création en 1994 de la vente de livres sur internet, Amazon s'est hissé en quelques années au rang de numéro un mondial de la vente en ligne. Son chiffre d'affaires progresse de 20 % par an[124]. Son organisation logistique est parfaitement rôdée, son marketing très simple, sa relation client exemplaire. Avec plus de 300 millions de clients répartis dans 45 pays et l'élargissement de son activité de vente en ligne à l'ensemble des biens de consommation, y compris désormais les produits alimentaires, Amazon ambitionne de devenir un agrégateur numérique global. Le pari est en voie d'être gagné.

À l'instar de ses grands rivaux, Amazon poursuit une stratégie d'intégration verticale dont la finalité n'est pas de se diversifier, mais d'investir tous les champs du numérique pour élargir et renforcer sa position sur son métier d'origine, la vente en ligne. Anticipant le succès du livre numérique aux États-Unis, Amazon lance en 2007 le « *Kindle* », qui domine le marché des liseuses numériques. Contrairement à Apple qui dégage de formidables marges sur la vente de ses terminaux, Amazon ne cherche pas à gagner beaucoup d'argent sur la vente du « *Kindle* », proposé presque à prix coûtant, mais à attirer le plus de lecteurs possible vers sa plateforme de téléchargement de livres[125]. Toujours pour renforcer ses activités de vente en ligne, la société de Seattle a lancé Amazon MP3, une plateforme de téléchargement de musique, Amazon Instant Video

[124] Selon Morgan Stanley, Amazon est devenu en 2016 le premier distributeur non alimentaire en France, son chiffre d'affaires en France est supérieur à celui de Monoprix.

[125] Objectif atteint, car depuis 2011 Amazon vend davantage de livres numériques que de livres imprimés. Plus d'un million de titres sont disponibles, dont 180 000 en exclusivité : Amazon s'inscrit dans une logique de « longue traîne ».

pour les films et les programmes TV et Amazon Appstore, son propre magasin d'applications. Début 2017, Amazon franchit un nouveau pas avec le lancement d'Alexa, un assistant personnel capable de communiquer à travers une interface vocale intelligente. En pilotant de nombreux services et en donnant accès à une infinité de contenus, Alexa a clairement pour ambition de positionner Amazon au cœur de la vie numérique des foyers. La société de Jeff Bezos n'offre pas encore à ses clients un univers de services numériques aussi complet que celui des autres *« big five »*. Pourtant, Amazon s'inscrit clairement dans la même logique d'intégration globale et pour la plupart des observateurs, Amazon a déjà remplacé Microsoft dans le club très fermé des géants du net.

Netflix et Hutu sont deux autres exemples de succès foudroyants. Netflix louait à l'origine des films qui étaient envoyés aux abonnés par la poste. Avec la révolution numérique et la montée en débits, la société californienne a rejoint le *« cœur internet »* et s'est imposée comme le leader américain de la diffusion payante de films en ligne[126]. Son système de recommandation très perfectionné constitue une des clés de son rapide succès. Autre agrégateur de contenus, Hutu est une entreprise créée par les trois grands réseaux de télévision américains. Hutu met gratuitement en ligne les programmes récemment diffusés par ses actionnaires en leur offrant une source de revenus publicitaires supplémentaire.

A elles seules, ces deux sociétés ont capté l'essentiel du marché américain des films en ligne. Leur modèle économique est rentable : au nom du principe de neutralité du net qui interdit de bloquer des contenus, elles ne payent rien aux opérateurs télécoms ni aux acteurs du câble pour diffuser leurs flux, même si leur volume finit par engorger les réseaux. Fort de sa position sur le marché américain, Netflix a décidé de conquérir l'Europe. En moins de deux ans, Netflix a chamboulé le marché britannique de la télévision et s'attaque depuis 2014 à la France. Netflix fait peur, car outre la qualité exceptionnelle de son service présent sur tous les écrans, la société propose des

---

[126] Netflix était présent en juin 2017 dans 52 millions de foyers américains, soit plus de la moitié, auxquels s'ajoutaient 52 millions de foyers en dehors des États-Unis.

abonnements à tarifs très compétitifs sur des catalogues dont les coûts ont déjà été amortis sur le marché américain. Plutôt que de créer un « Netflix européen », les grands acteurs européens de la télévision ont préféré appeler au secours les instances réglementaires ou négocier en ordre dispersé avec Netflix l'accès à leurs plateformes de diffusion.

Il est un autre acteur global dont on parle peu en Europe : Baidu. La stratégie du « *Google chinois* » n'est pas sans rappeler celle du géant de Mountain View. Avec 75 % des requêtes, Baidu est le moteur de recherche le plus populaire en Chine. Il propose aux 750 millions d'internautes chinois, non seulement son moteur de recherche en mandarin et en anglais, mais aussi son propre système d'exploitation pour smartphones qui n'est rien d'autre que la déclinaison locale d'Android. Il gère également l'accès à quantité de forums de discussion, ainsi qu'à de nombreux services comme Baidu Baike, l'équivalent de Wikipédia ou Baidu Maps, un service de cartographie et de navigation et offre aux internautes chinois un univers complet de services numériques. Malgré ses tentatives récentes, Baidu peine toutefois à percer à l'étranger et son succès, s'il est bien réel, ne doit pas faire oublier qu'il repose sur la volonté de Pékin, dont la « grande muraille numérique » protège efficacement le docile champion national par rapport aux géants de la Silicon Valley.

Guerre impossible, paix improbable[127]

Que retenir de ce rapide voyage chez les géants du net ? En premier lieu, quel que soit leur métier d'origine, tous aspirent à devenir des acteurs globaux du numérique, non pas pour se diversifier mais pour renforcer et enrichir leur activité historique. Certains, comme Apple, construisent un univers fermé uniquement réservé à leurs clients, d'autres, comme Google, un modèle plus ouvert. Pour tous, l'explosion du smartphone fut le virage à ne pas manquer.

[127] D'après la célèbre citation de Raymond Aron, in « le Grand schisme », 1948.

La concurrence est âpre, chacun veut pénétrer sur les plates-bandes de son rival pour élargir son pré carré. Mais ces grands acteurs sont aussi obligés de composer entre eux, en multipliant les passerelles entre leurs services au grand bonheur des internautes. Si Facebook est perçu comme une menace par les autres acteurs, nul ne songerait à se priver de sa présence sur son portail ou sur son système d'exploitation. Aux offensives tous azimuts, répondent des alliances à géométrie variable, mais aussi des procès retentissants... étrange ballet de « *je t'aime, moi non plus* ». Les opérateurs télécoms sortent à la fois gagnants et perdants de cette bataille entre les géants du net. Gagnants, car tous ces services font bien sûr exploser la demande d'accès et la consommation de données.

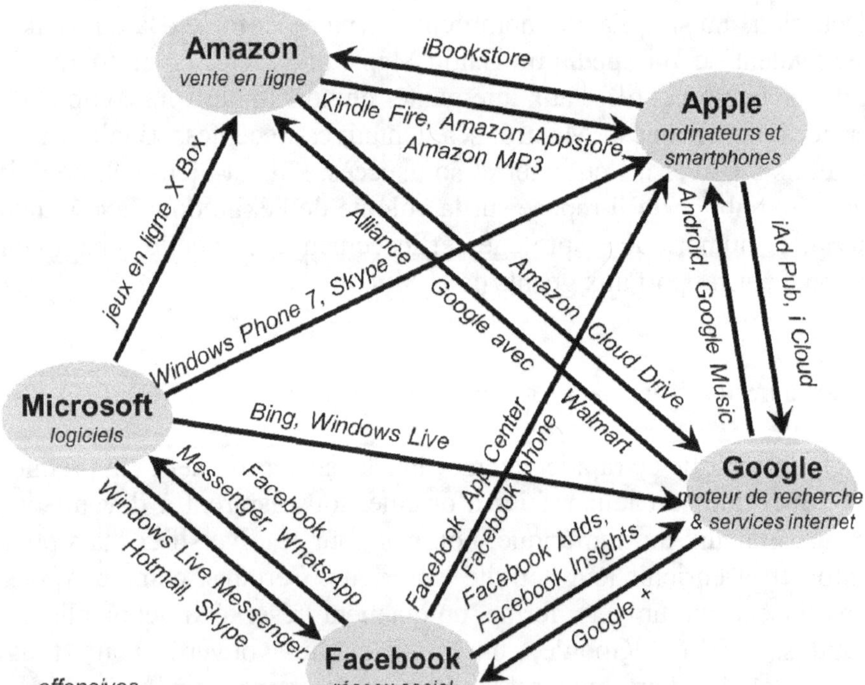

Figure 17. Un champ de bataille global

Mais les *telcos* subissent les effets collatéraux de cette bataille car tous ces services de plus en plus gourmands en débit traversent leurs réseaux sans rien payer et certains, comme la messagerie ou la voix gratuite sur internet, les privent même d'une partie de leurs revenus traditionnels.

Enfin, n'oublions pas qu'à côté de succès fulgurants, l'économie numérique connait aussi ses descentes aux enfers. Google a éclipsé Yahoo, MySpace a quasiment disparu, Second Life n'a pas tenu ses promesses. Palm n'est plus qu'un souvenir. Les fournisseurs d'accès internet n'ayant pas anticipé le tournant du service global, périclitent à l'image d'AOL ou disparaissent.

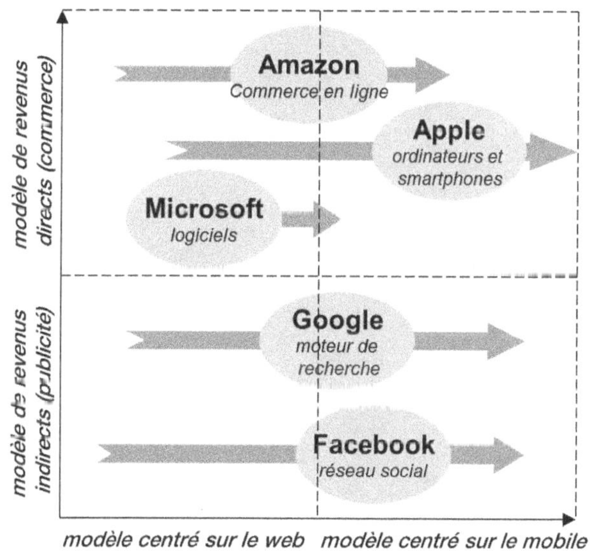

Figure 18. Le positionnement des géants du net

La réussite de Google, Facebook, Apple, Amazon et Microsoft et de quelques autres souligne la nécessité de penser global dans la nouvelle économie numérique. Ce qui n'exclut pas la réussite de nombreuses stratégies de niche sous l'aile des géants américains.

Plutôt que se lamenter sur la position dominante des « GAFA », les Européens doivent mobiliser leurs ressources pour imaginer ce que sera le monde numérique de demain et créer les conditions pour faire émerger les futurs champions du net.

CHAPITRE 3

LA FIN DES VIEUX MODÈLES

Les modèles de distribution traditionnels sont balayés par des modèles numériques, à la fois plus efficaces et moins coûteux. Des entreprises que l'on croyait inébranlables disparaissent parce qu'elles n'ont pas compris assez tôt la révolution numérique. Le premier secteur affecté est celui des médias et du divertissement, dont les « contenus » sont entièrement numérisables. En quelques années, internet a divisé par deux les revenus de l'industrie musicale, mis en difficulté les grands groupes de presse et s'attaque aujourd'hui aux éditeurs et aux libraires. Bien d'autres secteurs vont suivre. Vente par correspondance, agents immobiliers, banques de guichet, opérateurs de tourisme, de nombreux métiers n'ont d'autre choix que s'adapter ou disparaitre. L'Europe sortira-t-elle gagnante de ce jeu de destruction créatrice ? Illustrations…

La fin de la distribution physique : l'exemple de la presse

Dans l'économie traditionnelle, un éditeur de presse contrôle l'essentiel de sa chaîne de valeur. Un grand journal produit la plupart des informations qu'il publie, il conçoit la mise en pages, imprime ou fait imprimer. Il rémunère la distribution par des sociétés de messagerie et par les kiosquiers. Ses coûts physiques sont bien supérieurs à ceux de sa fonction éditoriale[128] et grâce aux formules d'abonnement, il entretient une relation directe avec ses lecteurs.

Pour lutter contre l'érosion des tirages, régulière depuis une vingtaine d'années, la plupart des journaux ont pris dès le début des

---

[128] D'après une étude Xerfi, les coûts de rédaction représentent environ 20 % des coûts totaux d'un journal, contre 80 % pour l'ensemble des autres coûts (30 % pour la fabrication et l'impression, 25 % pour la distribution, 10 % pour la publicité et 15 % pour les frais généraux).

années 2000 le virage du numérique. En mettant gratuitement en ligne leurs éditions papiers, les grands groupes de presse ont d'abord cru compenser la baisse des ventes physiques par les revenus publicitaires qu'ils espéraient tirer d'internet. Un espoir rapidement déçu qui les obligea bien vite à rendre payant l'accès en ligne aux éditions intégrales de leurs journaux.

Le nouveau lecteur ne va pas sur le web pour y retrouver les vieilles habitudes des journaux traditionnels, il recherche une expérience nouvelle. Il veut surfer sur les articles qui l'intéressent quelle qu'en soit l'origine, passer d'un écran à un autre, approfondir la lecture d'un article en regardant une vidéo, partager des commentaires. C'en est fini de la lecture linéaire du journal ou du magazine.

L'agrégateur numérique répond à cette attente car son ambition est de réunir sur une plateforme unique toute la presse en mixant toutes formes de contenus et créer ainsi les conditions d'un abonnement global. Les éditeurs de presse ont d'abord tenté de résister aux géants du net, dont la puissance bouscule leur autonomie traditionnelle. Ainsi Apple décide lui-même du prix des journaux accessibles à partir de son App Store et facture le lecteur en gardant pour lui, comme c'est le cas pour toutes les autres applications qu'il publie, 30 % du prix payé par ce dernier[129]. Avec l'application Newsstand qui affiche la une de tous les journaux et envoie automatiquement des alertes pour chaque nouvel article disponible dans un domaine donné, les groupes de presse en viennent à perdre le contrôle éditorial sur les contenus qu'ils publient. Et avec le moteur de recherche Google News qui scanne la presse du monde entier, les journaux finissent par perdre toute maîtrise sur leur propre distribution...

Pourtant, la plupart des journaux ont finalement sauté le pas et cédé aux conditions léonines imposées par les géants américains. Est-ce pour eux la chance d'un nouveau rebond ou au contraire le baiser de la mort ? Après de nombreux atermoiements, les professionnels de la presse française ont enfin décidé de se réunir en créant leur propre

---

[129] Apple a lancé en 2011 Newsstand, une application sur iPhone et sur iPad, qui affiche la une des journaux et des magazines, télécharge automatiquement chaque nouvelle édition et notifie l'arrivée de chaque nouvel article. Pour un quotidien, Apple ne laisse le choix qu'entre deux prix de vente, 0,79 ou 1,59 euro.

plateforme d'abonnements en ligne, *ePresse*. Mais cette initiative pèse peu face à la force d'attraction des Google, Amazon et autres Apple, car aucun site national ne sera capable d'offrir la visibilité des grandes plateformes mondiales. La réponse aux géants américains ne passe-t-elle pas une fois de plus par une initiative majeure et concertée à l'échelle européenne ?

Au total, le passage de la presse au numérique suscite des espoirs, mais aussi bien des craintes. Espoir de gagner de nouveaux lecteurs pour des titres dont la diffusion ne cesse de baisser depuis des années : la mise en ligne découvre un lectorat potentiel auquel les journaux n'avaient pas accès en raison de leur insuffisante distribution physique. Les coûts physiques représentent près de 80 % du prix total d'un journal papier. Leur suppression rend plus accessible la version en ligne. Craintes aussi car il n'est pas certain qu'un nombre suffisant de lecteurs, gavés sur le web par une information surabondante et gratuite, acceptent de payer ces nouveaux services. Ne relèveront le défi que les journaux capables d'offrir en ligne un contenu enrichi qui ne soit pas la simple transcription de leur version papier. Le pari n'est pas gagné et le passage au tout numérique est souvent l'antichambre d'une mort annoncée[130]. Le magazine Newsweek, après être passé au tout numérique en 2013, est revenu un an plus tard à la version papier.

Il faudra bien que quelqu'un continue à payer pour rémunérer les journalistes. Le magnat de la presse allemande Axel Springer est parti en croisade contre Google, qui capte 70 % du marché publicitaire en ligne outre-Rhin, soit trois milliards d'euros, tandis que les éditeurs traditionnels, qui investissent dans les contenus, ne gagnent à eux tous que dix fois moins. L'idée d'une « taxe Google », pour mettre à contribution les acteurs du net dont l'audience se nourrit de la mise en ligne gratuite d'articles numérisés, fait son chemin[131].

---

[130] Le site Newspapers Death est un « cimetière » qui recense toutes les fermetures de journaux américains.

[131] En 2013, Google a signé un accord avec le gouvernement français : le géant américain accepte de verser 60 millions d'euros par an en échange de l'utilisation des contenus publiés par les éditeurs de presse.

L'exemple de la musique

Encore plus violent fut le virage pour les maisons de disques. La première attaque est venue des logiciels de *peer to peer*. Le téléchargement illégal par connexion anonyme et directe entre deux ordinateurs distants, s'est répandu comme une traînée de poudre dès le début des années 2000 [132]. En 2010, on estimait que 23 % des internautes européens visitaient au moins une fois par mois un site de téléchargement illégal[133]. Pour protéger leurs revenus, les maisons de disques se sont unies aux grandes chaînes de distribution pour créer des sites de téléchargement légal et payant. Avec sa plateforme de téléchargement iTunes, Apple s'est engouffré avec succès dans ce modèle[134]. Mais pour un public jeune et souvent peu fortuné, internet rime avec gratuité et ni les menaces de sanctions, ni l'offre de téléchargement payant n'ont réfréné la tentation du téléchargement illégal. Pourquoi payer pour un téléchargement alors que dans l'économie numérique, le coût de duplication et de diffusion d'un contenu est presque nul ?

C'est pourquoi depuis quelques années, s'impose un autre modèle. Pour quelques euros mensuels, le client accède sur l'ensemble de ses terminaux à un nombre quasi infini de titres en *streaming*, c'est-à-dire en lecture seule. Ce modèle, popularisé aux États-Unis par des acteurs comme CBS Music ou Rhapsody, s'est répandu en Europe avec le suédois Spotify et le français Deezer. Il contribue à l'explosion du nombre de titres écoutés et à une chute du prix unitaire de chaque morceau. Ce modèle permet aussi la découverte de jeunes talents que les majors du disque n'auraient pas laissé percer dans les modèles traditionnels. La diversité musicale, hier limitée par la taille des bacs des disquaires n'a aujourd'hui plus de limites : la musique en ligne est un parfait exemple de marché de longue traîne. Après avoir dénoncé

---

132 Avec les logiciels Napster et Kazaa, dont les sites furent fermés en 2005 à la suite de plusieurs décisions de justice.

133 Source Nielsen, octobre 2010.

134 iTunes représente à lui seul 70 % du marché du téléchargement payant en 2016, très loin devant Amazon et les boutiques de distributeurs comme Fnac.com (source : NPD Group).

les dangers que faisait peser le web sur la création artistique, compositeurs et interprètes comprennent désormais qu'internet leur offre une nouvelle liberté. La mise en ligne directe de leurs œuvres sur les grandes plateformes musicales les dispense du passage sous les fourches caudines des maisons de disques avec leurs contrats d'exclusivité contraignants [135] . Et le *buzz* créé par les recommandations sur YouTube et sur les réseaux sociaux multiplie les chances pour un jeune artiste talentueux de décoller.

Dans la musique, la victoire des géants américains du net est plus large encore que dans la presse, car non seulement ils agrègent et diffusent les titres, mais ils rendent presque inutile la fonction éditoriale des grands labels. Pour réussir, il n'est plus nécessaire de signer un contrat et de bénéficier en contrepartie d'une campagne de publicité financée par une maison de disques, il faut être repéré et référencé par les internautes pour grimper dans le hit-parade. Les éditeurs traditionnels ne survivent que grâce à l'exploitation de leurs droits sur de vastes catalogues.

Comme pour la presse, le modèle économique de la musique n'a pas fini d'évoluer. La révolution numérique a transformé les usages en profondeur, les temps d'écoute sont plus longs et le nombre de titres écoutés plus large. Mais si le marché de la musique illustre bien l'idée selon laquelle dans le numérique, les marchés sont plus efficaces et plus flexibles, le bilan économique demeure incertain : la destruction de valeur sur le marché physique du disque est encore loin d'être compensée par la création de valeur sur le marché numérique[136].

[135] L'auto-distribution sur internet permet aux artistes de conserver jusqu'à 70 % du chiffre d'affaires, alors que les éditeurs musicaux ne leur reversent que 10 % sous forme de royalties.

[136] En 2016, la musique en ligne représentait en France 43 % des revenus de la musique enregistrée. Le streaming ou abonnement en lecture seule en représente les 3/4 (source : PricewaterhouseCoopers). Depuis trois ans, la baisse des revenus de la distribution physique est compensée par la croissance des revenus en ligne.

De nouvelles chaînes de valeur : l'exemple du livre

À l'aube des années 2000, le marché du livre reposait sur un modèle économique dont les fondements n'avaient guère changé depuis l'époque de Gutenberg. L'immense succès d'Amazon, dont le site ne vendait au début que des livres, a vite convaincu les grandes chaînes de libraires que pour survivre, elles devaient s'adapter à ce nouveau mode de distribution en créant leurs propres sites. Mais cette première évolution n'avait pas ébranlé le rôle des éditeurs, le silicium n'avait pas encore détrôné la cellulose. L'arrivée soudaine des tablettes et des liseuses numériques, supports plus adaptés pour la lecture de livres qu'un écran d'ordinateur, a changé la donne. En 2015, la part du livre électronique bondissait à plus de 24 % du total des ventes aux États-Unis[137]. L'Europe est encore peu touchée par cette déferlante. Pourtant, s'il ne remplacera jamais totalement le livre papier, le livre numérique possède de solides arguments pour séduire. Il transforme complètement l'expérience de la lecture, qui se trouve enrichie par des liens vers une multitude de documents, textes, vidéos et même jeux. Le lecteur peut retrouver des extraits par recherche sémantique, mémoriser des extraits… S'offre au bout de ses doigts un choix bien plus large que le contenu de la grande bibliothèque d'Alexandrie[138].

Comme pour la presse et la musique, s'annonce une recomposition de la chaîne de valeur. Les libraires traditionnels, situés au bout de cette chaîne, sont doublement menacés. D'abord par les auteurs, qui ont désormais la possibilité de s'adresser directement à leurs lecteurs en mettant eux-mêmes leurs ouvrages en ligne. Ensuite par les agrégateurs numériques, capables de proposer un choix d'ouvrages bien plus vaste que celui disponible dans la plus grande librairie du monde. Auteurs, éditeurs et agrégateurs deviennent tous des libraires virtuels.

---

137 Source : Association of American Publishers. La même année, le livre numérique représentait 16 % des ventes au Royaume-Uni, mais seulement 7 % en France… avec un taux de progression de 20 % par an.

138 On estime que la bibliothèque d'Alexandrie possédait environ 500 000 ouvrages, c'est peu de choses à côté du catalogue d'Amazon en 2012.

Différents modèles économiques ont vu le jour. Amazon commercialise presque sans marge ses liseuses bon marché, à partir desquelles le lecteur n'a d'autre choix que d'acheter les livres disponibles sur la propre plateforme d'Amazon. Le roi du e-commerce détient ainsi près de 70 % du marché mondial des livres électroniques. [139] La stratégie d'Apple est inverse : la firme à la pomme met en ligne des publications gratuites, comme par exemple les cours des grandes universités, afin de promouvoir l'achat de ses tablettes et ordinateurs sur lesquels sont réalisées de confortables marges. Fidèle à son modèle de gratuité reposant sur l'audience des internautes, Google négocie avec les bibliothèques du monde entier un libre accès à leurs fonds, numérise à ses frais tous les livres et les met en ligne. Google ne paye aucun droit sur ces ouvrages dont la plupart sont tombés dans le domaine public. Enfin, certains acteurs préfèrent le modèle *freemium,* qui consiste à mettre gratuitement en ligne quelques « bonnes pages », pour ensuite faire payer les téléchargements complets.

Les ambitions des agrégateurs numériques menacent également les éditeurs. Leurs revenus vont baisser, car un livre numérique est vendu en moyenne 30 % à 40 % moins cher que sa version papier[140], mais leurs coûts aussi du fait de la disparition de la rémunération de l'imprimeur et du grossiste. Jadis intermédiaires obligés entre l'auteur et ses lecteurs, les éditeurs sont en train de perdre ce statut. Quel sera demain le rôle de l'éditeur ? Son métier consistera-t-il à gérer des droits numériques liés à des contenus mis en ligne sur quantité de plateformes différentes et accessibles à partir de n'importe quel terminal ? Que deviendra sa fonction éditoriale ? Son rôle de découverte des talents et de sélection rigoureuse des publications sortira-t-il renforcé face au nombre pléthorique d'auteurs qui accèderont directement aux lecteurs par la magie d'internet ? Sera-t-il au contraire broyé par l'influence croissante des recommandations de lecteurs sur les réseaux sociaux et les sites de vente en ligne ? La baisse des revenus sera-t-elle compensée par une augmentation des volumes vendus, vérifiant une fois de plus la loi d'efficacité des

---

[139] Et 50 % des ventes en ligne de livres papier.

[140] Sauf en France où la loi Lang sur le prix unique du livre s'applique au livre électronique.

marchés numériques ? De leur côté, les libraires résisteront-ils à la déferlante d'Amazon ? L'avenir est ouvert mais une chose est certaine : ne pouvant se réfugier derrière la ligne Maginot des anciens modèles, éditeurs et libraires n'ont d'autre choix que de s'adapter, bâtir des partenariats pour construire des plateformes alternatives à celles des géants américains[141] et proposer des services innovants, mariant la richesse du numérique à la qualité du contact physique.

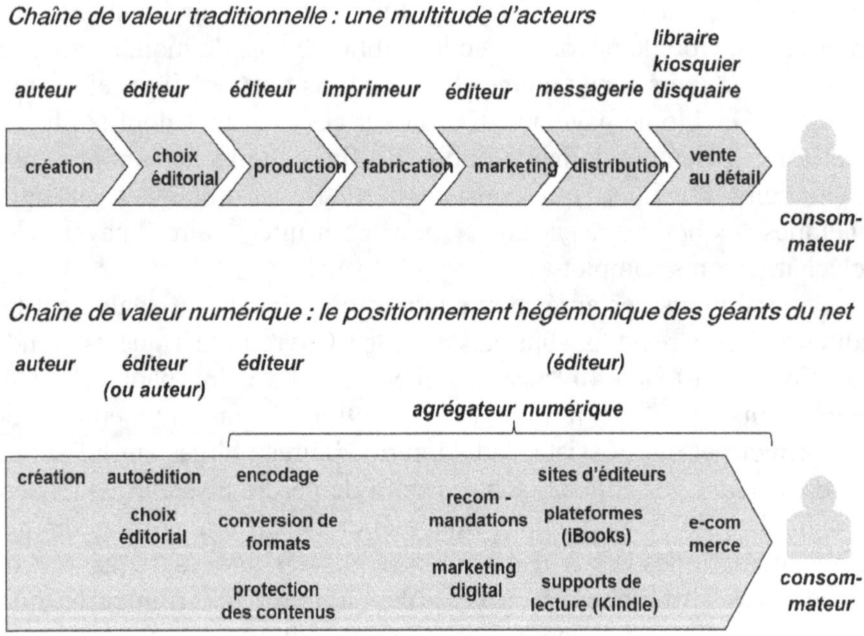

Figure 19. La presse, la musique et le livre : une nouvelle chaîne de valeur

---

141 En avril 2012, des libraires lyonnais se sont regroupés pour lancer TEA (The Ebook Alternative), une plateforme « open source », dont l'objectif est de permettre aux éditeurs de vendre leurs catalogues indépendamment des différents supports de lecture (liseuses, tablettes …) et aux libraires d'y retrouver leur rôle de conseil aux lecteurs.

L'exemple de la télévision

Avant la révolution numérique, la télévision était un média linéaire : le téléspectateur suivait toute la soirée le programme de sa chaîne préférée. L'audience était captive et les chaînes n'avaient nulle difficulté à valoriser les écrans publicitaires glissés entre les émissions. Si les adolescents consacrent désormais plus de temps à internet qu'au « petit » écran, la télévision reste le média et le loisir le plus populaire en Europe. En 2015, un Français consacrait en moyenne 3h25 par jour à regarder la télévision, tandis qu'un internaute passait « seulement » 1h45 sur le web.

Avec l'arrivée du haut débit, les opérateurs de télécoms eurent l'idée de compléter leurs abonnements internet par des bouquets de chaînes de télévision, avec pour objectif de fidéliser leurs clients et de se différencier par rapport à leurs concurrents[142]. En peu de temps, le nombre de chaînes disponibles a explosé et avec lui le zapping télévisuel. Mais surtout, de nouveaux usages sont apparus qui étaient impensables avec les anciens modes de diffusion analogiques du câble, du satellite et du faisceau hertzien. Avec les catalogues de vidéos à la demande et les programmes de télévision de rattrapage, la télévision se personnalise. Le téléspectateur peut désormais voir ce qu'il veut, quand il veut, où il veut.

Là comme ailleurs, la révolution numérique a ouvert la voie à une nouvelle génération d'agrégateurs. Nous avons déjà évoqué le succès foudroyant de Netflix qui séduit des dizaines de millions de foyers américains et part à la conquête de l'Europe en proposant à travers un forfait attractif l'accès illimité à un vaste catalogue de films et de séries [143]. Ces nouveaux modes de consommation délinéarisés menacent directement l'audience des chaînes traditionnelles qui

[142] Fin 2016, 75 % des 27,7 millions de foyers français disposant du haut débit par ADSL, fibre optique ou câble accédaient à la télévision dans le cadre d'un forfait couplé internet – télévision (source : ARCEP).

[143] Les vidéos diffusées par Netflix occupent près de 50 % de la bande passante d'internet aux États-Unis et même 75 % au Canada (source PricewaterhouseCoopers). Les droits sur les contenus représentent les 3/4 des coûts de Netflix, alors que ses coûts de diffusion sont très faibles.

cherchent à riposter en créant leurs propres portails de programmes en ligne.

À l'instar de la presse et du livre, la télévision est en train de vivre une profonde évolution des usages et une transformation de ses modèles économiques. Les télévisions nativement connectées ou *smart TV*, accèdent directement à internet[144]. La relation entre le téléspectateur et l'écran de télévision s'en trouve profondément modifiée, car son choix n'est plus tributaire de la seule offre de chaînes et de films que lui propose le fournisseur d'accès à travers le décodeur. Le téléspectateur accède à quantité de plateformes différentes et dispose d'un choix presque infini de bouquets de chaînes, programmes de rattrapage, vidéos à la demande, et même de bonus non diffusés en direct. De plus, la télévision connectée à internet n'est pas un simple récepteur de contenus, elle émet aussi des informations. Reliée au web, elle devient interactive, l'utilisateur peut réagir en direct et intervenir dans une émission, conseiller des programmes, partager des commentaires et même recréer des moments d'émotion collective en regardant le même film au même moment avec les amis de son réseau social.

La révolution des télévisions connectées peut s'avérer une aubaine pour les fabricants de téléviseurs s'ils réussissent à valoriser eux même les contenus rendus directement accessibles sur les écrans de leurs appareils. Mais les grands vainqueurs de cette révolution pourraient bien être, une fois de plus, les agrégateurs numériques. De nombreux Américains regardent déjà YouTube sur leur téléviseur. La filiale de Google diffuse sur tous les écrans des bouquets de chaînes et des catalogues de films payants. Google a pour l'instant échoué à créer un moteur de recherche permettant de trouver en un instant tous les contenus TV disponibles sur un thème précis, quelle qu'en soit

---

144 Cette évolution est rendue possible par l'intégration directement dans le téléviseur des éléments d'interface avec le monde du web : un navigateur, des logiciels de traduction des formats internet et de gestion des droits relatifs aux contenus.

l'origine[145]. Mais sa véritable ambition serait d'installer Android sur tous les téléviseurs et de s'emparer ainsi du pouvoir sur les écrans de télévision, comme c'est le cas aujourd'hui sur les smartphones. Pour les géants du net, l'enjeu est immense, ils savent bien qu'une minute de publicité à la télévision vaut bien plus que sur internet, ils savent aussi que grâce à la continuité d'usage entre téléviseur, tablette et smartphone, le consommateur pourra d'un seul clic acheter tous les produits vantés par la publicité à la télévision.

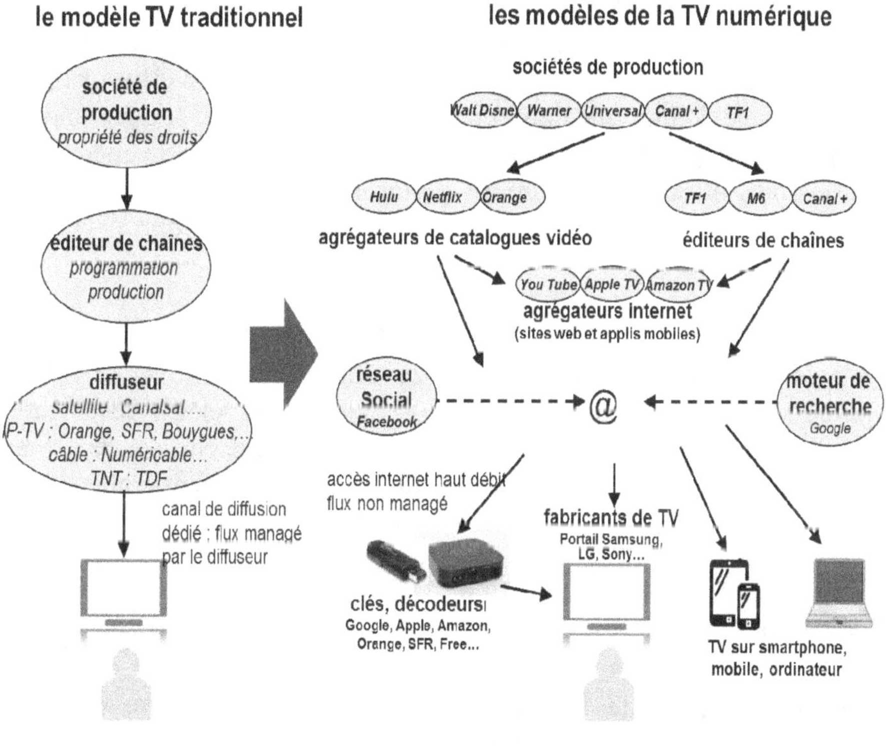

Figure 20. La télévision connectée : vers une redistribution de la valeur

[145] Google s'est pour l'instant heurté au refus des diffuseurs américains de lui accorder le référencement de leurs contenus, qui contrairement à la plupart des contenus du web, sont liés à des droits.

Pour conserver la relation privilégiée qu'ils entretiennent avec leurs abonnés, les diffuseurs traditionnels doivent réagir. Pour rester attractifs, ils n'ont d'autre choix que d'innover et proposer des contenus toujours plus riches et variés.

Les chaînes se trouvent dans une situation beaucoup plus délicate. Elles ont perdu leur monopole sur la publicité, mais surtout, la diversification des usages réduit l'audience de leurs programmes et donc la valeur de leurs spots publicitaires. Le modèle d'agrégation autour du programme de la chaîne et de ses émissions vedette est supplanté par le choix entre une multitude de plateformes aux contenus délinéarisés. Chacun peut désormais « construire » sa propre chaîne, la partager avec son réseau social. Pour répondre à ces défis, certaines chaînes traditionnelles jouent la carte de l'ouverture, comme France Télévisions qui dans une logique de service public rend ses émissions disponibles sur toutes les plateformes. En revanche, TF1 mise sur l'attrait de sa propre plateforme MyTF1 pour conserver l'audience de ses chaînes en développant ses propres services interactifs[146].

Nouveaux acteurs, nouveaux protocoles, nouveaux usages, la télévision est en train de vivre une révolution. Si les revenus générés par les nouveaux acteurs sont encore faibles au regard des recettes traditionnelles de la télévision - les téléviseurs directement connectables au web sont dans les faits encore rarement connectés[147]- les modèles économiques pourraient très vite basculer.

Qui sont les gagnants ?

Qu'il s'agisse de la presse, de la musique, du livre ou de la télévision, la révolution numérique bouleverse les vieux modèles économiques. Dans les années 2000, la *phase d'expansion* avait jeté

---

146 La norme HbbTV devrait permettre aux chaînes d'enrichir leurs émissions avec des flux complémentaires, tels que des bonus hors programmes ou des services de personnalisation.

147 En 2016, 90 % des téléviseurs commercialisés sont nativement connectables à internet (source : GfK).

les bases de ce changement, la *phase de mutation* dans laquelle nous sommes entrés, l'amplifie et le rend irréversible. De nouveaux acteurs surgissent. Ils sont globaux, ils sont agiles car leur dynamisme repose sur les lois de l'économie numérique. Sur des marchés jusqu'alors dominés par des acteurs nationaux, ces nouveaux acteurs sont souvent américains. Ils sont puissants, la capitalisation de Google équivaut en 2017 à plus de deux cent fois celle de TF1. La principale bataille se livrera au niveau des droits, car si les droits de propriété sont globaux, les droits de diffusion sont négociés au niveau de chaque pays et les plus gros acteurs qui ont les moyens d'acquérir les droits dans tous les pays seront les gagnants des médias numériques de demain.

Que doivent faire des acteurs européens de taille moyenne, s'ils ne veulent pas être réduits à un rôle purement local ou de niche, voire tout simplement disparaître ? D'abord innover. Car les géants du net ont l'innovation dans leur « code génétique ». Le « *cloud* », ou informatique dans le réseau, accélère la dématérialisation de nombreux services. La distribution physique de jeux vidéo ou encore de logiciels de gestion auront bientôt disparu. L'interaction entre tous les écrans, téléviseur, tablette, smartphone, ordinateur, est désormais totale, le paiement en ligne est simplifié, les systèmes d'authentification et de protection des contenus sont rendus plus efficaces, les recommandations sont personnalisées avec l'aide des réseaux sociaux. Ensuite, les acteurs européens doivent être capables de s'unir pour construire des plateformes européennes attrayantes, capables de rivaliser avec Netflix, Amazon, Google ou Apple.

Les marchés numériques sont plus efficaces et plus flexibles que les marchés traditionnels : l'information y circule sans délai ni coût et l'offre s'adapte instantanément à la demande sans hausse de prix. Ces marchés créent-ils pour autant de la richesse ? La valeur créée par ces nouveaux modèles excède-t-elle la destruction de valeur dans l'économie traditionnelle ? La réponse à cette question peut sembler évidente, elle ne l'est pas. Dans le secteur des médias et du divertissement, la révolution numérique représente une double opportunité de croissance. Tout d'abord, les éditeurs de contenus voient arriver de nouveaux publics, plus jeunes, moins argentés, plus éloignés des circuits de distribution physiques. Leur marché s'ouvre, du moins en théorie, aux trois milliards d'êtres humains connectés à internet dans le monde. De plus, émergent de nouveaux usages, de nouveaux modes de consommation et de nouveaux formats publicitaires qui sont autant d'occasions de revenus supplémentaires. Mais si les volumes sont plus importants, les prix et les marges unitaires sont plus faibles et surtout, ces nouveaux modèles économiques se développent en bonne partie par cannibalisation des activités traditionnelles.

Dans le domaine des médias et du divertissement, on peut s'attendre pour les cinq années à venir à une croissance globale des revenus de l'ordre de 5 %, preuve que globalement, la création de valeur par les nouveaux modèles économiques excède la destruction dans les modèles traditionnels. La télévision et l'industrie du film seront les grands gagnants. Pour la musique, le livre et la presse, les perspectives sont plus mitigées, le numérique ne faisant au mieux que compenser le déclin des modes de consommation traditionnels. Les géants du net ont déjà capté à leur profit une partie des recettes d'abonnement et de publicité. Leur positionnement au milieu des nouvelles chaînes de valeur, ainsi que l'agilité que leur confère leur structure de coûts, n'ont pas fini d'aiguiser leur appétit.

Nous avons choisi d'évoquer ici le secteur des médias et du divertissement, car il est tout près du *nouveau soleil*, il fut donc le premier à subir les effets de la révolution numérique.

Mais en réalité avec le passage à la *phase de mutation*, le numérique arrive partout, il n'est aucun secteur dont le modèle économique ne sera pas bientôt transformé. Dans la grande distribution par exemple, toutes les grandes chaînes ont développé des services de courses en ligne. Les réussites et les échecs sont le reflet de la capacité d'anticiper des usages nouveaux. Symboles de la vieille économie, les Trois Suisses se sont contentées de transposer sur le web leur catalogue papier et se sont fait marginaliser, tandis que La Redoute s'est fait racheter par les Galeries Lafayette. Ces vétérans de la vente par correspondance sont aujourd'hui dépassés par des sites comme C-Discount dont le modèle de distribution sur internet a su rompre avec les modèles traditionnels et bien sûr par les acteurs globaux comme Amazon. La distribution physique n'est pas condamnée pour autant, elle doit simplement se réinventer en jouant la carte de la complémentarité avec la distribution en ligne. En France avec plus de 20 millions de visiteurs uniques par mois, Amazon est en train de distancer tous ses concurrents. À quand un grand site européen de vente en ligne ?

CHAPITRE 4

JACKPOT POUR LE SUD

Un billet direct pour le futur

Partout au Sud, les vieux modèles de développement nés dans le feu des indépendances ont échoué. Les modèles « autocentrés » à l'algérienne ont fini dans des impasses car sans demande locale suffisamment solvable, les industries lourdes créées de toutes pièces n'ont pas trouvé de débouchés suffisants. Ont survécu des modèles « post coloniaux », perfusés par l'aide au développement et les transferts d'argent des diasporas, mais handicapés par l'évasion des capitaux locaux, faute de projets attractifs pour les retenir. Les modèles « rentiers » ont mieux résisté grâce à la manne des hydrocarbures, mais au prix d'énormes inégalités et sans réussir à créer des économies diversifiées. À l'instar des « dragons asiatiques », seuls les modèles radicalement tournés vers l'exportation ont réussi à tirer profit de leurs avantages comparatifs pour sortir du sous-développement[148].

L'insuffisante accumulation des capitaux constitue le principal obstacle au développement. Elle freine la construction d'infrastructures modernes, ce qui a pour effet de dissuader l'investissement industriel et de limiter par conséquent les créations d'emplois, l'augmentation des revenus et la constitution d'une épargne locale qui en découlent. Le cercle vertueux à l'œuvre plus au Nord au temps des premières révolutions industrielles, n'a dans de nombreux pays du Sud que très peu fonctionné.

Et pourtant… Depuis une dizaine d'années les pays en développement connaissent une croissance sans précédent. En Afrique, le PIB augmente de presque 5 % par an[149]. Bien sûr, le revenu par

---

[148] Voir une description de ces modèles dans le livre de Jean-Louis Beffa « La France doit choisir » (Editions du Seuil, 2012).

[149] Source : Banque Mondiale.

habitant ne s'améliore pas à ce rythme, car la pression démographique reste considérable[150]. Mais partout, un tournant majeur est en train de s'opérer. Alors que les pays du Sud n'avaient guère touché les dividendes des deux révolutions industrielles précédentes, ils entrent aujourd'hui de plain-pied dans la troisième révolution, celle du numérique.

Cette entrée directe dans la révolution numérique, les pays en développement la doivent avant tout aux réseaux de téléphonie mobile. Car si les lignes fixes restent rares, elles desservent moins de 3 % des foyers africains et sont la plupart du temps de mauvaise qualité, le mobile connait partout une véritable explosion. Le nombre de téléphones portables pour 100 habitants dépasse 60 en Afrique subsaharienne et même 108 dans les pays arabes[151]. Ce chiffre cache encore d'importantes disparités entre les villes et les campagnes, entre les pays les moins avancés et les autres, mais les retards se comblent rapidement grâce à l'extension des zones de couverture et aux baisses des tarifs des communications... Aujourd'hui dans le monde, plus de trois téléphones sur quatre se trouvent dans des pays en développement[152]. Et ce n'est qu'un début : en Inde, les dépenses télécoms augmentent de 35 % par an[153]. En quelques années, la pénétration du téléphone mobile a dépassé celle de tous les autres symboles de la vie moderne. Des réseaux de télécommunications entièrement neufs ont été déployés là même où l'absence d'accumulation de capital et la faiblesse de la demande solvable avaient jusqu'alors fait obstacle à la construction d'infrastructures modernes d'énergie, de transport ou encore de santé. Les raisons de cette explosion sont multiples.

---

150 La population de l'Afrique devrait doubler entre 2010 et 2050. En 2015, la part des moins de 15 ans représentait 40 % de la population africaine et l'âge médian était de 20 ans (source Banque Mondiale).

151 Les clients des opérateurs mobiles disposent souvent de plusieurs cartes SIM, afin de bénéficier des meilleurs tarifs en fonction du moment ou de la personne appelée. C'est pourquoi le nombre de comptes mobiles dépasse d'environ un tiers le taux effectif d'équipement de la population.

152 77 %, selon une estimation de l'UIT.

153 Source OVUM.

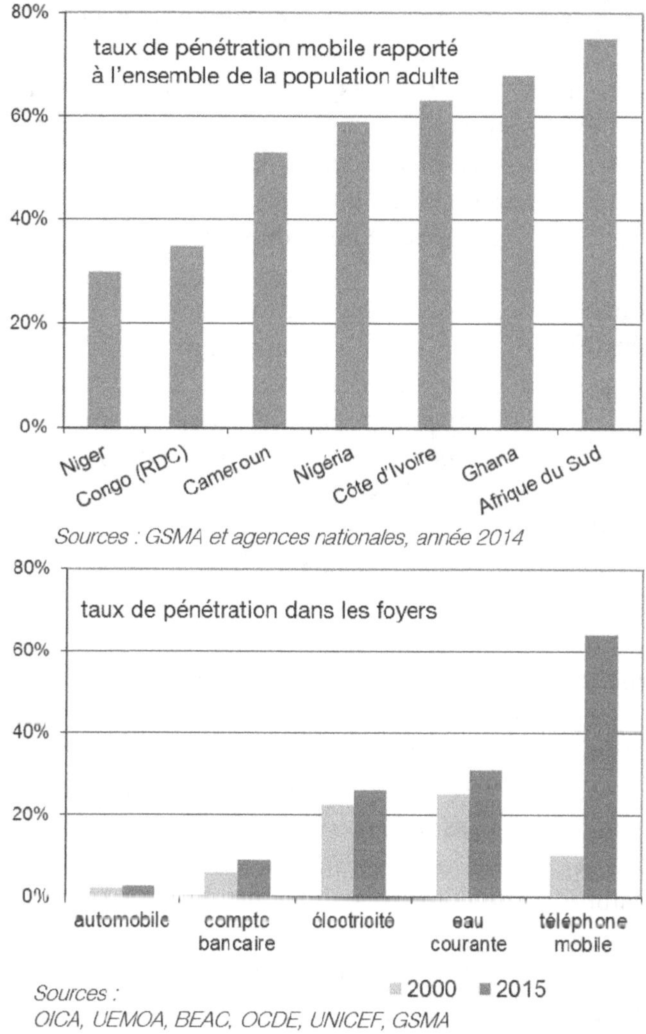

**Figure 21. Pénétration du mobile
et des principaux équipements en Afrique subsaharienne**

Tout d'abord, un réseau mobile présente l'avantage de coûter bien moins cher à construire qu'un réseau de distribution électrique, un réseau routier, un réseau d'assainissement des eaux et bien sûr un réseau de téléphonie fixe. Le déploiement des antennes est rapide dans les villes où la population est dense, puis il s'étend peu à peu vers des zones rurales où la couverture est plus compliquée à réaliser[154]. Le réseau est livré clés en main, ce qui signifie que contrairement à une usine, sa construction n'est pas tributaire d'infrastructures routières, portuaires, ferroviaires ou électriques qui souvent sont vétustes ou font défaut. La révolution numérique possède sa propre dynamique.

Ainsi, de nombreuses régions souffrent encore d'une couverture électrique insuffisante. Les villages sont plongés dans le noir la nuit et même en ville, l'électricité reste un luxe pour de nombreux habitants. Les antennes relais alimentées par des panneaux solaires ou des groupes électrogènes et les téléphones équipés de cellules photovoltaïques permettent de surmonter ce handicap. Dans les zones rurales trop éloignées pour envisager une couverture par les réseaux classiques, fleurissent également des « village phones ». Ce concept, créé en 2003 par la fondation Grameen de Muhammad Yunus, consiste à financer l'achat par un villageois d'un téléphone fonctionnant sur batterie et relié au réseau par une antenne hertzienne. Ce téléphone est mis à la disposition de la population environnante par cette personne qui s'érige ainsi en « micro-entrepreneur ». Plus ambitieux, mais plus flou est le projet de Google consistant à couvrir les zones rurales en utilisant des ballons captifs.

L'explosion des télécoms dans les pays émergents résulte aussi de formules ingénieuses qui ont rendu le téléphone accessible à des populations à très faible revenu. Souvenons-nous que près d'un Africain sur deux vit encore avec un revenu de moins d'un dollar par jour. Avec les cartes prépayées, les communications sont facturées à la seconde et les SMS parfois même au caractère ! Les cartes SIM « virtuelles » consistent à attribuer un numéro de téléphone à une personne qui peut l'utiliser sur n'importe quel mobile emprunté. Certains opérateurs appliquent également une tarification dynamique, consistant à faire varier leurs tarifs en fonction du lieu et de l'heure,

154 En 2015, 30 % des africains vivaient dans des zones non couvertes par les réseaux mobiles. L'absence d'électrification des campagnes constitue le principal obstacle à l'extension des réseaux.

selon le taux d'utilisation de leur réseau. Imaginés pour rendre le téléphone accessible à tous, ces modèles économiques innovants laissent présager une large utilisation du web par des populations aux revenus modestes.

Avec la libéralisation du secteur des télécoms dans les années 2000, quelques grands groupes internationaux se sont rués sur les marchés du Sud, construisant en quelques années des modèles à bas coûts très rentables, grâce à un contrôle rigoureux des dépenses et à l'effet volume que représente cette masse de nouveaux clients à équiper. Partout, de la Bolivie aux Philippines en passant par le Mali, le téléphone mobile première étape de la révolution numérique, s'est imposé comme un bien de première nécessité.

La déferlante internet

En 2010, seulement 7 % des Africains utilisaient régulièrement internet[155]. La principale source d'accès était le cybercafé, très loin devant la connexion fixe, au bureau ou à la maison. Sept ans plus tard, plus de 35 % des Africains utilisent régulièrement internet et 41 % des téléphones mobiles sont des smartphones[156]. Brûlant toutes les étapes, la révolution numérique déferle sur le Sud et désormais, la majorité des trois milliards d'internautes vit dans les pays émergents.

Car les verrous qui bloquaient l'arrivée d'internet ont tous sauté. D'abord la rareté des terminaux : si l'ordinateur reste inaccessible à l'écrasante majorité de la population, un PC entrée de gamme coûte six mois de salaire pour un Indien « moyen », le téléphone portable est déjà dans presque toutes les poches. Grâce à une fonction de base du terminal, son utilisateur peut créer et consulter un compte Facebook à partir d'un simple appareil et envoyer des messages sous une forme qui s'apparente à celle d'un SMS[157]. Le même procédé permet également d'accéder de façon simplifiée à des informations issues de

155 Source : Nielsen et www.internetworldstats.com.

156 Source : GSMA, The mobile economy, Sub-Saharan Africa 2015.

157 Il s'agit de la fonction USSD (Unstructured Supplementary Service Data) utilisée pour les services de messagerie instantanée.

pages web ou de lire des courriels. Le passage au smartphone n'en demeure pas moins le sésame de la vie numérique. Nous retrouvons ici la loi de Moore, car la rapide baisse du coût des composants électroniques a ouvert la voie à des smartphones à moins de 30 euros, désormais accessibles à une large population. Les fabricants envisagent même de vendre des « *cloud phones* », smartphones ultra simples dont toute l'intelligence serait déportée dans le réseau. Il est désormais certain qu'avant la fin de la décennie, le smartphone sera dans les mains d'une majorité des habitants du Sud[158].

L'accès au réseau constitue le deuxième verrou. Là encore, tout s'accélère. Les premières licences 3G furent octroyées en Chine en 2009, soit dix ans après l'Europe. En 2017, la plupart des zones urbaines du Sud sont couvertes et toutes les grandes villes sont déjà passées à la 4G[159].

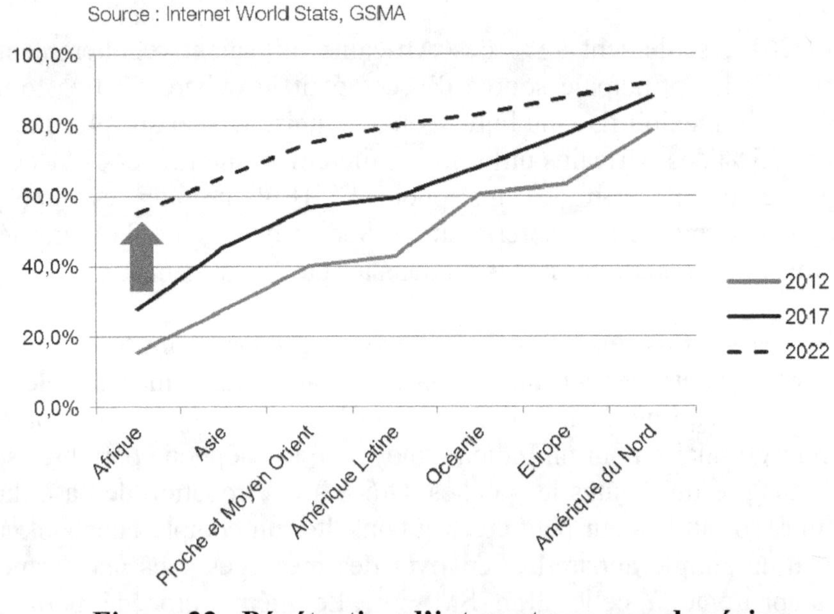

Figure 22. Pénétration d'internet par grande région

[158] Selon OVUM, le nombre de smartphones connectés en Afrique devrait atteindre 930 millions en 2021, soit 71 % des téléphones portables.

[159] En Afrique, les lancements commerciaux de la 4G ont commencé en 2014. La 4G couvre en 2017 plus de 50 grandes villes, mais son utilisation est encore faible.

Le dernier verrou, c'est l'isolement du Sud. Rappelons que la plupart des contenus numériques sont hébergés sur des serveurs installés soit aux États-Unis, soit en Europe. Or, dimensionnées pour acheminer seulement la voix, les liaisons Nord-Sud étaient incapables de répondre à l'explosion des volumes de données sur internet. Regroupés au sein de consortiums, les grands opérateurs ont lancé ces dernières années de vastes programmes de pose de câbles sous-marins à très haute capacité et ainsi créé des autoroutes numériques entre les pays du Sud, l'Europe et les États-Unis… Une autre loi est ici à l'œuvre, la loi de Gilder qui décuple la capacité des liaisons optiques.

La révolution numérique est en train de réussir là où les révolutions précédentes ont échoué. Peu tributaire du capital accumulé sur place et des infrastructures existantes, la révolution numérique avance à pas de géant. Elle est portée par une exceptionnelle dynamique de marché. Côté offre, les grands opérateurs investissent car le potentiel de croissance est élevé. Les groupes européens sont très présents, avec Orange et Vodafone en Afrique, Telefonica en Amérique Latine. Mais la concurrence des opérateurs issus d'autres pays du Sud, comme l'émirati Etisalat, le sud-africain MTN ou l'indien Barthi Airtel, est extrêmement rude. Côté demande, on trouve des consommateurs jeunes et urbains, longtemps privés de l'accès le plus élémentaire à l'information faute d'infrastructures, qui ont exactement les mêmes rêves d'internet que les Occidentaux. Le prix du mégaoctet reste élevé, mais une fois les investissements réalisés, les prix baisseront et le jour approche où le Sud aura rattrapé le Nord dans la course au numérique. Déjà, la Chine compte autant d'utilisateurs de l'internet fixe que l'Union Européenne et les États-Unis réunis… et deux fois plus d'utilisateurs de l'internet mobile[160].

Si les télécoms sont le premier vecteur de la révolution numérique, ils constituent aussi une importante source de richesse pour les pays du Sud. Le secteur des télécoms représente en moyenne 6 % du PIB

---

[160] Sources : IDATE (World Internet Usage & Markets) et UIT, 2015.

des pays en développement, contre seulement 3 % en Europe[161]. Son poids continue d'augmenter, il dépasse même 10 % de la richesse nationale dans certains pays comme le Sénégal[162]. Il est souvent le premier employeur privé du pays : on estime à plus de 3,5 millions le nombre d'emplois directement créés par les télécoms en Afrique, dont 400 000 pour le seul Nigéria[163]. Ces chiffres ne tiennent compte ni des milliers de micro-entreprises créées autour des télécoms, ni des activités de centres d'appels délocalisées par les opérateurs européens.

Les opérateurs sont les premiers contributeurs fiscaux dans bien des pays. Prix des licences sur les fréquences, lourde taxation du trafic venant du Nord, ces derniers procurent des ressources stables à des États dont la collecte fiscale s'apparente souvent à une passoire. Mais cette fiscalité élevée freine aussi le développement car elle dissuade certains projets moins rentables, notamment lorsqu'il s'agit de couvrir des zones rurales[164].

L'impact des télécoms sur les économies du Sud ne se limite pas aux revenus des États, des opérateurs et de tous ceux qui vivent de la vente de cartes téléphoniques au coin des rues. La démocratisation des télécoms facilite l'échange d'informations, elle ouvre la voie à d'importants gains de productivité pour les entreprises locales. Partout, elle libère l'esprit d'initiative. Pour les investisseurs étrangers, la présence d'un réseau moderne de télécommunications compense en partie l'insuffisance des autres infrastructures. La Banque Mondiale estime qu'une augmentation de 10 % du taux de pénétration du téléphone mobile entraîne une croissance de 0,8 % de l'économie des pays en développement dans leur ensemble. La déferlante internet est un levier de développement encore plus puissant. La même Banque Mondiale évalue à 1,4 point de croissance économique en plus, l'impact d'une pénétration d'internet de 10 % supplémentaires.

---

161 Source : GSMA, The mobile economy, Sub-Saharan Africa, 2015.

162 Les télécoms représentent en Afrique un marché de 60 milliards d'euros, dont la croissance de 6 % excède de deux points celle de l'ensemble de l'économie (source Analysys Mason, 2014).

163 Source GSMA.

164 Les télécoms représentent 7 % du total des ressources fiscales des pays d'Afrique subsaharienne (source IFRI).

Un puissant vecteur de développement

Arrivée des smartphones, déploiement des réseaux haut débit, capacités des câbles sous-marins, la phase d'*expansion* est à peine commencée que s'annonce déjà pour le Sud, la phase de *mutation* de la révolution numérique. Certes, cette mutation ne sera pas aussi globale que dans les pays développés car les facteurs de résistance, explosion démographique, croissance inégalitaire, persistance de l'illettrisme, ne disparaitront pas de sitôt. Pourtant, même s'ils ne seront pas équitablement distribués, les dividendes du numérique atteindront l'ensemble des populations.

Certains handicaps peuvent même s'avérer porteurs d'opportunités. Il en est ainsi de la faiblesse générale des États, souvent incapables de venir en aide aux plus démunis et d'investir massivement dans les programmes de développement. À cette faiblesse des pouvoirs publics, répond une vitalité exceptionnelle de la société, qui trouve en elle-même les ressources pour survivre et faire fonctionner ce qui ne fonctionnerait pas en appliquant nos critères. Partout, des modèles alternatifs naissent de l'initiative locale. Le secteur informel atteint parfois jusqu'à 80 % de l'économie. Or internet s'inscrit pleinement dans cette logique : internet aide les citoyens à entreprendre, à créer et à partager des services innovants, sans qu'aucune autorité centrale n'en ait au préalable autorisé le lancement ou planifié le résultat. La société numérique est une réponse à l'échec des modèles de développement centralisés.

Le second handicap est à venir. L'Europe, les États-Unis et le Japon ont fondé leurs révolutions industrielles sur un monde où les ressources semblaient infinies. La raréfaction de l'énergie fossile et de nombreux métaux oblige à penser différemment, il faudra trouver des solutions nouvelles qui n'existent pas dans les pays développés. Or le Sud est en train d'inventer un nouveau modèle de croissance assis sur ce que l'on appelle « l'innovation frugale ». Cela consiste à faire plus, mais avec des ressources plus limitées. Là encore, internet s'inscrit pleinement dans cette logique, car l'économie numérique ne nécessite pas d'infrastructures lourdes et contribue à l'optimisation des ressources existantes.

En participant au développement du facteur humain, au développement du monde rural et à celui des échanges, la révolution numérique ouvre aux pays du Sud des perspectives de croissance plus solides, porteuses en retour de leçons pour l'Europe.

Le numérique et le développement humain

Le capital humain est la clé du développement économique. Sans un niveau d'éducation satisfaisant et une population en bonne santé, les chances de sortir du sous-développement sont très faibles. Rappelons qu'en Afrique subsaharienne, 40 % de la population a moins de quinze ans et si le taux de scolarisation dans l'enseignement primaire atteint 73 %, seuls 27 % des enfants accèdent à des études secondaires et 6 % à des études supérieures[165]. L'espérance de vie à la naissance est inférieure à soixante ans dans 45 pays, dont trois seulement ne sont pas en Afrique[166].

La déferlante internet ne va pas en un jour résoudre les maux endémiques dont souffrent les pays en développement, mais l'entrée dans le monde numérique devrait contribuer de façon significative au développement éducatif et sanitaire des populations. Partout au Sud, fleurissent des projets éducatifs axés autour des technologies de l'information. De nombreuses initiatives d'enseignement à distance voient le jour pour pallier le manque d'écoles, d'enseignants et de contenus éducatifs adaptés. Au Bangladesh, la BBC a créé une plateforme multimédia qui dispense des leçons d'anglais par téléphone ou par internet à des populations souvent très pauvres. Plus de dix millions de cours ont ainsi été diffusés en deux ans. Afin d'améliorer les compétences en français des enseignants, l'Organisation Internationale de la Francophonie a créé en 2008 l'IFRADEM[167]. Cet organisme installe dans des zones rurales souvent isolées des salles multimédia avec connexion internet pour dispenser des formations en ligne. Le télé-enseignement ouvre également d'importantes perspectives dans l'enseignement supérieur. Vingt-six universités africaines ont ainsi mis en commun leurs ressources dans le cadre

---

[165] Source : UNESCO, rapport mondial de suivi de l'éducation pour tous, 2010.

[166] Source : OMS, 2015.

[167] Initiative pour la Formation des Maîtres à Distance.

d'un projet appelé Université Virtuelle Africaine. L'UVA élabore et met en ligne des MOOC[168] scientifiques à destination des étudiants de tout le continent. En Inde, un réseau de classes virtuelles a vu le jour. Installées à proximité de gares facilement accessibles, ces classes sont connectées au web par fibre optique, elles accueillent un public d'étudiants d'origine très modeste qui accèdent ainsi aux programmes des meilleures universités du pays.

Plusieurs pays ont décidé d'aller plus loin en fournissant à chaque enfant scolarisé un ordinateur portable à bas coût. L'Uruguay a ainsi permis à tous les enfants d'accéder à des programmes éducatifs en ligne, contribuant par la même occasion à faire entrer leurs parents dans le monde numérique. L'efficacité de ces programmes est avérée. En Éthiopie, le projet « One Laptop per Child » a consisté à confier des tablettes numériques à des enfants analphabètes. En deux semaines, les enfants maîtrisaient une cinquantaine d'applications et savaient réciter l'alphabet local.

De tels projets sont cependant trop coûteux pour être généralisés à une population entière. Dans le domaine éducatif, les besoins sont infinis, mais la demande rarement solvable. Le manque de contenus numériques adaptés constitue un second obstacle. Seule une collaboration étroite entre institutions publiques, agences de développement et centres éducatifs permettra de transformer ces expériences locales en services accessibles à tous… l'enjeu est immense.

Pénurie d'équipements et de personnels compétents, fragilité des politiques publiques, isolement des populations, le secteur de la santé souffre de handicaps comparables à ceux de l'éducation.

Sensibiliser les populations aux risques sanitaires constitue un enjeu essentiel. La majorité des initiatives valorisant l'utilisation des TIC porte sur la prévention des maladies. En Afrique du Sud, l'un des pays les plus touchés par l'épidémie de SIDA, d'importantes campagnes d'information sur les comportements à risque sont diffusées par SMS, un million de messages sanitaires sont ainsi émis chaque jour. Pour lutter contre le fléau du trafic des faux médicaments,

[168] Massive Open On line Course.

le service mPedigree permet aux malades de vérifier l'authenticité d'un médicament grâce à l'envoi par SMS du code inscrit sur la vignette collée sur l'emballage du produit. Ce service fonctionne dans une dizaine de pays africains. Ici encore, le téléphone portable fournit une réponse bon marché et facile à déployer.

Mais c'est dans le domaine de la consultation médicale que la révolution numérique fait naître le plus d'espoirs. En Afrique de l'Est, des médecins équipés de smartphones envoient à des centres dermatologiques spécialisés des photos de la peau de leurs patients. L'hôpital de Bengalore est connu pour être le deuxième plus grand centre de chirurgie cardiaque au monde. Son fondateur Devi Shetty est surnommé le « Henri Ford des soins cardiaques ». Non content de guérir les malades indiens, l'hôpital reçoit du monde entier des électrocardiogrammes transmis par internet. Ses équipes de médecins réalisent des télédiagnostics et dispensent un suivi médical à distance pour des malades dont l'accès aux soins était jusqu'alors impensable. Au Pakistan, un important réseau de télésanté a été créé : des centres médicaux prodiguent une médecine de base et envoient par internet des vidéos à des centres d'interprétation situés dans les grandes cliniques du pays[169].

Les TIC occupent une place grandissante dans le secteur de la santé. Les projets abondent, mais leur viabilité financière n'est pas toujours assurée, sauf peut-être dans le domaine de la téléconsultation. La pérennité des subventions reste un facteur déterminant. Toutefois, la démocratisation d'internet dans les pays du Sud ouvre d'immenses perspectives dans la lutte contre les maladies endémiques, car elle rendra les politiques de prévention plus efficaces et ouvrira l'accès aux soins à un public élargi. Bientôt fleuriront sur les smartphones des applications d'autodiagnostic qui permettront de suivre les maladies les plus fréquentes grâce à des algorithmes d'intelligence artificielle.

[169] L'objectif de 500 centres de télésanté répartis dans tout le pays a été atteint en 2012 (source : UNESCO, rapport sur les politiques de la société de l'information).

Le numérique et le développement rural

Même si les pays du Sud connaissent une urbanisation galopante, une majorité d'habitants continue de vivre en milieu rural, loin des infrastructures modernes[170]. Ces populations, exposées à toutes sortes de risques climatiques, économiques ou sanitaires, sont d'autant plus vulnérables que leur accès à l'information est limité. La révolution numérique, en ouvrant à deux milliards d'êtres humains la perspective d'être connectés au reste du monde, est un facteur majeur de désenclavement et donc de développement.

Dans de nombreux pays, la productivité agricole est faible, faute d'équipements et d'engrais, mais aussi parce que les cultures sont soumises à de fréquents aléas climatiques[171]. Afin d'aider les paysans à choisir le meilleur moment pour planter leurs semences ou pour faire les récoltes, plusieurs pays ont mis en place des services d'information locale qui dispensent par SMS quantité d'informations pertinentes sur la météo, le niveau des réserves d'eau ou encore les épidémies susceptibles d'affecter le cheptel. Le service Reuters Market Light, créé en Inde en 2007, compte près de deux millions d'utilisateurs répartis dans plusieurs dizaines de milliers de villages. Partout où les agriculteurs utilisent de tels services pour s'informer, la productivité des exploitations s'améliore.

Autre difficulté liée à l'éloignement : le manque d'efficacité des marchés. Comme l'information circule mal, le cours d'une céréale peut varier du simple au double entre deux marchés pourtant voisins. Ces écarts de prix font le jeu des intermédiaires, mais pas des paysans qui ne connaissent pas le juste cours de leurs produits. Des services par SMS ont été créés pour fournir les cours des produits alimentaires sur tous les grands marchés d'une région donnée. Mandi Bhav est un service développé par Tata Teleservices, qui informe en temps réel sur le prix de 500 produits, répartis sur 3000 marchés indiens. En réduisant cette asymétrie dans l'accès à l'information, le téléphone

---

170 L'Inde compte 67 % de ruraux, les pays d'Afrique de l'Ouest 60 % en moyenne, la Chine et l'Indonésie 45 % (source : Banque Mondiale 2015).

171 La productivité céréalière ne dépasse pas 1,5 t/ha dans la plupart des pays en développement. À titre de comparaison, elle s'élève à 7,5 t/ha en France (source Banque Mondiale).

portable offre aux petits producteurs un pouvoir de négociation qui leur permet de se passer de certains intermédiaires. Toujours en Inde, un nombre croissant d'agriculteurs centralisent leurs achats de semences et de matériels agricoles sur des plateformes numériques, afin d'obtenir des tarifs plus avantageux. Avec l'arrivée du smartphone dans les campagnes, des applications spécialement conçues pour les populations illettrées étendent l'efficacité et la portée de ces services.

Pourtant, un tiers des populations du Sud vit encore dans des zones non couvertes par les réseaux mobiles. Pour pallier l'absence de couverture et d'accès à internet, certaines coopératives agricoles installent des kiosques numériques à proximité des carrefours commerciaux afin de diffuser des informations et prodiguer des conseils aux populations. En Asie du Sud, en Afrique, en Amérique Latine, partout se multiplient des projets de développement rural reposant sur les TIC. Leur impact économique et social est élevé car ils contribuent à rendre le travail des agriculteurs plus efficace, à améliorer leurs revenus et à consolider les chaînes de distribution alimentaire[172].

Le numérique et le développement des échanges

Le développement est aussi conditionné par l'accès aux services financiers. La faible pénétration des réseaux bancaires limite la circulation de la monnaie et entrave les échanges commerciaux. Le manque d'instruments de crédit pénalise l'initiative individuelle et exclut encore plus les pauvres. Or, déployer un réseau d'agences coûte cher, les banques préfèrent limiter leur présence aux principaux centres urbains et écrémer le haut du marché. En Afrique subsaharienne, seulement 15 % de la population adulte dispose d'un compte bancaire[173]… tandis que 60 % des foyers possèdent au moins un téléphone portable.

[172] Selon la Banque Mondiale, ces projets numériques ont un impact positif de 10 à 20 % sur les revenus des agriculteurs et de 30 % sur ceux des négociants (source : Banque Mondiale, Information and communication for development report, 2012).
[173] Sources : UEMOA, BEAC, 2014.

Dans des pays où la solidarité au sein des familles est restée forte, où les kilomètres sont souvent longs à parcourir et où se déplacer avec des billets peut s'avérer risqué, transférer de l'argent par téléphone constitue une source majeure de progrès. Le principe est simple : l'utilisateur ouvre un compte auprès de son opérateur télécom, qui n'exige aucun dépôt minimum en contrepartie. Les ordres de virement s'effectuent par SMS sécurisés grâce au code de la carte SIM. Les dépôts ou retraits de billets se font auprès d'agents agréés. Outre la possibilité d'envoyer de l'argent à n'importe qui, le « *m-paiement* » permet de régler des factures, de verser des salaires, il ouvre également la voie à la micro-épargne, au microcrédit et même à la micro-assurance, notamment pour se protéger contre les aléas climatiques. Le Kenya, où 87 % des foyers utilisent tous les jours le service M-Pesa de l'opérateur Safaricom, est à la pointe de cette révolution[174]. Des services similaires existent désormais dans de nombreux pays.

Le *m-paiement* ouvre d'importantes perspectives dans les échanges Nord-Sud. Les organismes d'aide au développement y voient un gage de meilleure efficacité de leurs programmes. En Égypte, la Banque Mondiale verse directement des fonds aux fellahs de la vallée du Nil par transfert sur leur téléphone portable ; elle cible ses aides en fonction de critères précis, sans que ces fonds ne transitent plus par une multitude d'intermédiaires plus ou moins scrupuleux. Les importants transferts d'argent des populations émigrées sont soumis à des commissions onéreuses. L'utilisation du téléphone portable ouvre la voie à des transferts plus rapides et surtout dix fois moins coûteux[175].

Le *m-paiement* favorise le développement des échanges car il accroît la vitesse de circulation de la monnaie, il stimule l'esprit entrepreneurial, améliore l'efficacité commerciale. Il participe au

[174] Source : McKinsey, 2014. Au Kenya, un tiers des transactions sont réalisées par téléphone portable, Safaricom gère plus de fonds à l'intérieur du pays que Western Union à l'échelle mondiale (source : Perspectives du FMI, 2012).

[175] Ces transferts représentent entre 3 et 5 % du PIB des pays africains (source : BAD). Les principaux mouvements s'effectuent entre les pays du Sud : les transferts entre le Kenya et la Tanzanie sont dix fois plus élevés que ceux entre le Royaume-Uni et le Pakistan (source : Banque mondiale, 2011).

désenclavement des territoires et à l'inclusion des plus pauvres. Il contribue ainsi à rendre la croissance des économies en développement plus durable. Si un simple téléphone rend possibles de telles transformations, la déferlante internet ouvre la voie à des évolutions autrement plus radicales. Des sites web se sont déjà créés pour proposer aux investisseurs du Nord de financer en capital risque les projets des entrepreneurs du Sud[176].

Quels enseignements tirer de ce foisonnement d'initiatives ? Premier constat, les solutions apportées par les TIC ne reposent pas sur de lourds modèles d'accumulation du capital, leurs vitesses de déploiement sont extrêmement rapides. Non seulement le Sud rattrape le Nord pour la téléphonie mobile et désormais pour internet, mais il est en avance sur certains services comme le *m-paiement*. Avec la révolution numérique, l'innovation vient aussi du Sud, les anglo-saxons appellent cela le *reverse innovation.*

Second constat, ces initiatives balaient les vieux modèles de développement. Elles sont la plupart du temps locales et viennent d'en bas, de tous ces jeunes diplômés créateurs de start-up, passionnés par le numérique et qui croient plus dans la débrouille que dans les aides publiques. Et si leur rentabilité reste souvent fragile, leur potentiel est énorme car l'accès à une information rapide et bon marché est un enjeu clé du développement économique : il améliore l'efficacité des acteurs, favorise l'intégration dans le commerce mondial, offre à l'administration la chance de se réformer et de gagner en transparence.

La révolution numérique et plus particulièrement la déferlante internet nous oblige à penser différemment nos relations avec le Sud. Face aux géants du net qui rêvent de convertir le prochain milliard d'internautes à leur modèle planétaire, l'Europe se doit d'inventer de nouveaux partenariats, plus équilibrés et soucieux de valoriser l'initiative locale qui partout explose. Les opportunités sont immenses, ne perdons pas de temps.

---

[176] C'est par exemple le cas de la société danoise MYC4.

TROISIÈME PARTIE

PENSER L'ÉCONOMIE AUTREMENT

CHAPITRE 1

PRODUIRE AUTREMENT

Le secteur des technologies de l'information et de la communication, *nouveau soleil* de la révolution numérique, représente près de 8,5 % du PIB européen[177]. Mais il ne s'agit là que de la partie émergée de l'iceberg. La *phase de mutation* dans laquelle nous sommes entrés transforme en profondeur l'économie dans son ensemble. Après le secteur des médias et du divertissement déjà bouleversé par l'arrivée d'internet, plus aucune activité n'échappe désormais à la numérisation de l'économie. Le fonctionnement de l'entreprise s'en trouve métamorphosé. Si tout retard peut s'avérer fatal, réussir le virage du numérique ouvre en revanche la voie à d'importants gains de productivité et à la perspective de nouveaux débouchés.

Depuis le début du XIXème siècle, les processus de production ont connu quatre évolutions majeures auxquelles s'est à chaque fois associée une nouvelle organisation du travail. Avec l'arrivée du charbon et de la vapeur est apparue la mécanisation et avec elle, le prolétariat de masse. Puis l'électricité a rendu possible l'automatisation qui s'est traduite par l'essor du fordisme et du travail cadencé. Troisième étape, l'arrivée des ordinateurs : avec l'informatisation, nombre d'emplois de cols bleus ont disparu, remplacés par des cols blancs en plus petit nombre dont la mission consistait à piloter des systèmes de plus en plus complexes. L'informatisation des entreprises est contemporaine des premières phases de la révolution numérique, celles des grands ordinateurs, des réseaux dédiés entre sites de production, de ce que l'on appelait à la fin du siècle dernier la PAO, la production assistée par ordinateur. La déferlante internet, avec la numérisation des données et la connexion

[177] Source : Commission européenne, 2012. La contribution d'internet stricto sensu au PIB passe de 3,5 % en 2009 à 5,5 % en 2015 (source : Mc Kinsey, impact d'internet sur l'économie française, mars 2011).

directe de toutes les machines au réseau, annonce une nouvelle mutation des processus de production.

Le « *big data* », ou le pétrole du XXIème siècle

Les entreprises disposent de quantité de données issues de sources variées, données de suivi de production, de contrôle de qualité, de gestion des stocks ou encore de facturation des clients, mais aussi données externes provenant des fournisseurs, des distributeurs ou d'organismes publics. Avec la révolution numérique, le volume de données auxquelles les entreprises peuvent accéder change radicalement de dimension. Internet représente une mine inépuisable d'informations sur la concurrence, la réglementation, les clients, les nouvelles technologies. Internet 2.0, c'est-à-dire le web interactif, a ouvert la voie à une connaissance très précise des clients qui expriment leurs avis sur les blogs et les forums de discussion, à travers les tweets et sur les pages Facebook des entreprises. L'historique de navigation et la fréquence de connexion d'un client sur le site d'une marque fournit une multitude d'indications sur ses motivations et les thèmes qui l'intéressent.

La *phase de mutation* dans laquelle nous sommes entrés, ouvre la voie à des changements bien plus radicaux. Les réseaux sociaux deviennent une gigantesque source d'informations pour les entreprises. Si les tentatives de Facebook pour mettre à la disposition des entreprises les commentaires publiés sur les « *murs* » de leurs « *fans* » se sont jusqu'à présent heurtées à un refus des utilisateurs, un terrain d'entente s'ébauche peu à peu entre des internautes, légitimement soucieux du respect de leur vie privée et des entreprises qui cherchent à leur proposer des services de plus en plus personnalisés.

Et après les ordinateurs, c'est au tour des autres machines d'être mises en réseau. Aux équipements industriels connectés s'ajoute une myriade de capteurs, de détecteurs de présence, de caméras vidéo, d'actionneurs, de compteurs et autres appareils de supervision qui remontent en un flux permanent, un volume considérable de données[178].

La géolocalisation constitue une source précieuse d'informations. Largement utilisée dans le suivi logistique, elle permet d'identifier la position d'une flotte de véhicules, d'un lot de marchandises et d'évaluer par exemple des délais de livraison. La localisation des consommateurs constitue un sujet autrement plus sensible. Que ce soit par GPS ou à partir des cellules de téléphonie mobile, fabricants de téléphones et opérateurs collectent un volume gigantesque de données susceptibles de tracer tous les mouvements d'une personne, données qui valent de l'or pour les marques. Face aux protestations des défenseurs de la vie privée, Apple a toujours nié son intention de revendre les données de géolocalisation issues de ses iPhones… L'enjeu est immense et le débat ne fait que commencer.

Internet ne permet pas seulement d'accéder pour un coût modique à un volume colossal de données, leur stockage grâce à la loi de Kryder, devient également abordable. Pourtant, peu d'entreprises sont vraiment organisées pour exploiter efficacement ce volume colossal de données. Car l'enjeu central n'est pas tant de rassembler ces données que d'être capable d'en extraire les informations qui offriront une réelle valeur ajoutée à l'entreprise. Le « *business intelligence* » regroupe toutes les techniques informatiques qui aident l'entreprise à travers des calculs sophistiqués, à regrouper, retraiter, croiser et analyser la masse d'informations issue de cette mine de données, afin d'en extraire les pépites qui seront précieuses pour prendre les décisions pertinentes. Un terme s'est imposé, le « *big data* ». Balbutiant à l'époque où les entreprises ne faisaient que « *s'informatiser* », le « *big data* » est devenu l'enjeu central de la « *numérisation* » des entreprises. Avec le « *big data* », les entreprises connaissent au mieux les usages de leurs clients et savent leur proposer au moment le plus opportun, les services les plus adaptés à

[178] Le nombre de machines connectées aux réseaux mobiles avec une carte SIM s'élèverait à 240 millions en 2015, contre 91 millions en 2011 (source : DigiWorld Yearbook, Idate). Ce nombre ne prend pas en compte les capteurs, caméras et autres objets connectés via un réseau fixe.

leurs attentes. Dans ce domaine, les entreprises européennes seraient plutôt en avance sur leurs concurrentes américaines[179].

Le temps raccourci

La gestion en temps réel de cette masse d'informations constitue un élément clé de la compétitivité de l'entreprise et de sa réactivité face au marché. Dans un environnement en perpétuel changement, le premier qui détecte les signaux d'évolution du marché et perçoit les nouvelles attentes des consommateurs dispose d'un avantage précieux. Il sera le premier à prendre les décisions opportunes, à adapter sa production, à ajuster le niveau de ses stocks. Et ceci est vrai dans tous les secteurs d'activité.

Dans le domaine de l'énergie, la connaissance en temps réel de la consommation des ménages et des entreprises devrait aider à mieux anticiper les pics de consommation, savoir à quel moment un délestage des appareils les plus gourmands s'impose, quand il faut relancer la production complémentaire de centrales au fuel ou au charbon et au bout du compte, mieux ajuster l'offre à la demande.

Dans le domaine de la grande distribution, la connaissance instantanée des ventes permet d'adapter la production dans des délais très courts. La chaîne de vêtements Zara sait en permanence tout ce qui se vend dans ses 5000 boutiques et suit en temps réel l'évolution de la mode. Zara est capable en moins de quatre semaines de transformer une idée nouvelle en un article de mode qui sera vendu dans le monde entier[180]. Dans les services financiers, la connaissance en temps réel des marchés devrait aider les banques et les autorités de régulation à mieux lutter contre les emballements soudains des cours en dressant des « *coupe-feux* » plus efficaces.

---

[179] D'après une enquête publiée en juin 2016 par Cap Gemini sur les projets « big data » des entreprises.

[180] Cette réactivité constitue une force pour Zara. Ainsi, un client de Zara entre en moyenne 17 fois par an dans une boutique de la marque, contre trois fois en moyenne pour les boutiques des marques concurrentes (source : The New Digital Economy, Oxford Economics, juin 2011).

Cette capacité d'anticipation à partir des informations reçues et analysées en temps réel ouvre d'importantes possibilités d'optimisation des cycles de production. La gestion des stocks constitue un coût important pour les entreprises. Connaître à l'avance ce que veulent les clients permet de produire en flux tendu et parfois, de vendre des marchandises avant même de les avoir produites.

Dans un nombre croissant de secteurs industriels, cette connaissance en temps réel de l'usage que font les clients des produits achetés, modifie en profondeur les modèles économiques des entreprises en créant de nouvelles opportunités de positionnement sur la chaîne de valeur. Ainsi, HP ne considère plus la vente de photocopieurs comme son métier principal, le fabricant américain loue ses machines aux entreprises et tire l'essentiel de sa marge des contrats de maintenance. Les pannes sont diagnostiquées à distance et en temps réel, ce qui permet aux équipes d'intervenir dans des délais très brefs. L'automobile est un autre exemple de ce glissement des métiers. La connexion à travers les réseaux mobiles de quantité de capteurs disposés à l'intérieur d'une voiture permettra bientôt au concessionnaire de connaître à tout moment l'état de ses pneus ou de savoir si une vidange s'impose. Le métier du constructeur évolue de la vente de voitures à une prestation complète d'assistance et de maintenance du véhicule. Grâce à cette connaissance du client en temps réel, l'industrie manufacturière un peu partout est en train de glisser des métiers de production vers les métiers de services.

La disparition des frontières internes

La révolution numérique fait naitre un nouveau modèle d'entreprise beaucoup plus efficace. Elle fait voler en éclats les anciennes frontières qui régissaient son organisation traditionnelle.

La frontière entre « *front office* » et « *back office* », c'est-à-dire entre les salariés sur le terrain au contact du client et ceux qui assurent l'intendance, va s'estompant. La numérisation de toutes les données et leur intégration dans un système d'information unique permettent à tout salarié d'accéder sur n'importe quel terminal à l'information dont il a besoin et d'agir en temps réel, ce qui rend le service plus efficace pour le client et moins coûteux pour l'entreprise. Équipé d'une tablette numérique, le technicien saisit sur place son rapport d'intervention, le vendeur accède instantanément à l'ensemble des informations relatives à un client donné, il peut simuler un projet en jouant sur quantité de variables, puis il transmet la commande sans perdre de temps. Les salariés passent ainsi plus de temps avec leurs clients et moins dans des tâches administratives. Depuis 2012, tous les personnels naviguants d'American Airlines sont dotés de tablettes individuelles grâce auxquelles ils suivent en temps réel l'état des vols et la situation de chaque passager.

Une autre frontière appelée à évoluer est celle qui sépare la vie professionnelle de la vie privée. Avec la connectivité généralisée, l'environnement de travail du salarié n'est plus attaché à un lieu physique déterminé. Ce dernier accède depuis n'importe où aux données stockées dans le « *cloud* » de son entreprise, rendant possible le télétravail dans de nombreux secteurs d'activité. Le télétravail, par les gains de temps qu'il représente, est un gisement important de productivité pour l'entreprise et d'économies pour la collectivité. Le collaborateur n'est dès lors plus rémunéré en fonction de son temps de présence, mais de sa contribution réelle. S'il se heurte à des obstacles plus culturels que techniques, le télétravail se développe rapidement en Europe du Nord, où fleurissent un peu partout des « *hôtels d'entreprises* », conçus pour héberger des salariés « *nomades* » appartenant à différentes sociétés[181].

Plus généralement, l'entreprise numérique abolit les frontières dans l'espace. Visioconférences et murs de téléprésence, encore peu répandus dans les entreprises européennes, sont sources de gains de temps et réduisent les coûts de déplacement.

Une troisième frontière en train d'évoluer est celle de la relation managériale au sein de l'entreprise. L'arrivée du courriel il y a vingt ans, avait déjà simplifié cette relation au profit d'une communication plus souple et plus rapide. Les nouvelles générations d'outils collaboratifs la modifient en profondeur. Les réseaux sociaux internes

---

[181] Le télétravail régulier concerne plus d'un salarié sur cinq dans les pays scandinaves, contre un sur dix en France (source : Fondation européenne pour l'amélioration des conditions de vie et de travail).

permettent aux collaborateurs d'échanger des idées, de solliciter informellement l'avis d'experts, de proposer des solutions bien plus librement qu'ils ne le faisaient à travers les canaux traditionnels. Un peu partout apparaissent des wikis, encyclopédies collaboratives qui centralisent le savoir de chaque salarié, l'organisent et le classent pour le mettre ensuite à la disposition de chacun. La mémoire et le savoir-faire sont ainsi capitalisés et mieux partagés. Ces outils de partage sont bien sûr couplés à des systèmes de gestion des droits pour prévenir toute utilisation inopportune des informations sensibles. Avec eux, chaque salarié est plus autonome et le travail en réseau prend le pas. L'organisation par projets remplace l'organisation hiérarchique traditionnelle. L'entreprise, pour laquelle rapidité et innovation sont les clés de la réussite, devient plus agile, plus productive, elle s'adapte plus rapidement aux marchés. Ce n'est pas tout à fait un hasard si ces nouveaux outils collaboratifs ont connu leurs premiers succès dans les entreprises américaines, où la remise en cause des anciennes hiérarchies est culturellement plus facile à accepter.

Enfin, la numérisation incite les entreprises à déplacer la frontière entre les activités qu'elles réalisent elles-mêmes et celles moins stratégiques qu'elles sous-traitent à des tiers. L'externalisation des fonctions support de logistique, de transport ou d'entretien est une pratique ancienne, les fonctions de maintenance informatique sont depuis longtemps confiées à des SSII[182]. Avec l'explosion des débits, d'autres fonctions plus proches du cœur de métier deviennent externalisables. Ainsi, nombre d'entreprises n'hésitent plus à confier à des prestataires externes la gestion des serveurs où sont hébergés leurs petaoctets de données. On ne compte plus les entreprises ayant externalisé la gestion de leur système d'information à Bangalore, de leur comptabilité à Varsovie et leur centre d'appel clients à Casablanca. Le coût marginal du transport de l'information étant voisin de zéro, le coût du travail devient le seul facteur d'arbitrage, pour autant que la main d'œuvre extérieure soit qualifiée. Ce phénomène qui rappelle la vieille théorie de Ricardo[183], comporte bien sûr des risques s'il est mal maîtrisé.

---

182 Sociétés de services et d'ingénierie en informatique.

183 Selon David Ricardo, chaque pays a intérêt à se spécialiser dans la production pour laquelle il est le plus avantagé.

La numérisation est aujourd'hui le premier facteur de productivité pour l'entreprise. Selon la Commission européenne[184], près de la moitié des gains de productivité enregistrés en Europe depuis le début du siècle proviendraient de l'investissement des entreprises dans les TIC. Si ces chiffres sont difficiles à vérifier, ils n'en marquent pas moins une tendance forte[185]. Une enquête réalisée auprès des PME françaises montre que l'utilisation d'internet a permis d'améliorer de 15 % leur performance économique, en leur facilitant l'accès à de nouveaux marchés, mais aussi en réduisant leurs coûts d'approvisionnement et de marketing[186]. Toutes les études indiquent que plus une entreprise investit dans les technologies de l'information et dans le web, plus elle croît et plus elle réalise une partie importante de son chiffre d'affaires à l'exportation.

Néanmoins, l'impact du numérique sur la productivité d'une entreprise pourrait bien si l'on n'y prenait garde, se heurter à un plafond. Pour reprendre la célèbre formule d'Arthur Laffer « *trop d'impôt tue l'impôt* », on peut affirmer que trop d'information tue l'information. L'*infobésité*, néologisme à la mode, guette nombre d'entreprises et de collaborateurs[187]. Pour parer à ce risque bien réel, apparaissent de nouvelles techniques comme par exemple les algorithmes de filtrage et de priorisation des courriels. Les nouveaux outils collaboratifs sont une autre réponse pour canaliser efficacement des flux d'information dont la gratuité et l'instantanéité peuvent aussi devenir une source d'inefficacité.

---

[184] Rapport « Impact des TIC sur la croissance économique », juin 2006.

[185] Cette contribution des TIC à la productivité augmente. Elle ne représentait que 30 % des gains de productivité aux États-Unis et 20 % en Allemagne et en France dans la période 1995-2000 (source : McKinsey, Impact d'internet sur l'économie française, mars 2011).

[186] Source : McKinsey, ibidem.

[187] D'après Atos, les managers français reçoivent en moyenne 200 courriels par jour, ils passent entre six et vingt heures par semaine à lire ou à écrire des courriels. En 2011, son PDG Thierry Breton avait fixé un délai de trois ans pour supprimer entièrement les échanges par courriel à l'intérieur de son entreprise... objectif en partie atteint car depuis, ces derniers ont baissé de 60 %.

La PME à l'échelle du monde

La révolution numérique n'est pas à l'origine de la concurrence mondialisée que connaissent les entreprises aujourd'hui. La dérégulation de marchés jadis protégés, le rôle des autorités de concurrence, les accords de libre-échange et bien sûr l'ouverture sur le monde de pays à faible coût du travail y ont largement contribué. Mais la révolution numérique joue en quelque sorte le rôle de catalyseur de cette remise en cause permanente des positions acquises.

Dans le monde numérique, l'information circule partout et à un coût très faible. La conséquence, nous l'avons vue, c'est un marché plus efficace car plus transparent et plus fluide, c'est aussi une adaptation permanente aux nouvelles technologies. Le monde du web bouge vite, tous les jours apparaissent de nouveaux acteurs, d'autres disparaissent. Avec la *phase de mutation* de la révolution numérique, cette accélération du temps se propage à tous les secteurs d'activité. Les rentes de situation disparaissent, les barrières tombent et partout, la concurrence s'accroît.

Toute entreprise, quelle que soit sa taille et son origine, a désormais la capacité d'accéder aux technologies numériques les plus avancées sans avoir à investir massivement dans des systèmes dont elle aurait la propriété. Le *« cloud computing »*, l'informatique dans le nuage, consiste à déporter dans le réseau les infrastructures physiques de stockage des données, mais aussi à accéder à travers le web à des plateformes logicielles de traitement de l'information[188]. Son coût pour l'entreprise est faible au regard de solutions développées localement, car le nuage mutualise les ressources de quantité d'autres entreprises. Les capacités du *« cloud »* sont infinies. Une société de taille modeste implantée dans la montagne ardéchoise dispose désormais, pour peu qu'elle possède une connexion suffisante, des mêmes facilités qu'une grande entreprise pour connaître son marché, prospecter de nouveaux débouchés et gérer les relations avec sa clientèle. Jadis, seul un grand groupe possédait cette capacité. Les

[188] Les termes de IaaS (infrastructure as a service), PaaS (plateforme as a service) et SaaS (software as a service) sont souvent utilisés pour décrire ces différentes couches de services disponibles à travers le réseau.

PME qui l'ont compris voient surgir un océan d'opportunités[189], les autres sont condamnées à la défensive…

Dans l'économie numérique, notre PME ardéchoise, à condition que ses produits soient compétitifs et de qualité, a les moyens de penser tout aussi global que la grande entreprise. Les sites de commerce « B2B[190] », c'est à dire entre entreprises, offrent à son responsable des achats la faculté de sélectionner en un instant un fournisseur parmi des centaines d'autres. Sans quitter son bureau, il vérifie ensuite la solidité financière et les références commerciales du vendeur. Il décide alors s'il le souhaite de lancer un appel d'offres en ligne. Pour distribuer ses produits dans le monde entier, le responsable commercial de notre PME anime un show-room virtuel sur ces mêmes sites de commerce en ligne, show-room qui s'ajoute au propre site de l'entreprise. Bientôt, elle dialoguera avec ses clients grâce à des « *bots* » ou robots intelligents ... et en cas d'augmentation imprévue de ses ventes, elle saura trouver sur le web le sous-traitant qui, à des milliers de kilomètres de là, disposera des capacités de production temporaires dont elle a besoin. Il y a quinze ans, seul un grand groupe avait les moyens de s'offrir une telle vitrine sur le monde.

Les entreprises européennes sont-elles suffisamment préparées à des mutations aussi profondes ? Le site chinois Alibaba, avec ses 35 millions de clients professionnels dans le monde est le leader incontesté du commerce interentreprises. Parmi les dix sites de commerce B2B[191] les plus visités dans le monde, cinq sont chinois, un seul européen, ce qui en dit long non seulement sur la puissance industrielle de la plus grande usine du monde, mais aussi sur le retard qu'il nous reste à combler. Mais au-delà des entreprises, la révolution numérique transforme radicalement le comportement des consommateurs. Le rapport de force entre l'entreprise et ses clients s'en trouve profondément modifié. Une chance à saisir pour l'entreprise du XXIème siècle…

---

189 Exemple de réussite, Lippi, petit fabricant charentais de clôtures, a converti ses salariés au numérique et vend désormais des articles spécialisés dans le monde entier.

190 « Business to Business », par opposition à B2C, « Business to Consumer ».

191 Source : TradeB2B.

CHAPITRE 2

CONSOMMER AUTREMENT

L'homo digitalis

En 2017, internet est partout. Presque neuf foyers français sur dix possèdent un accès haut débit chez eux [192], la moitié de la population mondiale accède au net. Les internautes consacrent en moyenne 2h30 par jour à surfer sur la toile, à regarder des vidéos en ligne ou à chater avec leurs amis avec un ordinateur ou une tablette, auxquelles s'ajoutent 58 mn sur leur téléphone portable[193]. Pour les jeunes, le temps consacré à internet dépasse désormais le temps assis devant l'écran de télévision. Mieux encore, les 15-25 ans passent deux fois plus de temps à communiquer sur les réseaux sociaux qu'à se parler au téléphone et à s'écrire par courriel ou par SMS. Les usages numériques se propagent comme une trainée de poudre : 37 millions de Français utilisent internet sur leur téléphone mobile en 2017, contre 18 millions cinq ans an plus tôt[194]. Avec ces usages, un nouveau consommateur est en train de prendre le pouvoir.

La nouveauté a toujours coûté cher. Avec chaque vague de progrès technique, émergent de nouveaux usages. D'abord fabriqués en petite série, les nouveaux produits s'adressent à une bourgeoisie aisée, pour devenir ensuite les symboles de la production de masse et de la société de consommation. Il en fut ainsi de l'automobile, du tout électrique ou encore du voyage en avion. Là encore, la révolution numérique rompt avec les révolutions du passé. Parce que les services numériques sont duplicables, transportables et stockables à l'infini à un coût marginal très faible, ils sont accessibles à une large population dès leur lancement. L'innovation numérique n'est pas encouragée par les

---

192 Source : ARCEP, décembre 2016. On comptait en 2016, 3,9 milliards de personnes utilisant internet dans le monde (source : UIT).

193 Source : Baromètre du numérique, CREDOC 2016.

194 Source : Médiamétrie et Le Journal du Net.

classes sociales les plus favorisées, mais par les jeunes, voire parfois par les plus jeunes.

Les sociologues désignent par *génération Y*, les jeunes nés entre 1980 et le milieu des années 1990, par opposition à leurs aînés nés entre 1965 et 1980, appelés *génération X* et aux plus jeunes nés à partir de 1995, baptisés *génération Z*. La génération Y a aujourd'hui entre 20 et 35 ans. Elle a vécu dès l'enfance avec un ordinateur à la maison, elle a grandi avec internet, elle est « *digital native* ». Elle n'est pas devenue technophile par conviction ou par adhésion, elle baigne tout simplement dans la vie numérique comme Monsieur Jourdain fait de la prose et adopte sans se poser de questions les nouvelles technologies. Elle ne s'extasiera pas devant la définition graphique d'un jeu vidéo ou face à une imprimante 3D, car pour elle tout est possible, tout va de soi. Smartphones et tablettes ne sont pas des gadgets, mais des extensions naturelles de la main, des prothèses greffées sur le corps. Sa devise est « *tout et tout de suite* ». Plus besoin de programmer son temps, de nouvelles opportunités naissent à chaque instant. Plus besoin d'être physiquement présent, le smartphone offre le don d'ubiquité. Hyperconnectée, la génération Y utilise plusieurs médias à la fois. Son cerveau surfe d'un sujet à l'autre, fonctionne comme un ensemble de liens hypertextes, sa pensée n'est plus linéaire. La frontière entre vie privée et sphère professionnelle si elle ne disparait pas, devient plus floue. Totalement perméable à toutes les innovations numériques, la génération Y est à la pointe de leur adoption. Le web est interactif, chacun communique, partage et échange. Plus de 80 % de cette tranche d'âge possède un compte Facebook, la moitié le consulte tous les jours. Elle n'est pas consciente du déclin des anciens modèles, ce n'est juste pas son problème. Elle accède plus qu'elle ne possède. Elle écoute ses playlists et regarde des séries en ligne, mais ne télécharge plus grand-chose et se souvient à peine qu'il lui reste au fond d'une armoire quelques vieux DVD. Elle s'est détournée du papier, préférant internet pour sa consommation de médias[195].

---

[195] 55 % des 25-34 ans déclarent préférer internet pour s'informer, contre 35 % la télévision et la radio et 10 % les journaux papier (source : Mc Kinsey 2012).

La génération X a aujourd'hui entre 35 et 50 ans. Elle n'a pas grandi avec un ordinateur à la maison. Le monde numérique est entré dans sa vie par le travail. Connectée d'abord par nécessité, elle a vite compris tout l'avantage qu'elle pourrait tirer d'internet. Si son usage des réseaux sociaux ou son intérêt pour les jeux en ligne est bien inférieur à celui de la génération Y, elle est familière des achats en ligne. Elle souhaite concilier les contraintes d'une vie professionnelle exigeante avec une vie familiale équilibrée, le web l'aide à gagner du temps, à trouver de bonnes affaires ou des conseils avisés. Ni technophile, ni technophobe, elle est simplement pragmatique.

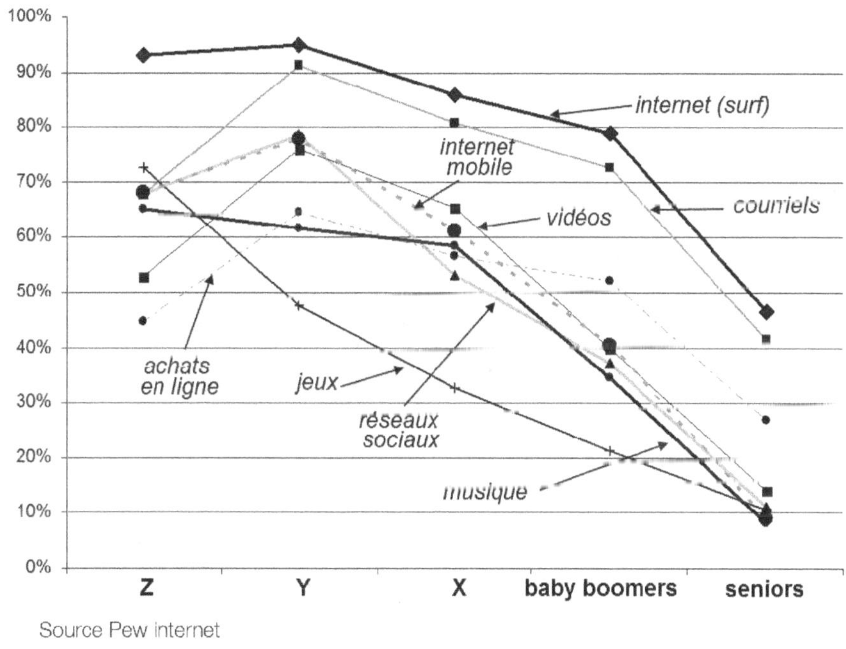

Figure 23. Les usages d'internet par âge

La génération Z a moins de 20 ans. Née dans le monde numérique, elle n'a aucune idée de ce que fut le monde sans internet ni portable. Les « teenagers » maîtrisent intuitivement toutes les technologies numériques, conçoivent à peine ce qu'est un mode d'emploi. Ils envoient peu de courriels, trop formels, n'entretiennent pas de longue conversation au téléphone, trop exclusif, ils communiquent, « chatent », échangent photos et vidéos autant sur Instagram ou sur Snapchat que sur Facebook[196]. Utiliser les outils collaboratifs du web pour apprendre ou pour jouer est pour la génération Z une pratique naturelle. Comme leurs parents baignent eux même dans la vie numérique, ils n'ont même pas le sentiment de vivre une rupture, contrairement à leurs aînés de la génération Y.

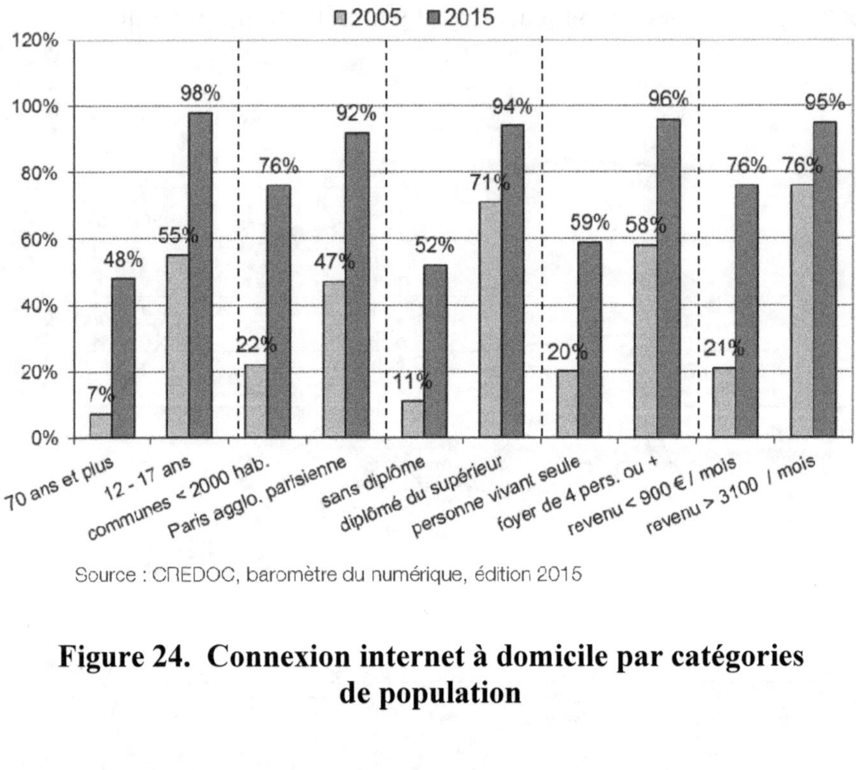

Figure 24. Connexion internet à domicile par catégories de population

Si l'âge reste le premier facteur de différenciation des usages, bien d'autres clivages existent. Le niveau d'éducation en est un, tout comme l'appartenance socio-professionnelle et le niveau de revenus, trois facteurs corrélés entre eux et qui cumulés renforcent l'inégalité

196 En France, 78 % des 13-17 ans ont un compte Facebook et le consultent plusieurs fois par semaine (étude IPSOS, 2015).

face à internet. Autre clivage souvent stigmatisé, celui entre la ville et la campagne, cette dernière étant restée plus longtemps à l'écart des réseaux haut débit. Mais partout, le tournant est pris. Les nouveaux comportements de consommation induits pas la numérisation des usages ne sont plus l'apanage des « *geeks* », ils ont rejoint le consumérisme de masse. Une chance à saisir pour la nouvelle économie…

Le consommateur éclairé

La seconde révolution industrielle a vu naître avec la production de masse, son indispensable corollaire, la consommation de masse. Le marketing consistait à matraquer le consommateur de messages répétitifs et basiques, ce dernier dans un réflexe pavlovien, finissant tôt ou tard par acheter. Si les années 1970 révélèrent une autre voie, celle des adeptes de la décroissance, l'immense majorité de la population emportée dans un élan panurgique, continuait à s'adonner aux plaisirs sybarites du consumérisme collectif. L'ancien patron de TF1 disait juste lorsqu'il déclarait en 2004 : « *ce que nous vendons à Coca Cola, c'est du temps de cerveau disponible* »[197].

Les temps ont bien changé. Avec les premières années de ce siècle, le modèle ultra dominant de l'hyperconsommation a été battu en brèche par de nouveaux comportements plus critiques, plus réfléchis. On réalise que notre monde est fini et que ses ressources sont épuisables, on comprend que la crise s'inscrit dans des évolutions profondes. Si les plaisirs d'une consommation impulsive n'ont pas disparu, l'acheteur est devenu plus rationnel, il s'interroge davantage sur le sens des objets, recherche des conseils, compare, priorise.

Si l'arrivée d'internet dans les foyers ne fut pas la cause unique de ces nouvelles attitudes de consommation, le web en fut l'incontestable catalyseur. Internet a soudain mis à la portée du consommateur une pléthore d'informations qui ne lui étaient jusqu'alors pas accessibles.

---

[197] Patrick Le Lay, mai 2004. Voir aussi l'analyse de Nicolas Riou in « Marketing Anatomy, les nouvelles tendances marketing passées au scanner », Eyrolles 2010.

Les comparateurs de prix par exemple, mettent à la disposition de chacun une information jadis réservée à des professionnels, grossistes ou distributeurs. La frontière entre la distribution physique et internet s'estompe : l'acheteur s'informe d'abord en ligne, puis il se rend dans une boutique où il teste le produit, assisté par différents outils de *réalité augmentée*. Aux bornes interactives succèdent les technologies sans contact où le client se connecte au site d'une marque par simple effleurement d'un produit avec son smartphone. En activant une application de géolocalisation, il voit le prix de produits similaires s'afficher dans tous les magasins autour de lui. Il finalise enfin son achat sur le site du magasin et évite un fastidieux passage en caisse[198].

Avec l'explosion des réseaux sociaux et singulièrement de Facebook, la nature de l'information évolue. Un adepte de Facebook sur cinq est inscrit sur les « *pages de fan* » des marques et des enseignes pour en suivre l'actualité. L'avis des utilisateurs et les recommandations de ses amis ont désormais plus d'importance que l'information officielle et la publicité de la marque. En France, le site Looneo est spécialisé dans la mise en ligne de millions d'avis de consommateurs sur tous les produits disponibles dans le commerce. En abolissant l'exclusivité dont disposait la marque pour parler d'elle-même, en l'obligeant à composer avec une multitude d'autres prises de parole, la révolution numérique modifie radicalement son rapport au consommateur.

Cette meilleure information du client contribue à rendre l'économie plus concurrentielle, elle alimente le mouvement général de modération des prix que connait l'économie européenne depuis quinze ans. Dans le transport aérien par exemple, le large succès des comparateurs de prix en ligne a obligé les compagnies traditionnelles à proposer des tarifs attrayants pour rester compétitives face aux compagnies à bas coût. S'il veut rester compétitif face au développement des ventes en ligne, le commerce de rue doit

---

[198] 90 % des internautes déclarent préparer leurs achats sur internet, 40 % des « mobinautes » surfent dans les magasins pour consulter des avis ou comparer les prix et 58 % des acheteurs en ligne consultent les avis de leur communauté sur leurs réseaux sociaux avant d'acheter (source : baromètre Médiamétrie sur les comportements d'achat des internautes publié par la FEVAD, juin 2016).

également surveiller ses étiquettes. Plusieurs études ont montré qu'internet contribue à réduire les écarts de prix[199].

La transparence des prix n'est pas le seul facteur de modération de l'inflation. La vente en ligne fait disparaître le coût de mise en relation entre le vendeur et l'acheteur. Elle réduit également le coût de transaction car la chaîne logistique est plus courte et plus efficace... Au total, la numérisation des échanges contribue de façon très significative à la modération des prix[200].

Le consommateur influent

Mieux éclairé, le consommateur devient plus influent. Internet est le média le plus suivi par les consommateurs dans leurs décisions d'achats, loin devant la télévision, la radio et la presse[201]. L'ancien cliché du consommateur ingurgitant passivement des publicités devant son poste de télévision a cédé la place à l'image d'un consommateur influent, responsable et exigeant.

Ce consommateur influent, on le retrouve partout sur internet. D'abord sur les réseaux sociaux, 81 % des utilisateurs de Facebook reconnaissent un pouvoir d'influence à leurs amis dans leurs décisions d'achat [202], ensuite sur les blogs, les tweets et les sites de recommandation. Partager l'information sur les produits et donner son avis n'est pas une démarche nouvelle, le bouche à oreille fonctionnait très bien avant internet. Ce qui a changé, c'est l'impact démultiplié de ce pouvoir d'influence. Une seule expérience malheureuse nuira plus sûrement à la réputation d'un hôtel si elle est relatée sur Tripadvisor, que le jugement solitaire de centaines de clients satisfaits.

---

[199] Source : Mc Kinsey, "The impact of internet technologies", juillet 2011.

[200] Les achats en ligne coûteraient 10 % moins cher que ceux réalisés dans les magasins traditionnels (source : McKinsey, Impact d'internet sur l'économie française, mars 2011). Sachant que le commerce en ligne représentait en 2016 un peu plus de 8 % du commerce de détail en France, l'économie globale serait de l'ordre de 10 milliards d'euros pour les ménages.

[201] En 2010, l'indice d'influence des médias plaçait internet à 53 %, devant la télévision à 27 %, la radio à 9 % et la presse écrite à 6 % (source : Harris Interactive).

[202] Sondage Influence Centrale, 2016.

Le pouvoir d'influence du consommateur numérique devient une arme très puissante dès lors qu'il est mis au service de la multitude. Le consommateur isolé ne peut pas négocier les prix. Certains sites ont eu l'idée de centraliser les intentions d'achat de tous les consommateurs à la recherche du même produit, pour constituer une force de négociation capable d'obtenir d'importantes remises. Ce fut le cas de l'américain Groupon, qui après avoir connu un succès foudroyant, fut vite confronté au désenchantement des commerçants qui vendaient à perte[203]. Les moteurs de recherche fournissent un autre exemple de l'intelligence collective des internautes, puisque la hiérarchie des liens obtenus lors d'une recherche résulte directement de la fréquence des sites visités.

Mieux informé et plus influent, le consommateur numérique se sent davantage responsable. La rapidité avec laquelle l'information se propage oblige les marques à plus de vigilance dans le respect des valeurs qu'elles prônent. Il y a quelques années, une célèbre marque d'imprimantes avait dissimulé dans ses appareils un logiciel qui bloquait définitivement leur fonctionnement après un certain nombre d'impressions. Un utilisateur perspicace et surtout débrouillard découvrit un jour le pot aux roses et trouva sur un site russe le protocole permettant de neutraliser ce logiciel. L'affaire n'en resta pas là car cet utilisateur se fit un devoir de dénoncer cette pratique sur tous les forums spécialisés. Le fabricant fut immédiatement contraint de s'excuser publiquement et de diffuser auprès de tous ses utilisateurs l'application permettant de neutraliser ce logiciel. Autre exemple, une marque non moins célèbre de savonnettes décida d'associer son image au thème du développement durable et finança des campagnes de communication montrant sa contribution exemplaire à cette cause. Las, Greenpeace découvrit que ces savons contenaient de l'huile de palme importée des plantations indonésiennes accusées de détruire la forêt équatoriale. Le scandale aurait pu être circonscrit, si le buzz internet n'avait immédiatement déclenché une campagne de boycottage de

---

203 Le principe était simple : Groupon affichait tous les jours un ensemble de produits avec un rabais supérieur à 50 %. Si le nombre minimum d'acheteurs fixé par le fournisseur était atteint, ceux-ci emportaient le produit à ce prix, sinon la vente n'avait pas lieu.

ladite marque. Dans ces deux histoires, l'image des entreprises incriminées fut durablement altérée. Pour peu qu'il se lance dans la défense d'une cause susceptible de remporter l'adhésion, le consommateur numérique sera suivi par une foule d'internautes. Le consommateur numérique nous rappelle qu'il est aussi citoyen.

Enfin, le consommateur éclairé est plus exigeant. Plutôt que subir, il se pose en arbitre. De nouveaux outils apparaissent qui lui permettent de gérer lui-même l'ensemble de ses relations avec les marques. En stockant dans un « coffre-fort » numérique toutes ses informations personnelles et ses données de consommation, il formulera bientôt lui-même ses besoins en lançant de véritables appels d'offre, filtrera les annonceurs dont il autorise les messages et recevra les propositions correspondant le mieux à ses attentes[204]. Dans la relation entre le consommateur et le vendeur, les « *bots* » commencent à remplacer les applications mobiles. Grâce à ces programmes d'intelligence artificielle intégrés dans les messageries instantanées, le consommateur dialogue en langage naturel avec la machine, qui apprend à le connaitre, s'adapte à ses attentes et lui propose les réponses les mieux adaptées à ses besoins. Dans l'économie numérique, le client est désormais au centre du jeu, l'ère du client roi est arrivée.

Le consommateur créateur

Mieux éclairé et plus influent, le consommateur numérique devient aussi créateur. Dans le modèle de consommation traditionnel, le marketing consistait à pousser un produit indifférencié vers une foule de clients anonymes en matraquant le même message publicitaire. À partir des années 1980, la production assistée par ordinateur a rendu possible une plus grande différenciation des produits. Apporter une

---

[204] Pour qualifier cette démarche, est apparu le terme de VRM (vendor relation management), par opposition au CRM (customer relation management) où l'entreprise capte des informations personnelles pour mieux cibler la relation avec ses clients.

touche de personnalisation selon les cibles à atteindre devenait dès lors plus facile et moins coûteux.

L'avènement du web 2.0 bouleverse la relation entre le consommateur et la marque. Avec les réseaux sociaux, la génération Y plonge dans un univers où tout le monde contribue à apporter une réponse aux questions posées par chacun. Le consommateur numérique n'est plus seul face au discours de la marque ; non seulement, il donne son avis sur les produits qu'il consomme, mais il revendique le droit d'être impliqué dans la conception même de ces produits. L'innovation ouverte ou *« open innovation »* rompt avec la logique traditionnelle : au lieu de demander à leurs laboratoires ce qu'il faut inventer pour demain satisfaire les clients, un nombre croissant d'entreprises interrogent directement ces derniers. Ainsi, le géant américain Procter & Gamble a imaginé un site sur lequel il invite créateurs, start-up et même simples clients à partager leurs idées de nouveaux produits. Rétives au début à ouvrir leurs bases de données, les entreprises ont vite compris les avantages de cette approche : chez Procter, la part d'innovations venues de l'extérieur est passée en une dizaine d'années de 15 % à 50 %[205].

La co-création sur internet ne s'arrête pas là. Certaines marques invitent le consommateur à participer directement à la conception du produit qu'il utilisera, pour en faire un objet unique. Nike propose à ses clients de personnaliser en ligne leurs chaussures de sport, en assortissant les couleurs et en dessinant leurs propres logos. Avec le configurateur en ligne de la Fiat 500, le futur automobiliste peut assembler à son gré un nombre presque infini de combinaisons de peintures, de textiles et d'accessoires de confort. Mymuesli propose même de choisir en ligne la proportion de céréales, fruits, et autres ingrédients au gré de son goût. Sur 100 000 commandes, seulement 42 se sont avérées identiques ![206]

Et ce n'est qu'un début… avec la réalité augmentée, il devient possible de composer en ligne sa garde-robe en visualisant sur l'image de son propre corps des vêtements déclinables dans une infinité de

[205] Pour en savoir plus, voir www.pgconnectdevelop.com/
[206] Source : http://uk.mymuesli.com

tissus et de coloris différents. Une fois le costume ou la robe ajustés, il ne reste plus qu'à en transmettre les données à l'atelier de confection : c'est le sur-mesure au prix du prêt-à-porter. Dans l'immobilier, de plus en plus de sites proposent aux futurs acheteurs de visualiser leurs meubles dans un appartement et même d'en tester la décoration. Limitées au début à des sujets très simples, les imprimantes 3D permettent d'éditer des objets de plus en plus sophistiqués et entièrement personnalisables en fonction des goûts et des attentes de chacun.

Cette tendance du consommateur à co-créer les produits qu'il consomme se retrouve naturellement dans la plupart des services numériques. C'est le principe même des sites de recommandations, où l'internaute est invité à apporter ses propres commentaires pour enrichir le site et renforcer la pertinence des informations qu'il contient. De même, les services de géolocalisation font souvent appel aux internautes pour actualiser en temps réel les points d'intérêt figurant sur leurs cartes, comme les radars routiers ou les difficultés de circulation. Sites construits autour d'une rédaction collaborative de documents, les wikis sont devenus le symbole de cette frontière toujours plus floue entre l'utilisateur et le producteur. Sur Wikipédia, le plus célèbre des wikis fondé en 2001 par l'américain Jimmy Wales, plus de 100 000 rédacteurs contribuent chaque année à actualiser les articles existants et à en créer de nouveaux. YouTube relève de la même logique. Plus de quinze heures de vidéos inédites y sont envoyées chaque minute par des internautes promus au rang de vidéastes amateurs.

Dans les années à venir, l'évolution du web avec des interfaces toujours plus simples va pousser encore plus loin les frontières de la co-création et donner à chacun l'accès à des formes de création aujourd'hui réservées aux seuls experts de la programmation informatique. Le nouveau format de données HTML5 offre à chaque internaute la possibilité de créer lui-même sa propre application, quand bien même il n'aurait aucune connaissance informatique de base.

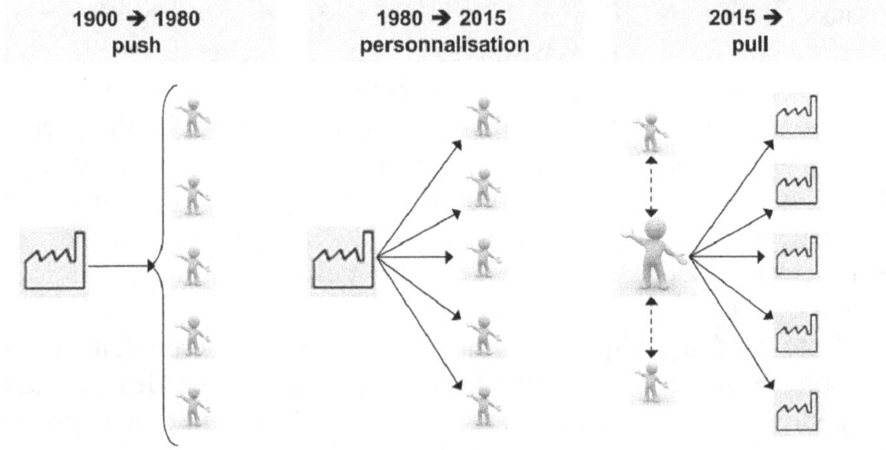

Figure 25. Les trois époques de la relation client – entreprise

Au-delà de cette tendance à la co-création, la révolution numérique modifie l'acte de consommation dans son essence. Consommer perd une partie de sa charge narcissique. Il ne s'agit plus de compenser des frustrations personnelles par l'acte de consommation, comme le remarquait Pierre Bourdieu, mais de partager avec autrui une expérience vécue. La génération Y se retrouve sur les forums d'utilisateurs pour prodiguer des conseils, transmettre des émotions et profiter de l'aide de ceux qui avant soi ont rencontré des difficultés pour faire fonctionner un produit.

Éclairé, influent et créateur, le consommateur objet s'est mué en sujet actif de l'acte de consommation. Avec le web, il a conquis de nouveaux droits, il veut être mieux informé sur les produits, exige davantage de transparence sur leur origine, leur mode de fabrication et leur contenu[207]. Chaque consommateur est désormais unique et la

[207] Le cabinet Mc Kinsey évalue le surplus de valeur apporté par internet au consommateur, différence entre la valeur que ce dernier attribue aux différents services en ligne et ce qu'il paye pour y accéder (abonnement internet, prix des services payants), à plus de neuf milliards d'euros par an, soit près de 250 € par internaute (source : Mc Kinsey, Impact d'internet sur l'économie française, mars 2011). Ces chiffres sont bien sûr très fragiles, mais ils aident à comprendre la valeur immatérielle d'internet.

notion de consommateur *moyen* a disparu. La ménagère de 50 ans chère aux marketeurs de la fin du siècle dernier s'est volatilisée, elle est remplacée par une multitude d'individus aux attentes différentes les unes des autres. Atomisée, la demande fait penser à une sorte de kaléidoscope dont les fragments s'assemblent en autant de combinaisons différentes qu'il existe de produits sur le marché. Si la révolution numérique n'est pas la seule cause de cette évolution, elle en est sans conteste le vecteur principal.

Personnaliser pour convaincre

Le rééquilibrage du pouvoir entre le consommateur et la marque ouvre la voie à de nouvelles formes de dialogue, dont seules bénéficieront les entreprises qui disposent d'une connaissance fine des usages, des attentes, voire des frustrations de leurs clients et seront ainsi à même de leur offrir des réponses toujours plus personnalisées.

L'entreprise de l'ère numérique dispose, nous l'avons vu, d'une masse considérable de données sur les comportements et les usages de ses clients. Ces données sont indispensables pour définir des profils de consommation et ainsi personnaliser les offres. L'outil Opengraph de Facebook trace tous les liens créés par un utilisateur sur le réseau social. Pour tous les *« fans »* de Pepsi Cola[208] qui recommandent à leurs amis la même série télévisée et déclarent aimer une certaine marque de vêtements, sera dressé un profil type. Pour ces clients reliés entre eux par le même cercle d'affinités, pourront être créés des styles de communication, proposées des promotions, noués des partenariats.

La géolocalisation soulève des questions autrement plus délicates, liées au respect de la vie privée. Un adage dit : « *sur internet, si on ne vous vend rien, c'est probablement que l'on vous vend vous* ». Les marques ont bien compris que le smartphone s'impose comme le moyen privilégié pour garder le contact et interagir avec des

[208] En avril 2017, Coca Cola avait 102 millions de fans sur Facebook, dont près d'un million avaient posté un commentaire personnel. Parmi les vingt pages ayant le plus de fans dans le monde, dix appartiennent à des chanteurs ou à des footballeurs. Des marques comme Disney, Converse, Red Bull dépassent les 50 millions de fans.

consommateurs toujours plus mobiles et plus connectés. De grandes chaînes de distribution proposent à leurs clients de les géolocaliser à partir de leur téléphone et dès qu'ils sont proches d'une de leurs boutiques, de leur envoyer des coupons de réduction et toutes sortes d'animations commerciales. Connaître les déplacements d'un client renseigne de façon précise sur ses habitudes, les magasins qu'il fréquente, ses horaires, voire les trajets qu'il emprunte entre les rayons. Ces informations représentent un potentiel inestimable pour les marques… à condition que les consommateurs y trouvent eux-mêmes leur intérêt et consentent à être espionnés.

Le marketing traditionnel s'inscrit dans la répétition : toujours rabâcher un message unique pour être sûr que le client se souvienne. Avec l'arrivée d'internet, les campagnes publicitaires gagnent en efficacité, car elles sont dirigées sur des cibles plus précises, mais le principe reste toujours le même : développer le « *reach* »[209] d'un site. La *phase de mutation* marque un tournant radical. Avec le web interactif, l'objectif n'est plus tant d'atteindre le maximum de consommateurs, mais d'emporter l'engagement d'un noyau dur de clients. Le client idéal non seulement consomme, mais le fait savoir, il partage ses émotions sur Twitter, recommande à ses amis sur Facebook, il devient ambassadeur de la marque et s'il sait convaincre, les internautes lui accorderont infiniment plus de crédit qu'au discours institutionnel de celle-ci. Les hashtags sont devenus un moyen efficace pour les marques de converser avec leurs fans et de promouvoir leurs produits auprès d'un large public de consommateurs[210]. En fin de compte, l'enjeu pour les marques n'est plus tant de regagner un pouvoir qu'elles ont définitivement partagé avec le consommateur, que de canaliser à leur profit ce nouveau pouvoir du consommateur. Convaincre sans jamais imposer, telle pourrait être la devise du marketing numérique.

---

[209] Le *reach* se mesure en nombre de clics vers un site rapporté au nombre de fois où l'annonce a été vue.

[210] Dans la campagne « #Shareacoke » lancée fin 2016, Coca Cola invite tous ses fans à raconter sous forme de vidéo une petite histoire où chacun peut se mettre en scène autour de la marque. Plusieurs centaines de milliers de vidéos ont été postées dans le monde entier.

Mais pour convaincre, l'entreprise doit aussi personnaliser son message.

À la différence d'une page web, la page d'une marque sur Facebook procède par affichage dynamique : son contenu s'adapte au profil de celui qui la consulte et évolue en fonction de ses attentes. Sur Amazon, le lecteur se voit proposer des livres qui correspondent à ses goûts et font écho à ses lectures passées. L'internaute reçoit directement des annonces supposées correspondre à ses besoins. Le basculement des budgets de communication vers le web illustre bien le rôle crucial du marketing numérique. Nouvel eldorado, la publicité sur mobile augmente à un rythme de 25 % par an.

Cette relation personnalisée entre l'entreprise et le consommateur ne se limite pas au produit lui-même et à la communication qui l'entoure. Le client de la génération Y construit son propre parcours, fait de multiples va-et-vient entre forums, sites, réseaux sociaux et magasins physiques. Pour la marque, la complémentarité entre la vente en ligne et celle en magasin doit se traduire par une parfaite fluidité entre ces deux canaux de distribution. Peu d'entreprises l'ont déjà compris. Les boutiques Apple, davantage lieux d'échange et de partage d'expériences que de ventes, en sont un exemple abouti. Les modes de tarification se personnalisent également. Ainsi le « *yield management* » qui consiste à moduler le prix d'un service dans le temps en fonction de l'état de la demande et de quantité d'autres critères, s'est développé avec la vente en ligne dans l'hôtellerie et le transport aérien.

Quelles leçons en tirer pour l'Europe ? Après avoir créé une vaste fenêtre sur le monde, internet renforce le lien entre le consommateur et son environnement immédiat. Connaitre le client, savoir répondre à une multitude de besoins particuliers, être à ses côtés mais de manière non intrusive, tels sont à la fois les enjeux et les opportunités créés par l'économie numérique.

Or, qui est mieux placé qu'une entreprise européenne pour connaitre le consommateur européen ? Qui peut mieux comprendre l'existence de cette foule de micromarchés qui gravitent au sein du marché global ? L'Europe possède un atout d'une valeur inestimable : ses 360 millions de consommateurs éduqués et au pouvoir d'achat élevé qui en font le plus grand marché du monde. Pour le conquérir ou le conserver, les entreprises du vieux continent doivent accélérer leur mutation numérique. Leur prise de conscience est réelle : la moitié des entreprises françaises possèdent un outil de gestion de leur relation client hébergé dans le réseau[211]… mais elle est tardive : le *big data*, clé de la connaissance fine du client, a été préempté par les géants américains du net qui exploitent massivement les données à l'insu des particuliers. La plupart de nos données personnelles sont stockées sur des serveurs américains, dont on sait désormais quel usage les agences de renseignement peuvent en faire. Pour les entreprises européennes et notamment françaises, il est urgent de réussir la transformation numérique, en n'oubliant jamais que le facteur humain devra toujours rester au centre de la relation entre une marque et ses clients.

Mais il y a une autre leçon à retenir. Avec la révolution numérique, le consommateur est plus vigilant car mieux informé. Les marchés sont plus transparents et les vieilles rentes de situation disparaissent. Le consommateur surfe entre les marques comme il surfe sur le web. L'entreprise pour conserver ses clients et pour en attirer de nouveaux, se doit d'innover en permanence afin d'offrir à ces derniers une expérience de toujours plus grande qualité.

[211] Source : étude IT Research pour le club des DSI, octobre 2013.

CHAPITRE 3

FAIRE PLUS AVEC MOINS

Des défis gigantesques

Les deux premières révolutions industrielles reposaient sur la croyance que les ressources de la planète étaient infinies. Personne ne voulait écouter les rares Cassandre qui prédisaient leur épuisement. La fête était trop belle, il ne fallait pas la gâcher. Et soudain, en l'espace de deux décennies, l'homme du XXIème siècle prend conscience d'une évidence : les modèles de croissance sur lesquels furent construites les deux premières révolutions industrielles sont condamnés à disparaître. Songeons que pour chaque point de PIB gagné, notre consommation d'énergie exprimée en tonnes équivalent pétrole, augmente d'environ deux points ! Les ressources sont limitées tandis que nos besoins ne cessent de croître : cette contradiction résume les grands défis de ce siècle.

Le premier défi, c'est bien sûr le déséquilibre entre ressources et besoins énergétiques, l'humanité a consommé en juillet les ressources naturelles que la terre est capable de renouveler en un an[212]. La Chine et l'Inde furent pendant des siècles les deux premières puissances économiques du monde, leur légitime retour à la table du festin rend cette équation d'autant plus inextricable. Le deuxième défi, c'est le déséquilibre démographique. Entre un Nord vieillissant et un Sud en expansion rapide, mais aussi entre actifs et retraités : en 2016, la France comptait 1,9 actif pour un inactif de plus de 60 ans, contre trois pour un en 1980[213]. Le troisième défi, c'est le déséquilibre entre les individus, dans l'accès au savoir, l'accès aux soins et un zonage social toujours plus marqué.

D'un côté, les héritiers du Club de Rome peinent à convaincre consommateurs attachés à leur bien-être et salariés à leur emploi, du

---

[212] Source : WWF international, rapport « Planète vivante ».

[213] Source : INSEE.

bien-fondé de la croissance zéro. De l'autre, les épigones du modèle libéral ont renoncé à nous faire croire aux miracles de la main invisible… À quel saint faut-il se vouer ? Le spectre de Malthus serait-il de retour ?

… à moins que la révolution numérique ne nous aide à surmonter ces contraintes ? En créant des usages que personne n'imaginait il y a dix ans et en les mettant à la portée de tous, la révolution numérique contribue de toute évidence à ce que l'américain Timberger appelle le « bonheur national brut ». Mais la question est ici de savoir si en entrant dans sa quatrième phase, la *phase de mutation*, la révolution numérique nous aidera à faire plus avec moins, c'est à dire à inventer des modèles de développement reposant sur un équilibre durable, capable de satisfaire les besoins légitimes des populations avec les ressources dont nous disposons. Le défi est lancé, les réponses sont encore très partielles.

Force est de constater que les technologies numériques n'ont pour l'instant pas apporté une preuve définitive de leur contribution à une croissance économe en énergie. Téléviseurs, ordinateurs, consoles de jeux, boitiers internet et autres tablettes, les équipements électroniques sont de plus en plus nombreux et leur puissance ne cesse de croître. Un téléviseur haute définition consomme quatre fois plus de courant qu'un vieux téléviseur cathodique. La consommation électrique des ménages français continue d'augmenter en raison de l'explosion des usages numériques, quand bien même les efforts d'économie sont tangibles. Côté offre, les grands acteurs du net déploient de gigantesques serveurs de données pour stocker et traiter les six millions de requêtes faites chaque minute sur Google, les deux millions de vidéos visionnées sur YouTube. Aux États-Unis, ces centres de données sont installés près de grands barrages dont ils consomment toute la production électrique. La consommation énergétique d'un avatar sur Second Life fut souvent comparée à celle d'un habitant d'une favela de Rio[214]. Ce parallèle est discutable, mais a le mérite de rappeler que l'impact direct du numérique sur les ressources de la planète n'est guère vertueux. Au total, les

214 D'après les calculs de l'essayiste américain Nicholas Carr.

technologies de l'information représentent 13,5 % de la consommation électrique française. Avec une augmentation de 10 % par an, c'est certes moins que la croissance des usages du net, mais c'est bien plus que l'évolution des capacités de production énergétique de notre pays[215]. D'autre part, l'inflation du nombre d'équipements électroniques tels qu'ordinateurs et téléphones portables, exerce une contrainte majeure sur l'exploitation de certains métaux et sur les terres rares dont l'accès constitue un enjeu stratégique[216].

Ce premier constat n'est guère réjouissant, même si l'industrie s'organise pour rendre les équipements électroniques moins voraces, les centres de données plus performants[217] et les filières de recyclage mieux organisées[218]. Et pourtant… la révolution numérique porte en elle d'immenses espoirs pour lutter contre les grands déséquilibres de la planète, à commencer par le déséquilibre énergétique. Son rôle pourrait même s'avérer déterminent dans l'atteinte des objectifs fixés par le plan climat-énergie de l'Union Européenne[219].

La perspective de réponses durables

Nous avons évoqué les changements apportés par le numérique dans les comportements des entreprises et des consommateurs. Mais c'est sans doute dans les usages collectifs que la *phase de mutation* pourrait avoir les conséquences les plus importantes. Nos sociétés industrielles ont su développer des infrastructures de qualité pour répondre aux besoins de la population et fournir le socle d'une économie moderne. Qu'il s'agisse du transport de personnes ou de

[215] Source : rapport TIC et développement durable, Ministère de l'Économie, de l'Industrie et de l'Emploi, juin 2008.

[216] On estime que les composants électroniques consomment 30 % de l'argent utilisé dans le monde et 50 % de l'antimoine. Les derniers gisements exploitables de ces deux métaux devraient avoir disparu en 2022. (source : www.encyclo-ecolo.com).

[217] En dix ans, l'efficacité énergétique des data centers a été multipliée par deux.

[218] Le recyclage des matériels électroniques constitue un enjeu majeur : en 2015, à peine 10 % des téléphones portables vendus en France étaient recyclés (source : FFT).

[219] Ce plan prévoit de réduire de 20 % les émissions de gaz à effet de serre, de 20 % la consommation d'énergie et d'atteindre 20 % d'énergies renouvelables.

marchandises, de la production ou de la consommation d'énergie, de la médecine préventive ou curative, de l'éducation ou de la formation, la numérisation ouvre la voie à d'immenses perspectives. En favorisant une exploitation plus efficace des services publics, elle promet de rendre l'économie plus compétitive ; en simplifiant les tâches du quotidien, elle offre de multiples perspectives d'amélioration du bien-être collectif ; en réduisant des consommations inutiles, elle pourrait contribuer à protéger l'environnement et économiser les ressources énergétiques.

Transport, énergie, santé, éducation, administration, partout fleurissent des initiatives locales qui préfigurent la société numérique de demain. Le *crowdsourcing* que l'on peut traduire en français par *« richesse des foules »*, illustre cet immense potentiel. Chaque individu produit quantité de données de toute nature, qu'il s'agisse de données personnelles ou de données relatives à l'environnement dans lequel il évolue. La plupart d'entre elles ne sont jamais exploitées ; considérées isolément, elles ne présentent le plus souvent guère d'intérêt. En revanche, la remontée de cette myriade de données vers de vastes centres de calcul, leur agrégation et leur croisement peuvent donner naissance à des informations d'une grande utilité. Par exemple, de nombreuses collectivités territoriales s'intéressent aux mouvements de population sur leur sol, mouvements identifiables grâce aux cellules des téléphones mobiles ou aux fonctions GPS présentes sur ces appareils. Centralisées et analysées, ces informations permettent de prévoir où et quand la population se déplace et de mieux dimensionner les services publics pour en améliorer l'accueil. Les smartphones s'enrichissent d'une batterie de capteurs aux fonctions très variées. Collecter et centraliser la multitude de données issues de ces smartphones, permet à travers des algorithmes sophistiqués, de fournir des informations précises et en temps réel sur quantité de sujets. Prévoir à partir du *crowdsourcing* le temps qu'il fera ou le trafic routier ne coûte presque rien, en comparaison des dépenses liées à l'entretien d'un réseau de stations météos ou de compteurs de trafic le long des grands axes routiers.

Une autre illustration de cette « *richesse des foules* » est la tendance émergente à faire appel directement aux talents des internautes en dehors de toute relation formelle. S'ouvre ainsi pour la collectivité un immense gisement de créativité.[220]

Une deuxième tendance en lien direct avec la richesse des foules est ce que les anglo-saxons appellent l'« *open data* ». Cette tendance bouscule le traditionnel réflexe des entreprises et des administrations à jalousement protéger toutes les informations dont elles disposent. L'open data consiste à ouvrir l'accès à leurs données à un cercle plus ou moins large de partenaires, de développeurs, voire à les mettre à la disposition du grand public. Les grands agrégateurs numériques furent les pionniers de l'open data. Grâce à des interfaces logicielles ouvertes, des applications telles que la cartographie de Google ou encore certains annuaires sont accessibles à tous les utilisateurs souhaitant venir y greffer leurs propres usages. Les pouvoirs publics ont été plus lents à comprendre les avantages que la collectivité pourrait tirer de la publication de ses bases de données. Ouvrir à des développeurs l'accès aux données de supervision du trafic des trains, des autobus ou des métros leur offre la possibilité de créer des applications pour informer en temps réel les usagers sur les durées effectives de trajet, sur les taux de remplissage de chaque moyen de transport et de recalculer à tout instant le parcours le plus rapide. Un grand nombre d'administrations, grandes villes, ministères et organismes internationaux, ouvrent désormais leurs bases de données au public[221]. Afin d'encourager ce phénomène, le Parlement britannique a voté en 2012 une loi obligeant les administrations à publier celles-ci dans un format exploitable. Aux États-Unis, le Président Obama s'est personnellement mobilisé en faveur d'une telle politique.

En rendant plus transparente l'action publique, l'*open data* confère aux citoyens un pouvoir de contrôle qui encourage en retour les efforts

[220] Ainsi, à partir du site Rentacoder.com, plusieurs centaines de milliers de particuliers réalisent du codage informatique pour des entreprises ou pour des développeurs d'applications isolés.

[221] On citera par exemple le site ParisData qui publie un volume impressionnant de données sur les déplacements urbains, l'environnement, la culture et l'économie dans la capitale. De nombreuses applications ont d'ores et déjà été créées sur la base de ces informations. Le site « Google public data explorer » donne accès à de nombreuses données publiques issues des grandes organisations internationales (OCDE, Banque Mondiale, Eurostat, ONU) et d'agences gouvernementales.

déployés pour améliorer le fonctionnement des services existants. Mais surtout, la publication de cette masse de données rend possible le développement de services qui n'existaient pas auparavant. Le croisement d'informations émanant d'organismes n'ayant jusqu'alors aucun contact entre eux fait jaillir quantité de services novateurs, avec une réelle valeur ajoutée pour leurs utilisateurs et pour la collectivité dans son ensemble. Ces nouveaux services sont plus efficaces et plus économes que les services existants, car ils reposent sur une connaissance précise des besoins et des usages de chacun.

L'explosion du volume de données collectées grâce notamment au *crowdsourcing*, conjuguée à la généralisation des pratiques d'*open data*, pourrait contribuer à faire naitre un nouveau citoyen, un nouvel usager des services publics, un nouveau consommateur ou décideur local, connaissant mieux les paramètres de son environnement et davantage soucieux de rendre son comportement plus rationnel pour éviter d'inutiles gaspillages.

Bien d'autres tendances de l'économie numérique contribuent à relever le défi du « faire plus avec moins ». La dématérialisation de l'information, dont la duplication, la transmission et le stockage deviennent presque gratuits, constitue non seulement une source d'efficacité, car elle facilite le partage des connaissances, mais aussi d'économie car elle réduit les coûts de gestion du papier.

La e-société : une nouvelle frontière

Un niveau élevé d'éducation, un système de santé performant, des transports efficaces et un développement urbain maîtrisé : autant d'atouts qui rendent l'Europe attrayante et son économie performante. Ces atouts sont fragiles, et pour certains menacés. La *e-société* constitue une immense opportunité pour rendre la collectivité plus efficace et plus rationnelle dans l'utilisation de ses ressources. Des initiatives fleurissent un peu partout. Le moment est venu de transformer ce qui ressemble encore à des expérimentations locales en modèles pour toute la société.

L'éducation partagée

À l'heure où niveau de formation rime avec performance économique, l'efficacité du système éducatif est un enjeu central pour notre société. Donner accès aux meilleures formations, disposer d'outils pédagogiques adaptés au parcours individuel de chacun, réduire les inégalités devant l'école, s'adapter aux attentes d'un public dont les schémas d'apprentissage ont eux-mêmes évolué avec internet, répondre aux besoins de formation tout au long de la vie professionnelle, les défis sont immenses pour des gouvernements tenus de maîtriser une dépense publique dont l'éducation est l'un des plus gros postes budgétaires et les enseignants le plus gros bataillon[222].

Le numérique ouvre de nombreuses perspectives pour répondre à ces enjeux. De nouveaux outils enrichissent le travail pédagogique des enseignants et leur relation avec les élèves. Avec les espaces numériques de travail, l'ensemble des outils pédagogiques sont partagés au sein d'une communauté scolaire ou universitaire et le travail devient plus collaboratif. Les manuels numériques, en s'enrichissant de contenus multimédias, en s'ouvrant sur des forums de débats, deviennent interactifs. Leur mise à jour est permanente. Les tableaux numériques permettent à l'enseignant d'interagir avec quantité de contenus, de rendre son cours plus vivant et par exemple, de faire intervenir un professeur distant ou un expert au milieu de son cours. Dans l'enseignement supérieur, les MOOC[223], cours en ligne ouverts à un grand nombre de participants, rassemblent autour d'une université virtuelle des milliers d'étudiants géographiquement distants. Promus par la plupart des grands réseaux universitaires européens, leurs perspectives sont immenses, allant du soutien des élèves en difficulté jusqu'à l'accès à des enseignants renommés pour les étudiants des universités moins favorisées.

Utilisés avec discernement, les outils numériques rendent le cours plus attrayant et l'élève plus attentif. Ce dernier mémorise mieux les contenus et ses capacités d'analyse s'en trouvent stimulées. Ces outils

---

222 L'éducation représente 12,9 % de l'ensemble des dépenses publiques dans les pays de l'OCDE et 11 % en France (source : OCDE). L'enseignement scolaire pèse en France pour 21 % des dépenses de l'État, 29 % si on ajoute l'enseignement supérieur et la recherche. Il emploie 49 % des fonctionnaires de l'État.

223 Massive Open On line Course.

permettent également de mieux impliquer les parents, de faire évoluer les méthodes de contrôle et bien sûr de mieux préparer les enfants au monde numérique qui les attend. Cantonnée au début dans des expériences locales, l'e-éducation éveille enfin l'intérêt des décideurs publics, désormais convaincus de son rôle en faveur d'un meilleur partage du savoir. Il est temps pour les partenaires publics et privés européens de coordonner leurs initiatives, car déjà les géants américains du net tentent de préempter ce domaine en numérisant massivement les contenus et en agrégeant les cours des universités[224]. Car s'il est encore difficile d'en prédire l'impact global, l'e-éducation contribuera de façon déterminante à améliorer l'efficacité de notre système éducatif.

La santé supervisée

L'explosion des dépenses de santé est un autre défi majeur pour tous les pays européens. Poussé par le vieillissement de la population, l'accroissement de la demande de soins est général. La part des plus de soixante-cinq ans dépassera en France 31 % en 2050, contre 17 % en 2012[225]. Le doublement du nombre des plus de 80 ans dans les vingt ans à venir aura pour corollaire une forte augmentation des problèmes de dépendance. Mais l'âge n'est pas l'unique facteur d'augmentation de la demande de soins. Si les grandes pandémies sont pour l'essentiel maîtrisées, les maladies chroniques liées au mode de vie ne cessent de progresser. Partout en Europe, le nombre d'accidents cardio-vasculaires, mais aussi de malades du diabète est en forte augmentation, sans oublier la médecine « de confort » et la course effrénée aux soins du corps. Si les dépenses de santé ne représentent « que » 11 % du PIB en France contre 18 % aux États-Unis, leur augmentation excède 4 % par an partout en Europe[226].

---

224 Voir en particulier les initiatives de Google Books et l'agrégateur de cours iTunes U d'Apple.

225 Source : INSEE.

226 Source : OCDE, évolution des dépenses de santé entre 1997 et 2010 dans les pays de l'OCDE.

Si la révolution numérique n'est bien sûr pas la seule réponse aux enjeux de santé publique, elle est porteuse d'une relation nouvelle entre le patient et le personnel de santé et pourrait contribuer à réduire la confrontation entre une demande qui semble sans bornes et une offre toujours plus contrainte par la rigueur budgétaire et la pénurie de médecins.

Les années 80 virent naitre les premiers traitements par télédiagnostic et les premières opérations chirurgicales à distance. Avec la révolution numérique, ce qui n'était qu'expériences isolées est désormais réalisable à grande échelle. L'arrivée du haut débit dans tous les foyers, la démocratisation des terminaux connectés, mais aussi la dématérialisation des données médicales ont ouvert la voie à des solutions innovantes, à la fois plus efficaces et moins coûteuses que les pratiques existantes.

Dans le domaine de la prévention tout d'abord, internet sensibilise la population aux règles d'hygiène de vie et alerte sur les comportements à risque[227]. Le croisement d'une multitude de données émanant des pharmaciens et des médecins permet aux observatoires de santé d'établir en temps réel la cartographie précise des épidémies et de déclencher plus vite les mesures de prévention appropriées. Les individus à risque sont également mieux cernés grâce au recoupement de toutes les informations pertinentes relevées sur des cas similaires.

Mais c'est probablement dans le suivi des maladies chroniques que l'e-santé offre les perspectives les plus prometteuses. Grâce à leurs capteurs de plus en plus performants, certains smartphones sont capables de photographier avec précision la rétine d'un œil ou bien de prendre la tension artérielle d'un patient. La transmission par internet de données comme le taux de glucose ou de cholestérol d'un patient ouvrent la voie à son suivi à distance sans intervention du médecin à domicile. Ce dernier centralise l'historique du malade, il est alerté lorsqu'une anomalie surgit. En France, le projet Diabeo, qui consiste à indiquer sur le smartphone d'un diabétique la dose d'insuline qu'il doit s'injecter lors de chaque prise, devrait conduire l'assurance

---

227 Avec plus de 86 millions de visiteurs mensuels en 2011, WebMD est un site extrêmement populaire aux États-Unis. Il informe sur les symptômes des maladies, renseigne sur les médicaments et donne accès à des blogs sur lesquels des praticiens prodiguent leurs conseils.

maladie à réaliser de substantielles économies[228]. Si la téléconsultation et la télésurveillance médicale des patients ne remplaceront jamais totalement le contact physique entre le médecin et ses malades, ces pratiques peuvent en réduire significativement la fréquence tout en assurant des traitements individuels adaptés. Et partout où des solutions de e-santé ont été expérimentées, elles s'accompagnent d'une meilleure efficacité, de gains de temps et d'économies dans le traitement des maladies chroniques[229].

La numérisation de l'ensemble du dossier médical ouvre des perspectives tout aussi importantes. Le regroupement sur un serveur sécurisé de toutes les données médicales retraçant la vie d'un patient, ses radios, ses résultats d'analyses, les médicaments prescrits et autres rapports médicaux, permettra à n'importe quel professionnel de santé habilité de connaître à tout moment l'historique d'une maladie et ses antécédents, d'établir des comparaisons avec d'autres malades, de demander, en cas de doute, l'avis d'un expert distant et bien sûr d'éviter de prescrire des actes médicaux inutiles.

Enfin, la e-santé constitue une réponse à l'accroissement du phénomène de dépendance. La télésurveillance accompagnera de plus en plus le maintien à domicile des personnes âgées et de celles souffrant de handicaps. Réseaux sociaux et visiophonie compléteront l'encadrement médico-social de malades souvent en proie à la solitude.

Accès direct aux soins, limitation des interventions physiques, meilleure collaboration entre hôpitaux, au total le numérique ouvre la voie à d'importantes réductions de coûts pour une plus grande efficacité de notre système de santé.

---

[228] Le patient diabétique saisit sur son téléphone le profil de chaque repas et son taux de glycémie. Diabéo lui communique la dose d'insuline, en intégrant la prescription du médecin. Les dépenses liées au diabète représentent en France 9 % des dépenses de l'assurance maladie.

[229] Une étude mondiale publiée par le New England Journal of Medecine estime que la télésurveillance des malades souffrant d'insuffisance cardiaque réduirait leur mortalité de 33 % et limiterait de 68 % le volume d'hospitalisations. La même étude souligne que l'aide aux soins à domicile réduirait de 10 % le nombre d'admissions à l'hôpital.

La ville maîtrisée

L'urbanisation exerce une pression majeure sur les ressources de la planète, sa maîtrise constitue un enjeu essentiel. Si les mégalopoles du tiers monde cumulent les handicaps liés à l'explosion démographique, au manque d'infrastructures et à l'extrême pollution de l'air et des eaux, les villes des pays développés nous lancent aussi d'immenses défis. En France, l'urbanisation rampante absorbe tous les dix ans un territoire de la taille du département du Loiret. Chaque jour, les difficultés de transport se traduisent pour les Franciliens par la perte d'un temps équivalent au temps de travail total des habitants de l'agglomération lyonnaise… Mieux maîtriser le développement urbain est devenu une urgence.

La politique de la ville est rarement pensée dans sa globalité car elle implique une multitude d'acteurs animés par des logiques différentes. Chaque service public possède son propre système de gestion, ignorant le plus souvent ce qui se passe à côté de lui. Or voici que les barrières se mettent à tomber. Grâce au web, des équipements jusqu'alors reliés entre eux par des réseaux dédiés, chers et compliqués, se mettent à communiquer avec quantité d'autres équipements. Le coût de chaque capteur a considérablement baissé car internet est partout et pour le connecter, une simple carte SIM suffit. Avec le *big data* et l'*open data*, les systèmes d'exploitation des différents réseaux urbains se rapprochent et se mettent à communiquer entre eux. Ainsi, les réseaux de distribution d'eau, d'électricité et de gaz, les parcmètres et même les bennes à ordures deviennent « intelligents », leurs données sont analysées en temps réel pour en extraire des informations pertinentes. Ces évolutions ouvrent la voie à une véritable coordination entre services publics, voire à la mutualisation de certaines ressources, avec à la clé d'importants gisements d'économies pour la collectivité et la garantie d'une meilleure efficacité pour les usagers. Les villes européennes se mettent à l'heure du numérique, regardons quelques exemples de plus près.

L'énergie est l'un des domaines où le potentiel d'économies est le plus important. Les particuliers n'ont qu'une vague idée de ce qu'ils consomment et encore moins des activités qui obèrent le plus leur facture. En centralisant toutes les données de consommation électrique des foyers, les compteurs connectés permettent de restituer à chaque usager quantité d'informations sur son historique de consommation, de lui signaler les équipements les plus énergivores, d'établir des comparaisons avec les foyers similaires et bien sûr de l'alerter sur une consommation excessive. Au-delà de ce premier objectif de sensibilisation, les compteurs connectés promettent également de réduire les pics de consommation, très coûteux car ils obligent à mettre en service les centrales les plus anciennes et donc les moins efficaces. Avec l'accord de l'usager, certains équipements sont automatiquement et temporairement mis en sommeil en cas de surconsommation globale et l'économie réalisée lui est en partie restituée. La directive énergie prévoit la généralisation de ces compteurs intelligents, avec l'objectif ambitieux d'avoir équipé 80 % du parc européen en 2020 [230]. Cent millions de compteurs fonctionnaient déjà en Europe en 2016.

La montée en puissance des énergies renouvelables pose l'épineuse question de l'intégration dans le réseau électrique de différentes sources d'énergie dont on sait que chacune obéit à des cycles de production différents. Le projet EcoGrid financé par l'Union Européenne recommande de moduler la tarification électrique tout au long de la journée en fonction des capacités réellement utilisées[231] et d'informer les consommateurs par internet de ces variations tarifaires. Connaissant à quel moment il est plus avantageux de consommer, ceux-ci seront incités à adapter leurs usages [232]. Le producteur

---

[230] IBM, en partenariat avec les acteurs locaux, a déployé 250 000 compteurs « intelligents » à Malte avec une tarification flexible, variant en fonction de la disponibilité des ressources en eau et en électricité de l'île.

[231] L'idée de tarifer l'électricité à son coût marginal est ancienne : on se souvient des propositions de Marcel Boiteux dans les années cinquante, bien avant qu'il devienne Président d'EDF. Avec les réseaux intelligents, devient possible une tarification au coût marginal réellement constaté, beaucoup plus précise que l'actuel système des heures pleines et des heures creuses.

[232] Le projet EcoGrid a été lancé en 2012 sur une île danoise auprès de 2000 foyers. Une rapide extension est prévue en cas de succès.

d'électricité partage ainsi avec le consommateur les économies qu'il réalise en évitant l'ouverture de centrales supplémentaires.

Bien d'autres initiatives ont déjà vu le jour. En Scandinavie, plusieurs villes ont fait le choix de moduler l'intensité de l'éclairage public en fonction de la densité du trafic automobile. La gestion de l'eau fournit un autre exemple de réseaux rendus « intelligents » grâce à l'apport des technologies numériques. Dans la plupart des grandes villes, les réseaux hydrauliques sont anciens et peu performants, avec des déperditions massives[233]. Placés le long des canalisations, des capteurs connectés fournissent aux sociétés gestionnaires des informations en temps réel sur l'état des réseaux, leur permettent de localiser sur le champ les nouvelles fuites et d'accélérer les travaux de réparation.

L'engorgement du trafic automobile est le premier facteur d'inefficacité du milieu urbain, son coût est énorme pour la collectivité. En centralisant les données de trafic issues de la localisation des automobilistes par smartphone et par GPS et en les croisant avec d'autres informations comme les passages aux péages ou la billetterie des transports urbains, on peut construire une véritable « météo » des transports et informer sur l'état prévisionnel des routes, des trains ou des métros pour les heures à venir. Ces informations rendent les sociétés de transport capables de gérer le trafic de façon plus dynamique et d'ajuster les horaires de passage des métros ou des autobus en fonction de leur fréquentation réelle. Informés eux aussi en temps réel sur les conditions d'interconnexion entre réseaux, les voyageurs optimisent mieux l'ensemble de leur trajet. Bientôt, le covoiturage ne se limitera plus aux longues distances et verra ses adeptes augmenter pour les déplacements de proximité, grâce à une connaissance précise des déplacements quotidiens des internautes intéressés et à leur identification sécurisée à partir de la carte SIM de leur smartphone. En rendant possible une véritable gestion multimodale des déplacements dans la ville, là encore, le numérique décloisonne les usages.

---

233 Près de 35 % de l'eau potable fournie dans le monde fait l'objet de fuites et de détournements (source : Forum économique mondial).

Le problème des transports doit aussi être traité à la source en inversant la courbe d'évolution du nombre de déplacements urbains. Nous avons vu que le télétravail, rendu plus facile avec la dématérialisation dans le « *cloud* » de l'espace de travail, est porteur d'économies importantes pour la collectivité.

Qu'il s'agisse de réduire le nombre de tournées dans la collecte des déchets, de gérer la disponibilité d'un parc de véhicules électriques, ou de restituer des informations variées sur tous les écrans[234], les réseaux intelligents laissent présager quantité d'améliorations nouvelles dans la gestion de la cité. Les perspectives sont immenses car la ville intelligente offrira demain à chacun la possibilité de mieux maîtriser sa consommation et de réduire son empreinte environnementale. Mais pour devenir réalité, la ville numérique doit encore convaincre de nombreux acteurs. Entre collectivités, gestionnaires de réseaux, associations de citoyens et bien sûr acteurs des TIC, intérêts et motivations sont souvent différents et les gains attendus sont rarement immédiats. Il faut d'abord investir, puis attendre que les usagers modifient leurs comportements. Ceci explique une certaine lenteur dans la diffusion des initiatives existantes.

Pourtant le virage est pris, partout fleurissent des projets prometteurs. Mais si l'Europe n'est pas en retard, elle n'est pas en avance non plus. De nombreux projets de « *smart cities* » sortent de terre dans le monde entier, des villes comme Masdar City à Abu Dhabi sont entièrement conçues autour du concept de la ville intelligente. Soyons certains que la réussite de ces nouveaux modèles finira par convaincre ceux qui peinent encore à comprendre les avantages de la ville numérique.

---

[234] Plusieurs villes permettent aux habitants de visualiser en temps réel sur une carte l'impact de l'activité de chaque quartier sur l'environnement, qu'il s'agisse de la production de déchets ou encore des émissions de CO2. Citons le projet TechConnect à San Francisco, associant Google, Microsoft et de nombreux acteurs publics et privés ou le projet Urban EcoMap à Amsterdam, développé en partenariat avec Cisco.

L'administration modernisée

L'administration n'est pas en reste. La généralisation des portails interministériels a déjà permis de simplifier la plupart des démarches de la vie quotidienne et d'alléger le travail des services d'accueil, une occasion pour les fonctionnaires de se recentrer sur leurs missions au contact direct du public. Les policiers britanniques ne rédigent plus leurs rapports et procès-verbaux dans les commissariats, ils sont presque tout le temps sur le terrain. Dotés de tablettes tactiles, ils saisissent les informations utiles au fil de l'eau et les envoient aux centres de gestion de la police pour un traitement en temps réel.

Autre enjeu important, la sécurité des données exige que les documents administratifs soient protégés par des techniques de codage sans faille. La certification des documents, l'authentification de leurs destinataires et leur stockage dans des « coffres-forts » numériques ultrasécurisés devraient permettre de rendre les procédures administratives plus rapides, plus fiables et moins coûteuses[235]. Avec les progrès de la biométrie, il devient possible d'authentifier une personne à partir d'éléments biologiques ou physiologiques et ainsi de rendre inviolables les signatures électroniques et les documents d'identité. Le passeport biométrique en est une illustration bien connue. L'Inde s'est lancée dans un ambitieux programme visant à enregistrer les empreintes digitales et l'iris des yeux de toute la population… La « plus grande démocratie du monde » sera bientôt en mesure de connaitre l'identité de ses 1,3 milliard de citoyens.

La fraude fiscale est une source majeure d'inefficacité économique. En France, pays pourtant noté comme un bon élève, le manque à gagner pour le Trésor Public représente chaque année la moitié du déficit public[236]. La numérisation de tous les systèmes de règlements,

---

[235] Le traitement d'un remboursement par Carte Vitale coûte 0,30 €, contre 1,70 € par voie postale. La Cour des Comptes évalue l'économie globale ainsi réalisée à 1,5 milliards d'euros par an.

[236] D'après le Conseil des prélèvements obligatoires, la fraude fiscale s'élèverait entre 1,7 et 2,3 % du PIB.

à défaut de la supprimer, pourrait réduire la fraude dans des proportions considérables.

L'*e-administration*, c'est enfin une chance inédite de faire participer les citoyens aux décisions de la cité, plus seulement à travers un bulletin de vote jeté de temps en temps dans une urne, mais en dotant chaque personne d'outils de décision actionnables dans sa vie quotidienne, avec à la clé un immense espoir : rendre les citoyens plus responsables et faire en sorte qu'amélioration du bien-être individuel se conjugue enfin avec respect des ressources de notre planète.

Partout, l'*e-administration* s'attaque au traditionnel cloisonnement des services publics en ouvrant et en mutualisant leurs systèmes d'information. Elle constitue pour les collectivités un gisement important de productivité et pour les citoyens un gage de plus grande efficacité. Les pays d'Europe du Nord sont très avancés sur cette voie. La France malgré d'indéniables progrès, doit encore combler ses retards[237].

[237] Singapour, la Finlande, les États-Unis, la Corée et le Royaume-Uni occupent la tête du classement en matière d'e-administration. La France n'apparait qu'au vingtième rang (source : Waseda University e-government ranking 2013, classement annuel réalisé pour le compte de l'ONU et de l'OCDE).

CHAPITRE 4

UN GISEMENT DE CROISSANCE SOUS EXPLOITÉ

Les États-Unis dominent la production mondiale des contenus numériques payants, des services internet et des logiciels, le Japon celle des composants électroniques à forte valeur ajoutée, la Corée, Taïwan et la Chine celle de l'électronique grand public. Le retard de l'Europe pénalise doublement sa croissance, d'abord parce que la contribution directe à l'économie du secteur des TIC y est moindre, mais surtout parce que la contribution du numérique à l'ensemble des gains de productivité y est plus faible que dans ces pays.

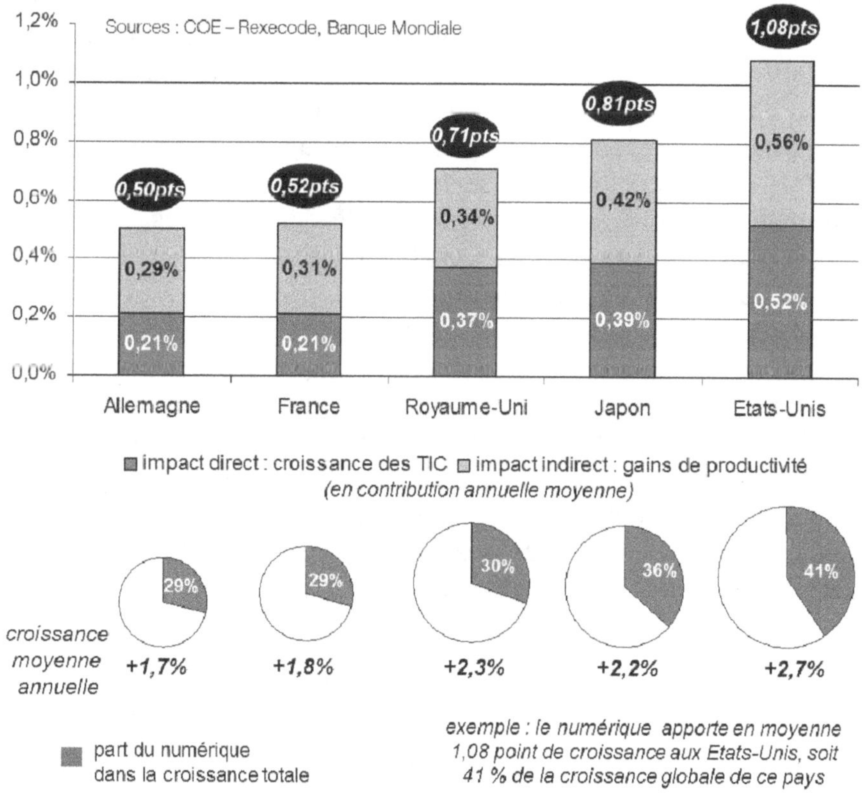

Figure 26. Contribution des TIC à la croissance (1980 – 2015)

Ainsi, sur les trente dernières années la contribution du numérique à la croissance a été deux fois moins élevée dans la plupart des pays européens qu'aux États-Unis. Le potentiel de rattrapage est énorme.

Emplois créés, emplois détruits, quel bilan dresser ?

L'emploi direct dans les TIC représente environ 3 % des emplois salariés en France[238]. Les entreprises dont le *« nouveau soleil »* constitue le métier principal emploient près de 700 000 personnes, dont une petite moitié, soit 300 000 emplois dans le seul secteur des télécoms. Ces derniers sont peu délocalisables, car ils sont liés à des infrastructures réparties sur tout le territoire et travaillent au contact physique des clients, même si certains centres d'appels sont transférés dans des pays à faible coût salarial. Au sein de la *couche* télécoms, il convient de distinguer les opérateurs proprement dits qui emploient 128 000 personnes[239], d'une quantité d'acteurs qui gravitent autour d'eux, opérateurs virtuels, sous-traitants qui entretiennent le réseau ou gèrent des centres d'appels, installateurs à domicile. Le reste des emplois du secteur des TIC se répartit entre la *couche* des services informatiques pour les deux tiers et celle des matériels pour le tiers restant. Les comparaisons de l'OCDE placent la France à un niveau semblable à celui des principaux pays européens et des États-Unis en ce qui concerne le poids des TIC dans l'emploi total.

Trois pour cent, c'est finalement peu pour un secteur dont nous avons vu qu'il a fait basculer toute l'économie dans une nouvelle révolution industrielle… Souvenons-nous qu'en 1860, les mines de charbon et la sidérurgie, moteurs de la première révolution industrielle, employaient un tiers des ouvriers anglais. Cette part relativement modeste de l'emploi dans les TIC en Europe est d'autant plus surprenante qu'elle n'augmente pas. Les grands fabricants de

---

[238] Source : INSEE, tableaux de l'économie française, édition 2016. Le poids des TIC représente 4,3 % si on le rapporte aux emplois salariés du seul secteur marchand.

[239] Source : Fédération Française des Télécommunications (FFT), décembre 2016. Avec près de 90 000 emplois en France, Orange est de loin le plus gros employeur des TIC.

matériels ont beaucoup délocalisé dans les pays émergents et principalement en Chine, les sociétés de services informatiques se recentrent sur leur cœur de métier, tandis que les télécoms réduisent leur masse salariale en mutualisant leurs réseaux et en privilégiant l'assistance digitale par rapport à la relation physique, dans un contexte de concurrence exacerbée.

Cette vision de l'emploi directement créé par les TIC est cependant incomplète, car elle ne reflète pas toute la dynamique de l'économie numérique sur l'emploi.

Tout d'abord, ces chiffres ne tiennent pas compte de tous les emplois créés ces dernières années au cœur même du *nouveau soleil*. Les grands agrégateurs numériques sont pour la plupart américains. Leur poids direct sur l'emploi en Europe est faible : songeons que les cinq acteurs internet dont l'audience est la plus forte n'emploient que 5000 personnes en France[240]. En revanche, ces géants du net et en particulier les « *big four* » sont à l'origine d'une myriade de petites entreprises, qui tels des poissons pilotes, naviguent autour des plateformes de Google, Facebook, Apple ou Amazon et les enrichissent de nouveaux services. Un exemple parmi mille : Adictiz, une start-up du Nord de la France. En 2009, Adictiz lance sur Facebook le jeu « Paf le chien ». Ce jeu devient vite un succès planétaire, avec jusqu'à 50 000 connexions simultanées. Aujourd'hui, la société compte quarante salariés et est en pleine expansion. Développeurs d'applications mobiles, créateurs de jeux communautaires, des centaines d'autres sociétés connaissent le même succès. À lui seul, Facebook aurait indirectement généré la création de 27 000 emplois en France[241]. Il est difficile de se faire une idée précise du poids global de toutes ces entreprises car certaines n'emploient qu'une ou deux personnes. On estime néanmoins que rien qu'en France, elles font travailler 150 000 personnes et ces effectifs augmentent de 15 à 20 % par an, à l'image de la croissance du *« cœur internet »*.

[240] Source : FFT, ibidem.

[241] Source : Deloitte, 2015, 27 000 emplois dans le secteur des applications mobiles (220 000 en Europe), auxquels s'ajoutent les emplois indirectement créés par l'impact marketing de Facebook.

Ensuite, il convient d'ajouter aux emplois directs du secteur des TIC et de son *« cœur internet »*, tous les emplois liés à internet et aux technologies de l'information dans les entreprises des autres secteurs. Ces activités sont très variées, elles relèvent de métiers aux confluents de l'informatique, du marketing, des arts graphiques, voire du journalisme qui n'existaient pas il y a quinze ans à peine. Pour faire vivre leurs marques sur internet et personnaliser leurs offres, les entreprises recrutent des spécialistes du marketing en ligne. Pour développer la visibilité des pages d'entreprises et générer des commentaires positifs, les manageurs de communautés animent des réseaux de « *fans* » sur Facebook. Les webmasters actualisent le contenu des sites, les graphistes multimédia en conçoivent le design, tandis que les spécialistes des outils de la relation client en définissent les cibles.

On évalue l'ensemble des emplois sur ces nouveaux métiers à environ 350 000[242], si bien qu'au total, les emplois en lien direct avec l'économie numérique concernent 1,2 million de personnes, soit 4,8 % de l'emploi salarié en France.

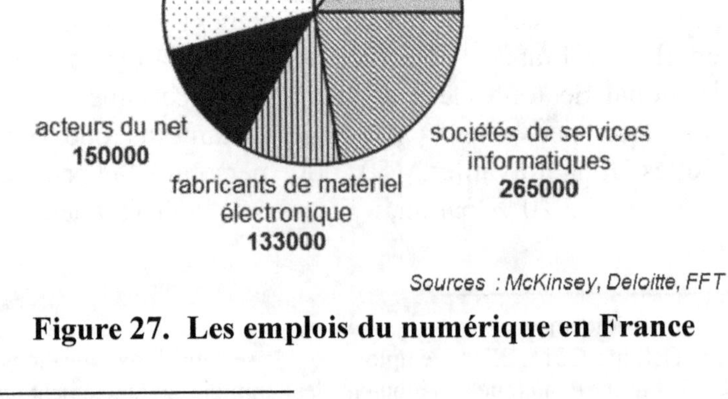

Figure 27. Les emplois du numérique en France

242 Source : Mc Kinsey 2014, « Accélérer la mutation numérique des entreprises ».

En réalité, il convient de regarder bien au-delà de ces chiffres pour saisir l'impact global du numérique sur le chômage et sur l'emploi. Car à ces créations directes d'emplois, s'ajoute un phénomène complexe de destruction créatrice. Par un mouvement de vases communicants, des emplois disparaissent dans certaines activités et d'autres apparaissent ailleurs. Une étude récente de l'OCDE[243] estime que dans les années à venir, entre 30 et 40 % des emplois feront face à une réorganisation en profondeur ou même changeront de nature en raison du numérique.

Ainsi, en attirant à lui 8 % des ventes de détail[244], le commerce en ligne a donné naissance à de grosses sociétés de logistique spécialisées dans le conditionnement, le transport et la livraison des marchandises achetées sur internet. Ces emplois sans le web n'auraient jamais existé. De plus, le repérage sur internet de produits achetés ensuite en boutique draine de nouveaux clients vers le commerce de détail[245]. Mais pour évaluer l'impact global du e-commerce sur l'emploi, il convient également de prendre en compte le déclin de certains secteurs de la distribution physique, à commencer par les librairies ou les disquaires. Au total, le commerce en ligne représente incontestablement une source d'efficacité et de compétitivité, mais son impact sur l'emploi doit être nuancé. Autre exemple de destruction créatrice, le courrier électronique qui partout favorise la productivité, mais est aussi responsable d'une baisse de 3 % par an du nombre de lettres acheminées par la poste et d'une baisse de ses effectifs de 70 000 en treize ans[246].

Ici encore, comparer la révolution numérique avec les deux révolutions précédentes est riche d'enseignements. Si les canuts de Lyon redoutaient avec raison que l'arrivée du métier à tisser Jacquard

---

243 Rapport « Automatisation et travail indépendant dans une économie numérique » (OCDE, mai 2016).

244 Deux français sur trois achètent régulièrement en ligne et réalisent en moyenne vingt-trois achats par an (source : FEVAD, 2017).

245 Le cabinet Mc Kinsey évalue à 300 000 ces emplois indirects auxquels s'ajoutent 150 000 emplois induits dans la distribution physique (in « Impact d'internet sur l'économie française », mars 2011).

246 La Poste comptait 224 000 emplois fin 2015, contre 293 000 équivalents temps plein en 2002 (source : Sénat, rapport sur la situation de la Poste).

ne détruise leur emploi, la production textile de masse et plus tard le prêt à porter leur ont finalement donné tort en créant bien plus d'emplois que n'en furent détruits à l'époque des révoltes de la Croix Rousse[247]. Car toutes les études soulignent l'impact très positif de l'économie numérique sur l'emploi : même dans un contexte de chômage élevé, pour deux emplois perdus, le numérique en créerait cinq[248]. Internet serait même à l'origine d'un quart des créations nettes d'emplois en France au cours des quinze dernières années[249].

Ces chiffres sont sans doute discutables. Ils prennent imparfaitement en compte les destructions d'emplois dans les secteurs traditionnels dont l'évaluation est malaisée. Ils oublient surtout que l'influence du numérique dépasse largement son poids direct dans l'économie. En contribuant largement aux gains de productivité des entreprises, le numérique supprime indirectement des emplois. En faisant pression sur les prix et en rendant industrie et services plus efficaces, il redonne du pouvoir d'achat aux consommateurs et alimente indirectement la demande.

Si un inventaire précis des créations et destructions d'emplois induits par cette *phase de mutation* de la révolution numérique s'avère complexe, retenons toutefois une idée simple : les pays où l'économie numérique est la plus développée sont tous plus compétitifs et leur taux de chômage est en général bien plus faible qu'ailleurs.

Le premier moteur de la croissance

À l'échelle mondiale, les TIC et leur cœur internet connaissent une croissance d'environ 4,5 % par an[250]. Pris isolément, le seul *cœur* internet se développe au rythme de 15 % par an : en d'autres termes, sa valeur double tous les cinq ans ! C'est beaucoup. C'est pourtant bien moins que la croissance des usages, qui augmentent infiniment plus vite que la valeur en euros des TIC, car rappelons que

---

247 Voir l'analyse de Joseph Schumpeter in « Capitalisme, socialisme et démocratie » (1942).

248 Source : Le défi numérique européen, Commission européenne, octobre 2013.

249 Source : Mc Kinsey, ibidem.

250 Source : Idate, DigiWorld.

l'innovation et les nouvelles lois du numérique se traduisent par une baisse rapide du prix du gigaoctet transporté et de la puissance de calcul des processeurs.

Une fois de plus, l'histoire économique nous fournit des clés pour comprendre le présent. Lors de la première révolution industrielle, l'économie mondiale progressait à un rythme moyen de 1,5 % par an, rompant avec la stagnation des siècles précédents. La révolution de l'électricité et du pétrole marque une accélération, avec une croissance moyenne de 3 %. Sur les dix dernières années, la croissance mondiale atteint 4 %... la révolution numérique, si elle n'explique pas tout, n'est pas étrangère à cette dernière accélération[251].

Chaque grande vague d'innovations repousse plus haut le niveau de production maximum que permettrait une pleine utilisation de la force de travail disponible et rejette plus loin le spectre des rendements décroissants. La révolution numérique n'échappe pas à cette règle. Mais comme nous l'avons vu, elle possède aussi ses propres lois de production. Avec elles, le volume de données produites et stockées dans le monde, véritable carburant de la révolution numérique, explose chaque année. Et comme le coût marginal de leur utilisation est faible, la contribution de la révolution numérique à la *croissance potentielle*, c'est-à-dire au taux de croissance qui correspondrait à une pleine utilisation du travail et du capital, est très importante. N'oublions pas également que l'économie numérique abolit la frontière entre le local et le global et contribue à rapprocher les lieux de production à bas coûts des lieux de consommation à hauts revenus. Et si elle n'est pas la cause unique du formidable essor de la Chine et des économies émergentes, elle en est le catalyseur.

Qu'en est-il de l'Europe ?... Premier paradoxe qui n'est pas le moindre, la croissance des TIC, même lorsqu'on y intègre le cœur

---

[251] Tout d'abord, la croissance annuelle de 4,5 % du secteur des TIC représente 0,3 points de croissance mondiale, les TIC pesant pour 6,4 % du PIB mondial. D'autre part, 40% des 1,5 points de gains annuels de la productivité mondiale proviennent du numérique, ce qui apporte 0,6 points de croissance supplémentaire. Au total, la contribution du numérique à la croissance mondiale peut être estimée à près d'un point par an.

internet, est voisine de zéro en Europe. C'est très peu pour un secteur dont nous avons vu qu'il est le moteur de la troisième révolution industrielle… Et si la comparaison avec la croissance mondiale n'est guère pertinente en raison du formidable rattrapage des pays émergents en termes d'équipement internet et de téléphonie mobile, le décrochage avec la croissance américaine des TIC n'en est pas moins réel [252]: aux États-Unis, les TIC et leur cœur internet ont connu sur la période 2010-2014 une croissance moyenne de l'ordre de 8 % par an, contre 0 % en Europe.

Une première explication de ce paradoxe réside dans l'évolution du pouvoir d'achat des TIC. Les Français consacrent 6,9 % de leurs dépenses au secteur numérique[253], un poids resté stable au cours de ces dernières années. Car si les ventes de matériels électroniques augmentent sensiblement avec la démocratisation des ordinateurs et l'arrivée de nouveaux appareils dans les foyers, les dépenses télécoms connaissent depuis cinq ans une baisse annuelle de l'ordre de 7 %. À usage constant la facture mobile des Français a même baissé de 40 % en cinq ans. La cause : la concurrence acharnée que se livrent les opérateurs. C'est une bénédiction pour le consommateur, songeons qu'un ménage français ne consacre que 2,5 % de son budget aux télécoms, fixe, internet et mobile réunis… Il dépense davantage en fruits et légumes[254]. C'est un tout autre problème pour les opérateurs, obligés de trouver les ressources nécessaires pour investir dans les réseaux du futur.

La deuxième cause de cette stagnation nous est fournie par le *« cœur internet »* lui-même. Sur le web où prédominent des modèles d'audience, la plupart des usages sont gratuits. Quant aux revenus d'audience, l'essentiel en revient aux géants du net. Mais consolidés ailleurs, ces revenus ne contribuent guère à la croissance européenne. Ce constat doit bien sûr être nuancé par le réel dynamisme des acteurs

---

[252] Source : Arthur D Little, 2015.

[253] Dont 4,1 % pour l'achat d'équipements électroniques et 2,8 % pour les télécom et services multimédia associés. Les services internet, essentiellement gratuits pour le consommateur, ont un poids marginal dans la consommation des ménages (source : INSEE).

[254] Source : Fédération Française des Télécommunications.

européens du net et la présence d'un vivier important de start-up du web. Mais leur poids global est encore insuffisant pour peser significativement sur la croissance globale des TIC en Europe.

Enfin, n'oublions pas que la croissance d'une activité ne se réduit pas à la consommation des ménages, il faut également tenir compte de l'investissement des entreprises et du solde extérieur. C'est ici que réside la troisième explication de notre paradoxe : un pays comme la France importe deux fois plus de matériel informatique qu'il n'en exporte[255]. Ce déséquilibre est encore plus criant si l'on s'en tient aux seuls équipements grand public

Mais il ne s'agit là que de l'impact direct du secteur des TIC. Mesurer la contribution globale du numérique à la croissance est un exercice autrement plus périlleux. Comptablement, la disparition de nombreux services traditionnels a un impact négatif sur le PIB. Par exemple, le métier de voyagiste a presque disparu au profit de la réservation en ligne. L'impact direct sur la croissance est négatif alors que les consommateurs sont satisfaits d'un service plus efficace et moins cher. A contrario, lorsqu'un internaute partage gratuitement ses propres contenus, la décorrélation entre la valeur marchande du monde de l'internet et sa valeur réelle pour les utilisateurs du web s'amplifie. La notion de « *bonheur national brut* » chère à Joseph Stiglitz, est sans doute tout aussi pertinente que le seul critère du PIB pour évaluer la contribution de l'économie numérique à la création de richesse. Cette valeur non marchande est largement supérieure aux revenus tirés par les agrégateurs numériques de l'audience en ligne. Pour les seuls internautes français, ce bénéfice non monétaire a été évalué à près de sept milliards d'euros par an[256].

---

[255] Source : Ministère du commerce extérieur, résultats 2015. Le déficit commercial total des TIC était de 16 milliards d'euros en 2015.

[256] Source : Mc Kinsey, « Assessing the consumer benefits of on line advertizing », juillet 2010.

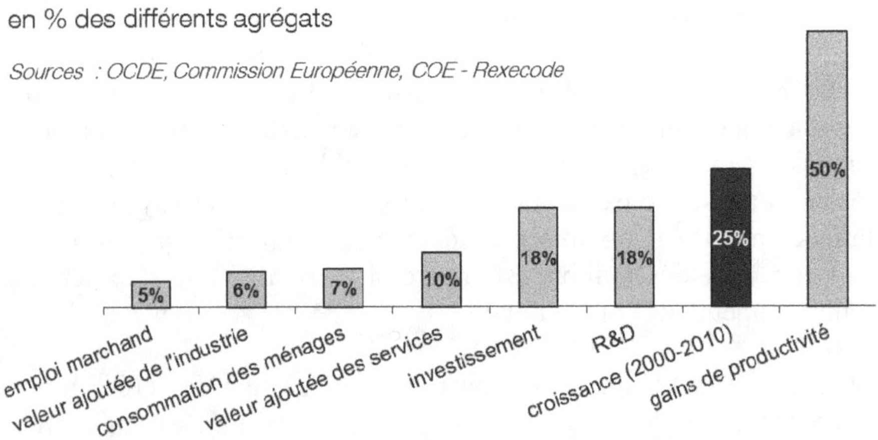

Figure 28. Contribution du numérique à l'économie française

Mais surtout, la contribution du numérique à la croissance doit être évaluée au niveau de l'économie dans son ensemble. Entreprises, ménages et administrations publiques, plus rien n'échappe à la *mutation* numérique. Le numérique représente par exemple 18 % de l'effort d'investissement des entreprises. L'effet de levier de ces investissements est considérable, car l'on estime que près de la moitié des gains de productivité des entreprises seraient imputables à leur numérisation. Qu'il s'agisse de l'optimisation du cycle de production, de la chaîne logistique, du ciblage marketing ou encore de la relation avec les clients, toutes les entreprises sont concernées. Les technologies numériques représentent également 18 % de l'effort de recherche et de développement en Europe, public et privé confondus. Débouchant sur des services dont l'usage bénéficie à tout le monde, ces dépenses de R&D ont un impact plus important sur la productivité des entreprises que les dépenses de recherche dans bien d'autres secteurs d'activité. Et globalement, plus les entreprises utilisent les technologies numériques[257], plus leur productivité et leur capacité à

[257] Voir notamment une étude du SESSI (Service des Etudes et des Statistiques Industrielles) de 2006.

créer des emplois qualifiés augmente. Déjà en 2005, le Ministère de l'Industrie établissait une liste des technologies clé pour la France, les TIC représentaient plus du quart de ces technologies. Au total, sur la décennie écoulée la révolution numérique aurait contribué à près de 25 % de la croissance française[258].

La révolution numérique, conjuguée à une réflexion plus globale sur nos modes de vie, est un formidable moteur d'amélioration de nos performances collectives. Elle constitue une réponse aux Cassandre de l'économie et autres déclinologues. La contribution du numérique à l'économie européenne est essentielle. Pourtant, le numérique constitue un gisement de croissance encore largement sous exploité. D'après une étude de la Commission européenne[259], l'Europe pourrait gagner 4 % de PIB supplémentaire dans les cinq prochaines années, en encourageant un développement rapide du marché unique du numérique. Dans le même temps, les administrations pourraient réduire leurs coûts de 15 % à 20 %. Pour cela, une mobilisation des énergies s'impose et surtout, des politiques publiques visionnaires qui ne cherchent pas à soutenir la troisième révolution industrielle avec les recettes de la révolution précédente.

[258] Chiffre comparable à celui de 29 % que l'on retrouve en figure 26.
[259] Le défi numérique européen, octobre 2013, ibidem.

QUATRIÈME PARTIE

QUAND L'EUROPE S'ÉVEILLERA

CHAPITRE 1

LA BATAILLE DU TRÈS HAUT DÉBIT

Si internet est désormais présent dans une large majorité des foyers et la quasi-totalité des entreprises européennes et si le retard de l'Europe dans l'internet mobile est en passe d'être comblé grâce à la déferlante des smartphones, la bataille se joue désormais dans le très haut débit. L'Europe, partie en tête dans les années 2000 sur l'ADSL fixe et la « 3G » mobile, a pris un sérieux retard dans la construction des réseaux à très grande vitesse. L'enjeu est immense car ces réseaux sont le socle des services numériques de demain, si importants pour la compétitivité de nos économies et donc pour l'emploi. Et si la mobilisation est générale, il n'y a pas de temps à perdre.

Les anciens leaders sont à la traîne

Grace à des réseaux performants et à un niveau de couverture satisfaisant, l'Europe a joui, pendant toute la *phase d'expansion* de la révolution numérique, d'une situation enviable dans ce qui constitue l'un des grands piliers de l'économie numérique.

À la fin des années 1990 et au début des années 2000, l'Europe était pionnière dans les réseaux haut débit fixes. En quelques années, l'ADSL s'est imposé un peu partout avec des niveaux de qualité satisfaisants, car cette technologie reposait sur l'utilisation des lignes en cuivre elles-mêmes généralement en bon état. Ce qui faisait dire alors que le haut débit européen était plus performant que le haut débit américain ou japonais. L'avantage était empoisonné car lorsque la fibre optique est arrivée au tout début des années 2010 avec des débits cinq à dix fois supérieurs, ni les opérateurs, ni les internautes européens ne manifestèrent un grand enthousiasme. Les premiers n'étaient guère pressés de réinvestir pour remplacer une technologie encore récente, tandis que les seconds s'estimant majoritairement satisfaits par l'ADSL ne voyaient pas les raisons d'en changer pour la fibre.

Pendant ce temps, Japonais et Coréens engageaient de vastes programmes de construction de réseaux en fibre optique. Dans ces pays, les coûts de déploiement de la fibre jusque dans les foyers ne sont pas très élevés car la plupart des réseaux y sont aériens et parce que la population habite pour l'essentiel des immeubles en hauteur faciles à raccorder. Aux États-Unis, l'histoire s'est jouée de manière différente. Si la fibre a permis de raccorder au très haut débit des zones jusque-là mal couvertes par l'ADSL, la course au très haut débit a surtout été menée par les opérateurs du câble. Dans la plupart des villes américaines existaient de vieux réseaux de télévision analogique par câble, propriétés de petits acteurs locaux et dont l'origine remontait le plus souvent aux années soixante. À la fin des années 2000, plusieurs événements ont radicalement changé la donne. En quelques années, tous les petits câblo-opérateurs ont disparu, absorbés par deux géants, Comcast et Time Warner. Forts d'une rentabilité élevée, ces grands groupes ont investi massivement pour remplacer leurs infrastructures vieillissantes par des réseaux en fibre optique tout neufs et ajouté l'internet à leurs centaines de chaînes de télévision. Puis est arrivé DOCSIS.3. Cette nouvelle technologie permet, grâce à une allocation dynamique des débits en fonction des besoins exprimés, d'atteindre des vitesses supérieures au gigabit/s. En à peine cinq ans, entre 2010 et 2015, une majorité d'entreprises et de foyers américains ont ainsi basculé dans le monde du très haut débit.

Pendant ce temps, l'Europe a connu des évolutions contrastées. Les pays où la pénétration du câble était élevée ont bénéficié du même rajeunissement de leurs réseaux. C'est notamment le cas du Bénélux et dans une moindre mesure du Royaume-Uni et de l'Allemagne[260]. Les villes d'Europe de l'Est présentent une situation singulière :

---

260 Au Bénélux, où le câble est accessible à 95 % des foyers, le haut débit par câble supplante l'offre des opérateurs télécoms. En Allemagne, le câble est accessible à 66 % des foyers, mais l'internet sur le câble s'y est peu développé. En France, 35 % des foyers soit près de 8,8 millions, peuvent accéder au câble, mais seulement 4 millions d'entre eux sont abonnés à une offre de télévision par câble et seulement un million ont souscrit au service internet à haut débit par le câble.

héritières de vieux réseaux câblés remontant à l'ère soviétique, leurs habitants se retrouvent aujourd'hui avec des réseaux rajeunis et des vitesses moyennes d'accès à internet parmi les plus élevées au monde[261].

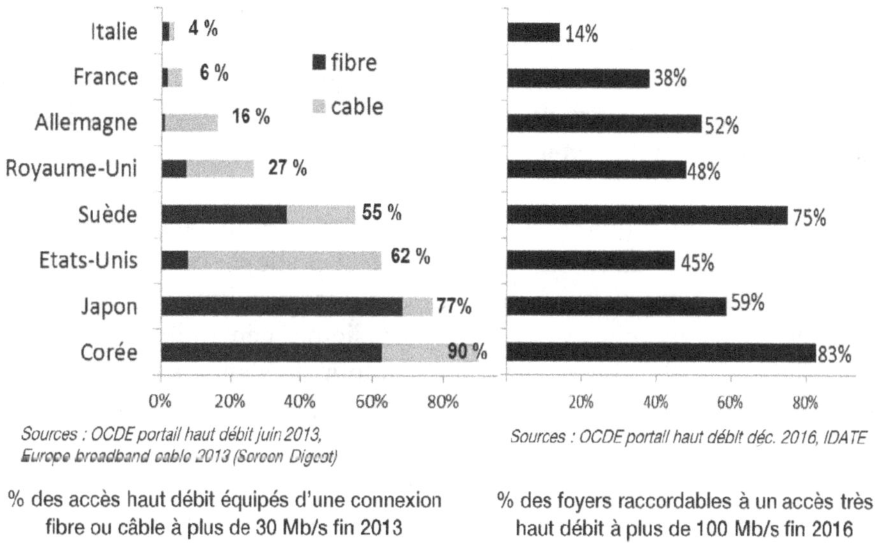

Figure 29. Pénétration du très haut débit dans les foyers

Quelques grands acteurs ont émergé au niveau européen, dont le câblo-opérateur Liberty, détenu par des capitaux américains. En revanche, dans les pays où le câble était peu présent, les « telcos » ont pris beaucoup de retard, car contrairement à l'ADSL qui utilisait les anciens fils de cuivre, la fibre optique repose sur des infrastructures nouvelles qui vont jusqu'à l'intérieur des maisons. Les opérateurs se sont retrouvés face à un délicat dilemme : soit investir dans les villes où les clients se satisfont souvent d'un ADSL de qualité correcte et ne sont guère enclins à dépenser plus pour la fibre, soit investir dans les campagnes où la fibre apporterait un immense avantage de vitesse par

---

261 Selon le test de vitesse Ookla, 3 villes roumaines figurent dans le top 10 mondial des villes les plus rapides.

rapport au cuivre, mais où la rentabilité des investissements est plus aléatoire. Il y a cinq ans, le retard de l'Europe était flagrant. Depuis, des efforts d'investissement massifs mêlant des financements privés et publics là où les opérateurs hésitent à investir, ont permis de rattraper une partie de ce retard.

La France se trouve exactement dans cette situation. Mi 2017, sur les 12,3 millions de foyers éligibles aux réseaux à très haut débit, câble et fibre optique confondus, seulement 15 % étaient effectivement connectés au très haut débit[262]… ce qui place la France au 26ème rang mondial en termes de débit moyen[263].

L'Europe du milieu des années 2000 disposait également d'une sérieuse avance dans le domaine de la téléphonie mobile. Ses opérateurs avaient réussi à imposer une norme unique, l'UMTS pour tous les réseaux européens de « troisième génération », laissant Américains et Asiatiques s'affronter autour de standards différents et de moins bonne qualité. L'arrivée du très haut débit mobile marqua un coup d'arrêt à cette suprématie européenne. Délaissant leur propre norme appelée CDMA, les Américains se ruèrent vers la 4G dont les caractéristiques techniques sont les mêmes partout dans le monde. Fin 2012, l'opérateur américain Verizon détenait à lui seul plus de la moitié des soixante-dix millions d'utilisateurs de la 4G dans le monde… tandis que l'Europe peinait à atteindre son premier million. Deux ans plus tard, on comptait 244 millions d'utilisateurs du très haut débit mobile dans le monde, dont 77 % dans trois pays, États-Unis, Corée et Japon et seulement 10 % en Europe. Depuis, les opérateurs européens se sont ressaisis, poussés par la volonté de développer de nouveaux usages sur les smartphones. Presque partout en Europe, la 4G est désormais accessible à plus de 90 % de la population.

[262] Début 2017, la France comptait 12,3 millions de foyers éligibles au très haut débit à plus de 100Mb/s, dont 8,5 au câble coaxial et 8,9 à la fibre. Mais seulement 4 millions de ces foyers étaient effectivement raccordés au très haut débit (1,4 million par le câble et 2,6 millions par la fibre). S'y ajoutent 2,2 millions de foyers raccordés sur des technologies offrant des débits intermédiaires de 30 à 100 Mb/s (source : ARCEP, mars 2017).

[263] Source : Akamai, rapport trimestriel juin 2014.

Mais la bataille du très haut débit mobile ne fait que commencer. Car les grands acteurs asiatiques, Samsung et Huawei en tête, investissent des sommes considérables dans le développement des futurs réseaux 5G. Cette cinquième génération de réseaux mobiles permettra bientôt d'atteindre des vitesses près de mille fois supérieures à celles du début des années 2010 et par exemple de télécharger sur son mobile ou sa tablette un film en haute définition en quelques secondes. Déjà, la Corée et le Japon se préparent aux premiers déploiements commerciaux pour 2018. La disparition des fabricants de terminaux européens et la faiblesse relative de ses équipementiers se paye aujourd'hui par la perte du leadership européen dans la conception des réseaux du futur. Quant aux opérateurs du vieux continent, leurs investissements dans les réseaux sont restés à peu près stables au cours des dernières années. Préférant d'abord amortir leurs réseaux 4G fraîchement construits, ces derniers sont peu enclins à hâter le déploiement de la 5G.

Investir dans les réseaux

L'économie numérique est dominée par le monde du logiciel et le monde du logiciel est, pour l'essentiel, sous domination américaine. Les géants du net sont en réalité de grosses sociétés d'informaticiens qui développent sans cesse de nouveaux services pour de nouveaux usages. C'est ainsi que les États-Unis dominent les grands piliers de l'économie numérique : numérisation et stockage de données avec les grands acteurs du *cloud computing*[264], plateformes géantes d'accès aux services avec Google et Apple, réseaux sociaux avec Facebook et bien sûr production et diffusion de contenus avec les majors de l'entertainment auxquels s'ajoutent désormais Netflix et Amazon. Apple ou Facebook sont capables à tout moment de bloquer n'importe quel service qui leur déplairait ou ne leur rapporterait pas assez d'argent. Internet est libre, mais un discret « garde-frontière » américain en contrôle l'accès.

[264] On retrouve ici tous les acteurs globaux, Amazon, Google, Microsoft, mais aussi les géants de l'informatique comme IBM et des acteurs spécialisés dans le stockage de données comme Rackspace, Enki, Dropbox ou SugarSync.

Et pourtant… le dirigeant d'un opérateur européen remarquait que sans le réseau qui l'accompagne, l'utilité d'un smartphone se réduirait à celle d'un vulgaire presse-papier. Provocation ? pas vraiment. Sans un réseau rapide et performant, c'est tout l'écosystème du numérique qui est pénalisé : les entreprises relocalisent leurs centres de recherche, leurs centres de calcul et parfois même leurs centres de décision là où la connexion est optimale. Les start-up dynamiques s'installent là où les internautes seront en état de tester de nouveaux usages dans les meilleures conditions. Avec la déferlante du *big data*, de l'informatique hébergée dans le *cloud* et des services en temps réel, le très haut débit ne représente plus seulement un enjeu d'accès aux services numériques pour les internautes, c'est un enjeu global de compétitivité pour toutes nos entreprises.

C'est aussi un enjeu de développement régional. Dans la bataille que se livrent villes et régions pour attirer investisseurs et emplois, la présence de réseaux à très haut débit est devenue un argument clé. Formidable vecteur de désenclavement, la fibre constitue a contrario un handicap majeur pour le territoire qui ne la possède pas.

C'est enfin un enjeu de souveraineté. Les États-Unis sont la plaque tournante du *world wide web*, les capacités des liaisons avec l'Amérique du Nord excèdent bien souvent celles des liaisons intra-européennes. Résultat : les fournisseurs d'accès préfèrent connecter leur trafic avec les opérateurs américains et il est fréquent qu'un courriel entre Paris et Berlin transite par la Californie avant d'atteindre son destinataire.

Gagner la bataille du débit est un enjeu crucial pour une Europe qui doit retrouver sa juste place dans l'économie numérique de demain. Les pouvoirs publics sont aujourd'hui conscients que si l'Europe ne comble pas au plus vite ses retards dans le très haut débit, elle n'évitera pas la relégation générale dont elle est aujourd'hui menacée. Le mot d'ordre est simple : accélérer...

À l'heure où les services publics se retirent des campagnes, la fibre optique représente pour les territoires excentrés, une chance historique de proposer une infrastructure comparable à celle des grands centres urbains. Mais la seule loi du marché ne conduit pas à une couverture harmonieuse des territoires. Dans les zones peu denses, la rentabilité des investissements reste trop hypothétique pour qu'un opérateur décide de s'engager seul… alors que c'est précisément dans ces zones où l'ADSL est de médiocre qualité et où le câble n'existe pas que l'attente des internautes et des entreprises pour le très haut débit est la plus forte. Les autorités bruxelloises et les gouvernements l'ont bien compris. « L'*agenda numérique* », élément central du plan Europe 2020 de la Commission européenne, mobilise des fonds communautaires pour compléter les investissements privés[265]. En France, l'ARCEP[266] a réparti le territoire en deux catégories : les zones ayant vocation à être équipées par les seuls opérateurs privés et des espaces où les financements publics viendront compléter les investissements privés[267]. Mais entre effets d'annonce et engagements financiers réels, beaucoup de flou subsiste. L'État ambitionne la couverture de 80 % de la population à plus de 100 Mbits/s en 2022. Cet objectif est louable, mais difficilement atteignable au rythme actuel des déploiements et sur la base des engagements financiers annoncés par chacun. Le même débat agite le reste de l'Europe, ou en tout cas les pays où le câble coaxial n'offre pas déjà le très haut débit à la population. Affaiblis par l'érosion de leurs revenus, les opérateurs peinent à trouver dans la fibre les recettes supplémentaires qui pourraient justifier d'accélérer les investissements. Contraints de réduire leur endettement, gouvernements et collectivités locales sont tentés de plafonner leurs engagements en faveur du très haut débit.

Pourtant, des solutions existent. Avec tout d'abord un cadre réglementaire stabilisé, les différents acteurs auraient plus de visibilité pour investir à long terme. Plutôt que d'inciter les opérateurs télécoms

---

[265] La Commission européenne fixe pour la fin de la décennie l'objectif de 100 % des foyers européens avec un accès haut débit fixe supérieur à 30 Mbits/s et 50 % avec un accès supérieur à 100 Mb/s.

[266] Autorité de Régulation des Communications Électroniques et Postales.

[267] Afin d'éviter des investissements inutiles, les opérateurs ont signé entre eux des accords désignant pour chaque commune l'opérateur responsable du déploiement de la fibre. Ce dernier s'engage à revendre l'accès à ses concurrents qui pourront ainsi proposer une offre commerciale concurrente. Pour couvrir le reste du territoire, le plan France Très Haut Débit prévoit une enveloppe de 7 milliards d'euros d'investissements publics afin de compléter les initiatives privées dans le cadre des RIP (Réseaux d'Initiative Publique).

à construire des réseaux en fibre optique tout neufs dans les villes où existent déjà des réseaux câblés fraîchement reconvertis au très haut débit, les autorités réglementaires pourraient obliger les câblo-opérateurs à vendre en gros leurs accès aux opérateurs télécoms. Une telle solution, calquée sur les obligations de partage d'infrastructures entre opérateurs sur la fibre, préserverait l'avenir, car avec les nouvelles technologies d'allocation de la bande passante, ces réseaux câblés sont désormais capables de proposer au simple particulier des vitesses de plusieurs gigabits par seconde. Libérés du poids de ces investissements, les *telcos* pourraient concentrer leurs efforts sur la couverture en fibre de villes plus petites et des zones rurales où le câble n'est pas disponible.

Ensuite, il est clair qu'une politique moins exclusivement consumériste c'est-à-dire moins systématiquement orientée vers la recherche des prix les plus bas, serait de nature à redonner aux opérateurs des marges de manœuvre pour investir plus vite dans les réseaux du futur.

Enfin, nous y reviendrons, les efforts d'investissement pourraient être mieux partagés entre leurs bénéficiaires. D'un côté, les grands agrégateurs de contenus, Google / Yahoo, Netflix en tête, déversent toujours plus de films et de vidéos sur les réseaux européens. De l'autre, les opérateurs investissent pour maintenir la qualité de diffusion de ces services, sans grand espoir d'en retirer des revenus supplémentaires. Des solutions doivent être trouvées, incitant les géants du net à davantage contribuer au financement des réseaux, mais aussi une fiscalité plus équilibrée.

C'est à ces conditions que l'Europe rattrapera son retard et mènera à bien son ambitieux plan numérique 2020.

Différente est la logique d'investissement dans le très haut débit mobile. Contrairement aux réseaux fixes où le client dispose d'un accès illimité à internet quel que soit le volume de données consommées, le client d'un réseau mobile payait jusqu'à présent un forfait dépendant du volume de données achetées. La logique du marché, si elle s'écarte de l'idéal de gratuité totale du net, est économiquement plus vertueuse. Elle incite les opérateurs à investir dans les réseaux 4G, avec la promesse de nouveaux usages sur les smartphones et les tablettes et donc de trafic et de revenus supplémentaires. Le retard de l'Europe dans la 4G n'est déjà plus qu'un mauvais souvenir. Toutefois, la banalisation des offres tarifaires avec volume de données illimitées pourrait remettre en cause cette logique vertueuse.

Même si la Commission européenne et les États membres décident de libérer de nouvelles fréquences et d'accorder les futures licences 5G plus rapidement que ce ne fut le cas pour la 4G, il y a fort à craindre que les opérateurs européens ne se précipiteront pas pour commercialiser avant 2022 ou 2023 cette nouvelle technologie.

CHAPITRE 2

EN FINIR AVEC L'ANGÉLISME

L'Europe, faute d'avoir compris suffisamment tôt la révolution numérique, ses nouvelles lois et ses nouveaux modèles, a longtemps fait preuve d'une grande naïveté. Ses dirigeants, dont certains étaient déjà aux commandes au temps où internet était encore balbutiant, pendant longtemps n'ont pas perçu le déséquilibre croissant entre une demande en pleine explosion et une offre qui échappait aux acteurs du vieux continent. Cette époque, s'il en reste des traces aujourd'hui, semble enfin révolue.

Un si agréable hold-up

De la première révolution industrielle sont nées deux grandes visions du monde, l'une marxiste et l'autre libérale, lesquelles ont forgé deux visions de l'économie, le dirigisme et le laisser-faire. Moins imaginative, la seconde révolution industrielle s'est bornée à créer quantité d'avatars de ces deux visions fondatrices. Avec la révolution numérique est née une utopie nouvelle : internet. Le web serait cet espace tant rêvé de liberté absolue, où chacun pourrait communiquer avec n'importe qui, partager l'information, débattre, échanger des contenus numériques, sans aucun coût ni aucun contrôle. États et puissances financières ne pourraient rien filtrer, rien censurer. « Bien collectif », internet serait ouvert à tous, internautes et fournisseurs de services, en n'excluant personne. Aucune rivalité entre utilisateurs : la consommation supplémentaire des uns ne réduit pas celle des autres, les pouvoirs publics devant juste s'assurer qu'à l'instar de l'eau ou de l'éclairage public, autres biens collectifs, internet soit accessible de façon optimale à tous. Cette vision idéale n'était pas sans fondement : grâce aux lois du numérique, le coût de transport des informations sur le web allait tendre vers zéro… On sait comment internet est devenu depuis une énorme source de profits.

Pourtant, de cette utopie originelle a survécu un principe : internet est un média neutre qui ne doit favoriser personne. Formulé dans sa version technique, ce principe affirme qu'aucun type de flux circulant à l'intérieur des réseaux ne doit être priorisé par rapport à un autre, tous les paquets de données doivent être traités de façon équivalente, quel qu'en soit le contenu, l'origine ou le destinataire. Liberté de circulation des informations, égalité dans le traitement des flux, fraternité avec les réseaux sociaux et autres wikis collaboratifs, cette version moderne de notre devise révolutionnaire a un nom : c'est la neutralité des réseaux, ou « *net neutralité* »[268].

Ce principe de liberté des flux a largement favorisé l'explosion d'internet. Il inspire les règles d'échange du trafic internet entre les grands opérateurs. Constatant que les volumes échangés entre eux étaient globalement symétriques, ceux-ci décidèrent vers la fin des années 90 de ne pas se facturer ce trafic. Ces accords d'appairage, ou *peering IP*, sont pour l'essentiel toujours en vigueur aujourd'hui. Chaque opérateur finance seul ses investissements dans le réseau et tire ses revenus des accès internet fournis à ses clients. En revanche, les petits fournisseurs d'accès qui ne possèdent aucune parcelle du web mondial, sont soumis à des accords de transit les obligeant à payer aux gros opérateurs l'accès au cœur du réseau pour le trafic issu de leurs clients.

Appliqué de façon scrupuleuse, le principe de neutralité du net suggère une absence de barrière à l'entrée. Quiconque souhaite proposer un nouveau service peut le faire avec un minimum de coûts. Il ne rémunère personne pour diffuser ses contenus, les routes sont libres et sûres et aucune barrière d'octroi ne vient entraver l'entrée dans les villes où résident les internautes. Sans la neutralité du net, certains services parmi les plus innovants du web n'auraient sans doute jamais émergé. Si les opérateurs avaient gardé les clés du réseau, auraient-ils laissé Skype ou WhatsApp, alternatives à leurs lucratifs services de voix et de messagerie, se développer librement sur internet ? Les grandes plateformes de vidéos comme YouTube ou Netflix, auraient-elles rencontré le succès qu'elles connaissent si leur

---

[268] Le terme de « net neutrality » fut formulé pour la première fois en 2005 par Tim Wu, professeur à l'université de Columbia.

modèle économique avait dès l'origine été grevé par des droits de péage ? Les géants du net auraient-ils connu un tel essor s'ils avaient dû payer aux opérateurs le transport des données qu'ils envoient sur le réseau ? Pour l'internaute, le web est le monde de la gratuité. S'il achète smartphones et tablettes, règle tous les mois sa facture télécom, commande des films et fait ses courses en ligne, pour surfer, il ne paye pas. Google et Facebook ne lui demandent (presque) jamais rien. Il ne lui viendrait pas à l'esprit que ses agrégateurs numériques préférés puissent un jour se retrouver au banc des accusés pour motif de détournement de fonds !...

Qui songerait en effet à reprocher aux grands agrégateurs d'avoir séduit plusieurs milliards d'internautes ? Car si Google et quelques autres ont capté en quinze ans 36 % du marché publicitaire européen et mondial au détriment des medias traditionnels, c'est bien grâce à l'attrait de leurs services[269]. Le consommateur européen rémunère indirectement Google chaque fois qu'il achète un produit dont Google assure la publicité sur internet, mais il n'en est pas conscient. Pas plus qu'il ne prête attention au recul de la presse écrite, conséquence de sa boulimie d'informations en ligne. Se préoccupe-t-il davantage du recul de la téléphonie classique, conséquence du succès des applications de messagerie gratuites, propriétés des « *internet players* » américains ? Toutes ces évolutions sont les conséquences logiques de la révolution numérique, les nouveaux modèles chassent les anciens, le marketing numérique remplace l'affichage de rue et les *news* en ligne le journal papier. Nul ne songerait à s'en plaindre, encore moins à revenir en arrière. Pourtant, derrière ces transferts de valeur parfaitement légaux, tout se passe comme si l'Europe acceptait d'être la victime consentante d'un véritable « hold-up », hold-up dont les responsables sont restés longtemps intouchables car ce sont les idoles de la population.

---

[269] Source : Global advertising forecast, MAGNA, décembre 2016.

Les géants du net ne payent ni les réseaux, ni l'impôt, ni souvent les contenus

Or les géants américains du net ont pris une place prépondérante dans le volume de données qui transitent sur internet. À eux seuls, Yahoo c'est-à-dire Google et Netflix représentent plus de la moitié de tous les flux de trafic aux États-Unis, un peu moins en Europe. D'un côté, les opérateurs européens investissent dans leurs réseaux pour permettre d'acheminer ces flux en croissance très rapide en maintenant la qualité du service auprès des internautes, de l'autre, les émetteurs de ces flux ne payent rien pour leur diffusion.

Les grands agrégateurs numériques, les Google, Apple, Facebook et autre Amazon ne sont pas les seuls à ne pas payer le réseau qu'ils utilisent. De nombreux « *pure players* », tels le coucou qui installe ses œufs dans le nid des autres en détruisant au besoin leur progéniture, nichent leurs services dans les réseaux, mais n'en supportent aucun coût. En 2010, une start-up totalement inconnue lance un service de messagerie gratuite sur mobile… Trois ans plus tard, dans la seule nuit du Nouvel An 2013, WhatsApp enregistre dix-huit milliards de messages gratuits dans le monde ! Dans de nombreux pays, WhatsApp, désormais aux mains de Facebook, a complètement remplacé les lucratifs services de SMS des opérateurs, écornant sérieusement au passage les revenus de ces derniers. Après Skype, créé en 2003 par trois astucieux Estoniens et racheté par Microsoft, d'autres acteurs comme Viber ont connu un succès fulgurant. Le miracle de ces sociétés repose sur quelques principes de base : elles ont très peu de coûts fixes car leurs logiciels sont rapides à développer, leurs services sont faciles à utiliser, accessibles sur n'importe quel smartphone et quasiment gratuits pour l'utilisateur. Dépassant rarement quelques dizaines de salariés, ces start-up ont séduit des centaines de millions d'utilisateurs dans le monde, avant d'être rachetées à prix d'or par les GAFA.

Quel est le point commun entre ces « *pure players* » et les géants du web ? Dans les deux cas, leur succès repose sur des services utilisant un réseau qu'ils ne payent pas. Certains vont même jusqu'à détruire la valeur de ceux qui investissent dans les réseaux. Les Anglo-Saxons appellent ces services *« over the top »*, littéralement *au-*

dessus de l'accès. Cela veut dire qu'ils sont accessibles à tous, quel que soit le mode d'accès au réseau.

Ce « *hold-up silencieux* » ne pénalise pas seulement les opérateurs de réseaux. Le manque à gagner pour les États est considérable. Les grands agrégateurs numériques puisent l'essentiel de leurs revenus de l'audience des internautes. Tandis que les médias traditionnels sont taxés sur les revenus publicitaires réalisés dans chacun des pays où ils sont actifs, Google, Facebook et la plupart des autres agrégateurs d'audience, grâce à des montages fiscaux parfaitement légaux, ne payent presque aucun impôt dans les pays où résident les internautes à l'origine de leur audience[270]. Non seulement leur concurrence est déloyale pour les médias européens qui payent l'impôt chez eux, mais surtout, ce détournement de valeur des marchés publicitaires traditionnels vers le numérique représente une perte de recettes fiscales substantielle pour les États européens.

Dans le même esprit, Apple domicilie sa plateforme multimédia iTunes au Luxembourg et acquitte une TVA bien inférieure à celle payée par les plateformes de musique européennes. En 2012, Amazon ne déclarait que 110 millions d'euros de chiffre d'affaires en France, alors que celui-ci aurait en réalité été quinze fois plus élevé. Et toujours depuis le Luxembourg, Netflix lance fin 2014 son service de films sur abonnement avec une TVA locale réduite à 6 %. D'un côté les acteurs européens payent leurs impôts dans leur pays d'origine, de l'autre les géants américains du net tirent profit de la compétition fiscale que se livrent les pays européens. Le manque à gagner est énorme. On l'évalue entre 600 millions et un milliard d'euros par an pour un pays comme la France ou l'Allemagne, dont plus de la moitié

[270] Google Ireland Ltd collecte 88 % des revenus de Google hors des États-Unis. L'essentiel de ces revenus sont reversés sous forme de royalties à une holding irlandaise qui les reverse à son tour à une société écran néerlandaise sans payer de droits, car l'Irlande exempte de taxes les royalties versées à certains pays européens. Cette dernière transfère ces revenus à une société mère domiciliée aux Bermudes. Bloomberg a calculé qu'avec ce montage baptisé par les fiscalistes « le double irish augmenté d'un sandwich néerlandais », Google avait réussi à limiter son taux d'imposition sur les bénéfices en Europe à 2,4 % (source : La Tribune, 22 novembre 2011). En 2015, l'Irlande a annoncé la fin du « double irish », mais les entreprises ont jusqu'en 2020 pour le démanteler.

sur la seule TVA et le reste sur l'impôt sur les sociétés [271]. Tardivement, les consciences se réveillent. En 2016, Apple est condamné à rembourser 13 milliards d'euros au fisc irlandais pour cause d'aide d'État abusive. Mais l'Irlande, soucieuse de préserver son image de paradis fiscal, refuse pour l'instant de récupérer ce montant. L'année suivante, le fisc français réclame 1,1 milliard d'euros pour des arriérés d'impôt au seul Google. Mais en juillet 2017, la justice française donne raison à Google Ireland. La Commission européenne s'engage à mettre bientôt un terme à tous ces avantages fiscaux dont profitent les géants américains du numérique… mais que de temps et d'argent perdus.

Ce *hold-up* silencieux va au-delà du réseau et de l'impôt. Il concerne également les contenus eux-mêmes. En effet, les grands agrégateurs numériques génèrent beaucoup d'audience sur l'information à laquelle ils donnent accès. Leur rôle consiste le plus souvent à rassembler et à répertorier des informations préexistantes. Mais ils ne rémunèrent jamais les journalistes qui cherchent l'information sur le terrain et rédigent des articles de presse. Ils ne payent pas les sites d'information qui construisent toute l'analyse éditoriale. Ils ne versent aucun droit aux auteurs dont ils numérisent les ouvrages, ni aux photographes dont ils diffusent les images.

L'internet gratuit : la fin d'un mythe

La croissance exponentielle du nombre d'objets connectés, des usages toujours plus gourmands et l'explosion du trafic global qui en découle, posent inévitablement la question de la viabilité du modèle économique sur lequel s'est construit le succès d'internet. Jusqu'à présent, l'équation était simple. D'un côté, le trafic internet croît de 35 % par an, plus de 60 % pour le seul trafic mobile. De l'autre, le coût de transport d'un mégaoctet baisse de 27 % par an, conséquence des lois de Moore et de Gilder[272]. La différence entre croissance des

271 Sources : Le Figaro, 1er novembre 2012 et Arthur D Little, décembre 2016.

272 Source: KPCB. L'efficacité croissante des réseaux résulte également du taux de remplissage, qui augmente au fur et à mesure que les usages et donc les volumes

volumes et baisse des coûts unitaires représente l'effort à fournir par les opérateurs pour financer les investissements qui permettront de maintenir la qualité du service, tout en répondant à l'explosion des besoins.

Or comme nous l'avons vu, les revenus des *telcos* en Europe n'augmentent pas… Cet équilibre fragile pourrait bien être rompu dans les années à venir. Non que la loi de Moore ne vienne à s'épuiser, elle a encore de beaux jours devant elle. Mais parce que les réseaux, avec les contenus de plus en plus volumineux émis par les géants du net, sont de plus en plus remplis. Tant que les réseaux étaient vides, ou presque, personne n'avait à se plaindre des téraoctets déversés chaque seconde par Google ou Netflix. Plus proches de la saturation, les réseaux requièrent un effort plus important d'investissement qu'il faudra bien financer. Qui règlera cette facture ? Si le consommateur paye toujours un peu plus pour l'usage d'internet sur son téléphone mobile, pour les opérateurs, ces recettes supplémentaires ne parviennent pas à compenser la chute de leurs revenus traditionnels sur la voix et la messagerie dont les prix ne cessent de baisser[273]. Quant au déploiement de la fibre optique, nous avons vu qu'elle nécessite la construction de nouvelles infrastructures coûteuses, ce qui n'était pas le cas à l'époque du passage à l'ADSL qui utilisait les câbles en cuivre existants. Et si la fibre est une aubaine pour les agrégateurs de contenus car elle incite les consommateurs à leur acheter encore plus de films, de séries et de jeux, ces derniers ne sont pas prêts pour autant à payer beaucoup plus cher leur opérateur pour bénéficier chez eux du très haut débit.

Les opérateurs ne peuvent plus faire le pari d'accélérer sans cesse le déploiement des nouveaux réseaux, fibre, 4G et demain 5G, en se disant que les usages supplémentaires ou l'arrivée de nouveaux clients leur apporteront davantage de revenus. Et si les opérateurs n'investissent pas assez vite, le très haut débit risque encore pour longtemps d'être un rêve pour nombre de citoyens et d'entreprises

---

transportés se développent. À volume d'investissement stable, plus le réseau est rempli, plus bas est le coût par mégaoctet transporté.

[273] Les flux de données représentent plus 90 % du trafic des réseaux mobiles, contre seulement 40 % des revenus (source : IDATE).

européennes. L'arrivée de l'ultra haut débit pourrait de surcroit s'en trouver retardée… sans parler du risque de « *capacity crunch* » évoqué par certains experts. Se pose aujourd'hui la question du financement des réseaux du futur. Cette question est cruciale pour l'Europe qui doit absolument gagner la bataille des réseaux pour reprendre sa place dans le monde numérique de demain.

Le modèle de l'internet gratuit a donc perdu sa vertu originelle. Les accords d'appairage gratuit, ou *peering*, supposaient un équilibre entre le trafic reçu et le trafic émis entre les différents réseaux. Or, le trafic internet est aujourd'hui complètement déséquilibré. Avec l'explosion des flux vidéo, très gourmands en débit et le plus souvent originaires de gros serveurs situés aux États-Unis, le trafic envoyé par les géants du net est dix à quinze fois supérieur au trafic qu'ils reçoivent. Prenons le simple exemple d'une vidéo enregistrée par un particulier et *postée* sur YouTube. Cet envoi génère un seul flux. La lecture de la même vidéo par des milliers, voire des millions d'internautes génère autant de flux dans l'autre sens. D'un côté de l'Atlantique, Google propriétaire de YouTube, tire profit de cette audience… De l'autre, les opérateurs européens se voient tenus d'investir pour que leur réseau continue à acheminer ce tsunami de vidéos avec un niveau de qualité satisfaisant. Cette asymétrie du trafic se traduit par un transfert de valeur des opérateurs européens dont les revenus baissent, vers les grands acteurs américains, qui inondent les internautes d'un volume toujours plus important de flux pour accroître l'audience de leurs sites et en tirer toujours plus de profits. Et en vertu du principe de neutralité du net, il n'est bien sûr pas question de brider ces flux.

Mais la vertu est souvent le masque que revêtent les dominants pour protéger leurs intérêts. Sous l'ère victorienne, l'Angleterre concluait des accords de libre-échange avec ses partenaires commerciaux. Équilibrés sur le papier, ces accords assurèrent la suprématie de l'industrie cotonnière britannique pendant un demi-siècle, car la baisse du prix auquel les balles de coton étaient achetées aux pays exportateurs bénéficia d'abord à l'économie dominante de l'époque. À l'ère du numérique, la Pax Americana a remplacé le Rule Britannia. Le principe de « neutralité du net », véritable traité de libre-échange de l'ère numérique, conforte la suprématie des géants américains sur les acteurs européens.

Qui doit payer les réseaux ? La théorie économique nous enseigne qu'un modèle est efficace lorsque les coûts sont internalisés, c'est-à-dire lorsque chaque acteur supporte les coûts qu'il a générés et engage ainsi lui-même les efforts d'économies qui sont à sa portée. Or, les fournisseurs de contenus laissent les seuls opérateurs payer pour les gigantesques volumes d'informations qu'ils diffusent et ne sont guère incités à mettre en place des pratiques vertueuses [274]. Est-ce bien normal, à l'heure où les pouvoirs publics estiment qu'il faudra mobiliser 30 milliards d'euros pour finir de déployer la fibre optique en France ?

La prise de conscience de cette asymétrie fut tardive, tant est grande la fascination qu'exercent les géants du net sur des internautes éblouis par leurs services, tant est répandue l'idée que le web est un espace entièrement gratuit. Pourtant, depuis quelques années, des solutions associant pouvoirs publics, opérateurs télécoms et grands acteurs « *over the top* » se mettent peu à peu en place. À défaut d'être parfaitement équitables, ces solutions contribuent à mieux répartir les coûts et à en réduire le fardeau.

Ainsi se sont multipliés les accords de transit où, à l'inverse des accords de peering, chaque opérateur détenteur d'une portion du web paye un droit de péage pour le trafic qu'il déverse sur le réseau d'un autre opérateur[275]. De leur côté, les grands agrégateurs de contenus ont aussi pris conscience qu'en refusant de prendre à leur charge une partie de l'acheminement de leurs flux, ils risquent de voir la qualité de leurs services baisser. Pour un acteur comme Netflix qui vend des abonnements vidéos payants, fournir à ses clients un streaming de

[274] Exemple de pratique peu vertueuse, les annonceurs publicitaires envoient en moyenne 100 spams inutiles pour 1 spam « efficace », c'est-à-dire qui atteint un destinataire.

[275] En 2012, Orange s'est vu reconnaitre par l'Autorité de la Concurrence française, le droit de facturer l'opérateur de transit américain Cogent, qui acheminait le trafic en provenance de sites vidéos comme MegaUpload et envoyait vers les abonnés d'Orange treize fois plus de trafic qu'il n'en recevait. C'est la première fois qu'un opérateur se voit accorder le droit d'être compensé pour un tel déséquilibre.

qualité s'avère indispensable. Ainsi, Google multiplie ses investissements dans des routes directes au départ de ses centres de données et installe des serveurs relais qui rapprochent ses contenus de leurs utilisateurs. Ces serveurs relais[276] permettent de stocker au plus près des fournisseurs d'accès internet, les vidéos les plus demandées. Les géants du net développent également des techniques d'encodage plus performantes qui rendent films et vidéos moins gourmands en bande passante.

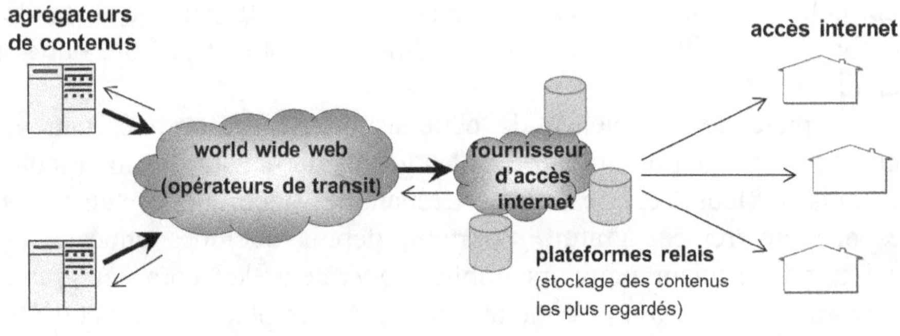

Figure 30. Asymétrie du trafic et décongestion du réseau

Avec de tels accords, la neutralité du net est en apparence sauvée… En apparence seulement, car le web n'a jamais été aussi fragmenté. Certes, les opérateurs n'ont pas le droit de prioriser les flux de leurs propres services par rapport aux autres flux. Ce principe est régulièrement rappelé par les autorités réglementaires, aux États-Unis comme en Europe[277].

276 Appelés en anglais CDN (Content Delivery Network).

277 Aux États-Unis, la FCC (Federal Communications Commission) a établi en 2011 un cadre réglementaire qui interdit à un fournisseur d'accès internet de traiter de façon discriminatoire un type de contenu par rapport à un autre. La FCC a ainsi rappelé que le câblo-opérateur Comcast n'avait pas le droit de limiter l'accès pour ses clients aux films et séries de Netflix. En 2013, la décision d'AT&T de conditionner l'accès au service de visiophonie Facetime d'Apple à la souscription de certains de ses forfaits a relancé le débat. En Europe, sans attendre que la Commission n'établisse des règles aussi précises, les Pays-Bas ont adopté dès 2011

Pourtant, si internet reste ouvert à tous, si un nombre infini de contenus voyagent gratuitement en « classe économique » dans le monde entier sans qualité de service garantie, certains contenus payants voyagent en « classe affaires », leurs flux sont managés à partir de plateformes dédiées et ils ne sont accessibles que dans certains pays.

S'il est peu probable de voir Américains et Européens s'entendre un jour pour définir des règles formelles de partage des coûts, parions au moins que l'intérêt commun des géants du net et des opérateurs à maintenir la qualité du réseau conduira les premiers à contribuer davantage à des solutions pour désengorger le cœur du réseau, tandis que les seconds continueront à supporter l'intégralité des coûts d'accès jusqu'au client final.

Les mêmes règles pour tous

Après des années d'atermoiements, pour ne pas dire d'aveuglement, gouvernements et législateurs européens ont enfin compris que pour rattraper son retard, l'Europe devait cesser de faire courir ses athlètes avec un boulet attaché au pied. Entre la prise de conscience et des initiatives concrètes, il est urgent d'avancer.

La fiscalité illustre bien ce chemin parcouru… et celui qui reste à faire. Les acteurs du numérique investissent, créent des emplois, dégagent des profits, il est normal qu'ils contribuent autant que les autres à l'effort fiscal de la nation. Pourtant, ces dernières années, c'est la fiscalité des opérateurs de réseaux qui a été particulièrement alourdie en France. Un édifice fiscal spécifique est venu s'ajouter aux impôts de droit commun. La suppression en 2009 de la publicité en soirée sur France Télévisions donne lieu à la création d'une « taxe télécom », un prélèvement forfaitaire sur tous les opérateurs, destiné à financer le manque à gagner des chaînes publiques. Trois ans plus tard, la taxe sur les services de télévision ou taxe « COSIP », est étendue à

---

une législation sur la neutralité du net encore plus protectrice que celle des États-Unis, interdisant notamment aux telcos de freiner ou de bloquer des applications mobiles.

l'ensemble des revenus haut débit des opérateurs télécoms. Si l'on y ajoute les taxes sur les fréquences et d'autres prélèvements divers, cette fiscalité spécifique s'élevait en 2016 à plus de 1,2 milliard d'euros, soit une surcharge d'impôts de l'ordre de 25 %[278]. Si la France se distingue par le poids de cette surfiscalisé, bien d'autres pays comme l'Espagne ou l'Italie ont mis en place des dispositifs similaires.

L'idée de surtaxer le moteur de la révolution industrielle n'est ni nouvelle, ni scandaleuse en soi. Les taxes pétrolières sont une source importante de revenus pour les caisses de l'État. Elles n'ont pas entravé la grande révolution industrielle du XXème siècle. Mais imaginons un instant que ces taxes soient uniquement prélevées sur l'essence achetée par les automobilistes roulant dans des voitures françaises ! Là est le problème. La surfiscalité numérique crée une distorsion de concurrence au détriment des acteurs nationaux dans un secteur particulièrement concurrentiel[279]. Les « GAFAM » versent en France 0,42 % de leur chiffre d'affaires au titre de l'impôt sur les sociétés, contre 4,6 % pour les opérateurs.

Une première solution consisterait à élargir l'assiette de ces prélèvements spécifiques à l'ensemble des acteurs du web. Une telle solution ne semble pourtant guère réaliste. Comment en effet justifier la contribution d'un moteur de recherche au financement de l'audiovisuel public français, ou d'une plateforme d'applications pour smartphones à la création cinématographique hexagonale ? L'idée d'une « taxe Google » sur la publicité en ligne, plaidée par la France, l'Allemagne et l'Espagne a fait long feu. Cette idée n'est d'ailleurs guère plus logique que la première. Plutôt que de créer de nouvelles taxes sur l'industrie numérique, ne pourrait-on pas concevoir une solution globale consistant tout simplement à appliquer le droit commun à tous ? Depuis le 1er janvier 2015, une directive européenne impose que la TVA sur les flux électroniques soit acquittée non plus

[278] Source : étude « Économie des télécoms », réalisée par Arthur D Little pour le compte de la FFT, décembre 2016.

[279] Pour une vidéo achetée en ligne auprès d'Orange ou de SFR, le consommateur s'acquitte d'une TVA au taux de 20 %, que l'opérateur reverse à l'État en même temps que la taxe « COSIP » et que la taxe spécifique sur la copie privée. La même vidéo achetée sur YouTube ou Netflix ne rapporte rien à l'État.

dans le pays où le fournisseur de services est installé, mais dans le pays où réside le client auquel le service est rendu. Cette évolution va dans le bon sens, elle met fin à certaines distorsions de concurrence dont bénéficient les grand acteurs du net américains. Reste à s'entendre pour mettre fin aux montages fiscaux qui permettent licitement aux mêmes acteurs d'échapper tout ou partie à l'imposition sur le bénéfice en Europe. Le diagnostic est partagé, les consciences sont réveillées, reste à savoir si la volonté politique sera suffisante pour dépasser certains intérêts nationaux…

Le domaine culturel illustre bien cette nécessité d'appliquer à tous les acteurs des règles similaires. Vue de l'extérieur, l'exception culturelle a toujours été perçue comme une bizarrerie française. Ce concept, élaboré à l'époque des grandes négociations de l'OMC, repose sur le postulat que les biens culturels ne sont pas des marchandises comme les autres. Appliquer strictement les lois du marché conduirait en effet à détruire la diversité culturelle : lorsqu'un *blockbuster* sort en Europe, son coût est déjà amorti sur l'immense marché américain, tandis qu'un film produit sur notre continent se heurtera d'abord à la fragmentation du marché européen. Ce principe inspira en 1981 la loi Lang sur le prix unique du livre, puis la loi sur les quotas de chansons francophones sur les radios françaises et les nombreux dispositifs d'aide au cinéma. Ces règles, instaurées en France alors que la révolution numérique n'était qu'en *gestation*, ont dans l'ensemble bien fonctionné. Grâce à elles, la France a su sauvegarder un réseau de librairies sans égal dans le monde et a maintenu une production musicale et cinématographique riche et variée.

La révolution numérique remet en cause tout ce bel édifice. Ce que nous appelons biens culturels et que les Américains englobent dans une industrie qu'ils nomment *entertainment*, est au cœur du processus de dématérialisation. À l'heure du numérique, dupliquer et acheminer un film ne coûte presque plus rien. Les flux numériques se jouent des frontières. La SACEM collecte des droits sur toute diffusion musicale publique sur le territoire français, mais rien n'est prévu pour taxer les distributeurs étrangers. Une web radio étrangère ne paiera aucun droit pour la diffusion de chansons françaises écoutées par les internautes français. Autre exemple, comment faire valoir les droits d'un auteur lorsque son livre est numérisé et mis en ligne sur un serveur situé à l'autre bout de la planète ? Tout dépend du bon vouloir de chacun... et surtout des rapports de force. En 2012, les États-Unis ont fermé Megaupload, le plus grand site mondial de téléchargement illégal de films. Washington ne plaisante pas avec les intérêts supérieurs d'Hollywood ! L'Europe peut aussi faire pression sur Google pour dissuader le géant de Mountain View de numériser et de mettre gratuitement en ligne des livres récents sans le consentement des ayants droit, ce dernier n'aurait rien à gagner à un tel bras de fer. Il est en revanche illusoire d'exiger la fermeture d'un site hébergé dans un pays où la défense du copyright n'existe pas.

La première réaction face à ce défi inédit fut de reconstruire des lignes Maginot en s'inspirant des principes du passé. La loi Hadopi, si son objectif est louable, en est un fameux exemple. Comment interdire le téléchargement illégal, alors que les internautes peuvent se connecter sur une multitude de terminaux, créer des proxys et cacher leur identité ? Comment inciter au paiement à l'acte, alors qu'il ne se justifie pas par la structure des coûts ? Les formules d'abonnement illimité et bon marché à des catalogues de films ou de musique en streaming constituent une réponse plus sure que la loi Hadopi pour protéger les ayants droit.

Les vraies solutions consistent à mettre tout le monde sur un pied d'égalité, géants du net et petits éditeurs, acteurs mondiaux et distributeurs nationaux. Une loi votée en 2011 transpose au livre numérique la loi Lang sur le prix unique. Avec ce texte, qui s'applique à tous les livres achetés en France quel qu'en soit le mode de distribution, Amazon ne bénéficie plus d'aucun avantage particulier en raison de sa taille. Les détracteurs de cette loi pointent le risque d'étranglement du marché émergent du livre numérique, son prix étant maintenu artificiellement élevé par rapport à son coût de production et de diffusion. Pourtant, cette loi pourrait bien sauver libraires et éditeurs. Résistera-t-elle aux formules d'abonnements illimités à des bibliothèques numériques, ou encore à la fin de la frontière entre le livre et les contenus multimédia ? Le débat est complexe.

La chronologie de sortie des films, de leur diffusion dans les salles, puis sur les chaînes gratuites, garantit le fragile équilibre économique du cinéma. Après de longues discussions, Netflix bien qu'installé au Luxembourg, s'est plié à cette règle pour la diffusion de son catalogue en France. Mais bien d'autres distorsions demeurent. Pour la musique, Apple dont nous avons vu que le service iTunes était également domicilié au Luxembourg, ne reverse aux auteurs-compositeurs que six centimes par titre vendu, tandis qu'une maison de disques française leur reverse dix-neuf centimes. Là encore, la solution ne consiste pas à pénaliser les acteurs « *over the top* », dont les services sont largement plébiscités par les internautes, mais simplement à leur appliquer les mêmes règles du jeu qu'à leurs concurrents plus locaux.

Il est trop tôt pour dire si ces mesures sauveront notre « exception culturelle ». Le modèle de *longue traîne* est une chance pour une culture européenne plurielle et abondante. Mais le danger existe que les Netflix, YouTube et autres Amazon fassent trébucher producteurs et diffuseurs européens au détriment de la diversité culturelle[280]. Les pouvoirs publics doivent garantir des règles équitables. Mais s'en remettre à eux seuls serait suicidaire, les acteurs européens doivent d'abord s'unir, innover, sans bien sûr oublier la qualité de leur production.

Les pouvoirs publics nationaux pèsent peu face à la puissance des grands acteurs mondiaux. L'Europe se doit d'être forte et unie pour garantir une concurrence équitable donnant toutes leurs chances aux acteurs du net européen, pour permettre aux opérateurs de financer les réseaux sans voir fondre leurs revenus, pour rendre aux États les recettes fiscales auxquelles ils ont droit. L'angélisme n'est plus de saison, la volonté politique semble enfin là.

---

[280] 85 % des films et séries distribués par Netflix dans ses catalogues européens sont d'origine américaine.

CHAPITRE 3

BÂTIR L'EUROPE DU NUMÉRIQUE

Une bataille de titans est en train de se livrer dans le numérique. La révolution numérique transforme en profondeur nos économies et notre vie quotidienne, l'issue de cette bataille dira si nous sommes encore capables de rester maîtres de notre avenir. Un réseau performant et rapide, l'égalité de traitement entre les acteurs sont des conditions nécessaires au réveil de l'Europe. Il nous faut également retrouver des champions de taille mondiale pour rivaliser avec la puissance hégémonique des géants américains du net et des fabricants asiatiques d'équipements.

Encourager l'émergence de champions mondiaux

La politique de la concurrence, sous prétexte de favoriser un marché ouvert et performant, a longtemps masqué l'absence d'une vision industrielle. Dans le numérique comme ailleurs, le respect d'une concurrence loyale et ouverte s'inscrit au centre de la politique communautaire. Le gendarme européen empêche les ententes susceptibles d'entraver la liberté des marchés, traque les abus de position dominante, surveille les opérations de concentration, s'assure de l'ouverture de tous les secteurs d'activité et interdit les aides d'État de nature à créer des distorsions au profit d'un acteur ou d'un autre. De l'ouverture du marché des télécoms en 1998, à l'amende record infligée à Microsoft en 2004 pour abus de position dominante sur les systèmes d'exploitation, l'Union Européenne a joué un rôle positif dans la modernisation du secteur des TIC et l'essor de l'économie numérique sur le vieux continent. Son rôle de gendarme du marché n'a d'ailleurs pas fait obstacle à l'octroi occasionnel d'aides publiques en faveur d'entreprises investissant dans des secteurs de pointe, comme ce fut le cas pour Philips et STMicroelectronics dans les nanotechnologies.

Cette politique européenne, relayée par les autorités réglementaires des États membres, a largement profité au consommateur : le prix de l'abonnement haut débit ou encore celui d'une communication mobile sont presque deux fois moins chers en Europe qu'aux États-Unis. Le choix du fournisseur d'accès au réseau est très ouvert, comme l'est celui du fabricant d'ordinateurs ou de smartphones. Mais cette politique trop exclusivement tournée vers la demande, non seulement n'a pas empêché les champions américains et asiatiques d'occuper une position dominante sur le marché européen, mais elle porte aussi une responsabilité certaine dans les retards accumulés par l'Europe numérique depuis une dizaine d'années.

Le très haut débit en est une parfaite illustration. Aux États-Unis, pays de la libre entreprise, la concurrence entre opérateurs fixes n'existe presque pas. Bien sûr, chacun est libre de déployer ses réseaux où il le veut. Mais une fois les réseaux construits, personne n'est tenu d'ouvrir ses propres infrastructures à des concurrents qui souhaiteraient proposer leurs offres commerciales. Et là où existe déjà un réseau, rares sont les concurrents qui s'aventurent à investir, car leur rentabilité risquerait d'être insuffisante. Résultat, un véritable « Yalta » du territoire américain s'est mis en place entre *telcos* et *câblo-opérateurs*. Avec une conséquence bien visible, le très haut débit est présent dans toutes les villes, mais le consommateur ne choisit pas son fournisseur d'accès et paye très cher sa connexion à internet. Dans ce contexte, les acteurs américains dégagent des marges élevées et leurs investissements dans la fibre optique sont assurés de bons retours sur investissements. À l'inverse des États-Unis où les autorités réglementaires interviennent peu, les pays asiatiques, Japon et Corée en tête, ont réussi à déployer massivement la fibre optique, avec une politique reposant sur d'importantes subventions publiques.

Très différente est l'approche européenne. De ce côté-ci de l'Atlantique, tout le monde a le droit d'investir, mais l'opérateur qui déploie son réseau est tenu d'en ouvrir l'accès à ses concurrents. Cette approche est avantageuse pour le consommateur, car ce dernier n'est captif d'aucun fournisseur d'accès et peut faire jouer la concurrence. Néanmoins, cette obligation d'ouvrir immédiatement leurs accès à leurs concurrents dès lors qu'ils sont construits, n'encourage guère les opérateurs à investir plus vite dans la fibre optique, car celui qui construit le réseau supporte l'intégralité du risque économique sans pour autant en retirer un avantage par rapport à ses concurrents. Une solution serait de laisser à celui qui prend le risque d'investir une période d'exclusivité d'un ou deux ans pour démarcher de nouveaux clients.

La même approche consumériste prévaut dans le mobile. Pour rendre du pouvoir d'achat au consommateur et favoriser les usages, la Commission européenne et les autorités de régulation nationales ont joué sur plusieurs tableaux. D'abord en encourageant la prolifération des opérateurs « virtuels », ces acteurs qui utilisent les infrastructures des opérateurs de réseaux pour proposer des offres tarifaires attrayantes. Ensuite, la Commission a imposé une division par dix en quelques années du prix des terminaisons d'appels, ces reversements que se font les opérateurs entre eux chaque fois qu'un client appelle vers un autre réseau. Enfin, elle a supprimé en juin 2017 l'itinérance internationale au sein de l'Union Européenne, mettant fin aux tarifs prohibitifs sur les appels et les connexions à internet émis depuis l'étranger. Cette politique de redistribution du « dividende numérique » a indéniablement bénéficié au consommateur : comme nous l'avons vu, le poids global des télécoms dans les dépenses des ménages est stable depuis dix ans, alors que tous les usages explosent.

On peut néanmoins se demander si certains pays ne sont pas allés trop loin, en favorisant l'arrivée de nouveaux opérateurs qui pour acquérir leur part du gâteau, ont cassé les prix et durablement ébranlé les marges de leurs concurrents, réduisant ainsi la capacité de ces derniers à investir. Là encore, le fossé qui sépare l'Europe des autres pays développés est profond : les revenus des opérateurs de télécoms européens stagnent depuis de nombreuses années, tandis que ceux des opérateurs américains et asiatiques connaissent une croissance moyenne de 7 % par an[281]. La solution n'est bien sûr pas de remettre en cause les tarifs attractifs dont profitent les consommateurs européens, mais plutôt d'inciter certains opérateurs à se regrouper, pour en réduire le nombre et leur donner plus de forces pour investir et

---

[281] Sur la période 2007 – 2015, source Thomson Reuters.

se développer. En effet, alors qu'existent quatre grands opérateurs américains et quatre grands chinois, l'Europe abrite plus de 150 opérateurs nationaux, sans compter les opérateurs virtuels…

Un mouvement de concentration s'amorce, trois ou quatre champions européens des télécoms sont en train d'émerger. Mais les obstacles restent nombreux, avec un cadre réglementaire fragmenté, des licences, un accès aux infrastructures et des bandes de fréquences qui sont encore négociés au niveau national. En 2017, la Commission européenne peine toujours à faire avancer l'idée d'une attribution du spectre des fréquences au niveau communautaire. L'Europe du charbon existe depuis 1951. N'est-il pas paradoxal que dans les réseaux, ce pilier de la révolution numérique, l'Europe n'ait pas encore su créer le cadre d'un marché unique ? À vitesse identique, le prix d'un accès haut débit varie encore de un à quatre selon les pays. Mais parions qu'un jour finira par venir où le consommateur européen pourra acheter son abonnement fixe et mobile à l'opérateur européen de son choix…

L'exemple des télécoms montre bien que la politique de la concurrence ne peut servir de viatique à la politique industrielle. La révolution numérique ne peut pas tirer la croissance en s'appuyant seulement sur la demande et en oubliant l'offre : on ne gagne pas la compétition en courant sur une seule jambe. L'Europe a aussi besoin d'acteurs numériques puissants pour capter l'explosion des usages au profit de son industrie et de ses services. Pour cela, il lui faut encourager la constitution de champions européens dépassant les frontières. Mais aujourd'hui, on peine à imaginer l'émergence d'un Google européen, tout simplement parce qu'un moteur de recherche dominant tous les autres aurait depuis longtemps été interdit de ce côté-ci de l'Atlantique. L'Europe ne manque ni d'idées, ni de talents. Mais concentrée sur la recherche d'une concurrence ouverte et loyale, elle manque d'une politique industrielle volontariste qui favoriserait une consolidation autour de quelques champions européens et donnerait à nos start-up les moyens de trouver en Europe leurs nécessaires relais de croissance.

Soyons enfin lucides. En 2011, l'Office Européen des Brevets concluait un accord avec Google pour utiliser ses logiciels de traduction. Concrètement, cela signifie que Google reçoit les textes de tous les brevets européens avant que ceux-ci ne soient publiés. Au même moment, la Maison Blanche rappelait son opposition à l'utilisation dans les réseaux internet américains des routeurs chinois de ZTE et Huawei, suspectés d'espionnage économique et industriel. La politique industrielle est affaire de volonté, c'est aussi un enjeu de souveraineté.

Soutenir quelques grands projets stratégiques

Au-delà des réseaux, l'Europe doit retrouver un leadership dans la numérisation, le stockage et le traitement des contenus, ainsi que dans la connexion des objets, ces autres grands piliers de la révolution numérique. L'Europe vit un tournant de son histoire où tout reste possible. Ses atouts sont de taille. Elle possède les compétences indispensables à la réalisation d'une grande ambition numérique. Nous avons vu combien cette ambition était cruciale pour garantir la performance globale de notre économie et assurer la croissance de demain. Mais lorsque par négligence ou par manque de volonté, on laisse disparaitre des compétences stratégiques, les recréer relève ensuite d'un vœu pieux. La France en a fait cruellement l'expérience après le démantèlement de fleurons nationaux comme Péchiney et Rhône Poulenc. La vente par Nokia de sa branche smartphones à Microsoft, marque la fin de la fabrication des terminaux mobiles en Europe.

Le *cloud computing*, le *big data* et l'hyper connectivité, avec la mise en réseau de milliards d'objets et de machines, sont les trois grands domaines dans lesquels l'Europe doit à tout prix réussir si elle veut exister comme acteur de premier plan dans l'économie numérique de demain. Quelques grandes initiatives publiques lancées au niveau européen constitueraient un signal fort pour donner un cap à nos grandes entreprises et à la myriade de start-up qui gravitent autour. Pourtant, force est de constater que la plupart des projets publics restent confinés dans un cadre exclusivement national. Dans le numérique, peu d'initiatives à l'instar d'EADS dans l'aéronautique, associent plusieurs États et leurs entreprises dans des projets européens communs. Pourtant, l'Europe dispose de puissants leviers. Dans des secteurs émergents et encore peu standardisés, elle se doit d'être leader dans la définition de normes techniques, afin d'assurer une interopérabilité parfaite des services sur l'ensemble du continent. Ainsi en 2013, la Commission européenne s'est battue pour imposer un standard unique pour le *cloud computing*. L'Europe peut également encourager administrations centrales et locales à regrouper leurs puissances d'achat pour investir à moindre coût.

Mais surtout, l'Europe pourrait devenir le catalyseur de vastes programmes d'investissements dans les domaines d'avenir les plus stratégiques. Des investissements massifs seront nécessaires dans les années à venir pour construire en Europe des infrastructures numériques performantes et assurer l'indépendance de notre continent. Les pouvoirs publics, s'ils ne doivent pas se substituer à l'initiative privée, peuvent jouer un rôle d'impulsion, en concentrant leurs efforts d'accompagnement sur un nombre limité de grands projets à dimension européenne… Mais si l'État peut impulser, cela ne suffit pas, l'innovation ne se décrète pas d'en haut. Pour preuve, le projet Andromède lancé par la France en 2011. Andromède, c'est l'ambition de bâtir une architecture complète de centres de données localisés sur le sol français, avec pour objectif de développer un pôle de compétence fort autour du « *cloud computing* » et de garantir la souveraineté nationale sur le gigantesque volume de données sensibles appartenant aux entreprises et aux administrations françaises [282]. L'enjeu est de taille, il s'agit d'éviter que demain, nos principaux secrets industriels ne soient hébergés dans des serveurs américains, soumis en vertu du Patriot Act au contrôle intrusif de Washington. Les révélations publiées dans le cadre de l'affaire Snowden confirment, si besoin en était, la pertinence d'un tel projet. Mais faute d'une dimension européenne, Andromède a peu de chances de rivaliser un jour avec les immenses centres de stockage de données américains.

Rares sont en effet les projets d'envergure construits à l'échelle du continent. Galileo en est un des rares exemples. La géolocalisation est

[282] Après des débuts hésitants, ce projet a vu le jour en 2011, avec la mise en place de deux consortiums distincts, Numergy piloté par SFR et Bull et CloudWatt par Orange et Thalès, qui n'ont jamais réussi à se coordonner.

une composante essentielle de nombreux usages pour les entreprises et pour le grand public. Afin de sortir de l'actuelle dépendance à l'égard du système GPS contrôlé par l'armée américaine, la Commission européenne a confié à l'Agence Spatiale Européenne le lancement d'un réseau de 30 satellites géostationnaires. Galileo devrait à terme fournir une couverture plus large que celle de ses concurrents américains et russes et offrir une précision supérieure[283]. Après avoir connu de nombreux retards, ce projet est enfin opérationnel en 2017.

Autre exemple, Europeana : pour éviter une domination complète d'Amazon et de Google Books, est créée en 2008 une bibliothèque numérique européenne qui donne aujourd'hui accès à cinquante millions d'ouvrages numérisés. Bien d'autres projets existent, nés de l'impulsion publique en association avec des acteurs privés, dans des secteurs comme l'e-éducation, l'e-santé ou la ville numérique. Le programme « Investissements d'Avenir » lancé par le gouvernement français, fait de l'économie numérique un de ses cinq axes prioritaires et tente de fédérer l'intervention publique autour de plusieurs grands domaines. Mais les ressources sont trop souvent éparpillées et le contour des projets trop lâche. Doit s'imposer une définition claire et pérenne des quelques axes prioritaires sur lesquels les pouvoirs publics décident de concentrer leurs efforts. Certaines initiatives ne peuvent venir que de l'Europe. Par exemple, ne serait-il pas urgent que l'Europe se dote d'une plateforme pour aider les entreprises européennes à répondre aux appels d'offres, afin de créer une alternative sérieuse au géant Alibaba qui privilégie systématiquement les entreprises chinoises ?

Conquérir de nouvelles frontières

Nos gouvernants se prennent souvent à rêver de créer un « Google européen » ou de lancer un « Amazon à la française ». Pourtant, l'Europe ne doit pas se perdre dans l'illusion d'un vain rattrapage des géants du net. L'avenir est ailleurs. Le temps qui sépare une

[283] Galileo place 30 satellites en orbite à 23 200 km d'altitude, contre 24 satellites à 20 200 km pour le système GPS.

innovation majeure de son adoption par le grand public s'est formidablement raccourci. Les Facebook et autres Twitter existeront-ils encore dans dix ans ou seront-ils dépassés par des marques à ce jour inconnues ? À quoi ressembleront nos smartphones et nos tablettes dans cinq ans ? Nul ne le sait vraiment, tant évoluent vite les technologies, portées par les lois numériques de la production et tant se diffusent rapidement les nouveaux services, dopés par les lois numériques de l'utilité. Une seule chose est sûre : la plupart des usages numériques qui seront notre quotidien en 2025 n'existent pas aujourd'hui. Le vrai enjeu pour l'Europe n'est donc pas de copier les modèles existants, mais d'investir massivement sur les nouveaux territoires, de mettre l'innovation au cœur des politiques économiques et de se lancer à la conquête d'autres territoires pas encore explorés.

L'internet des objets est au cœur de ces nouveaux territoires. Car s'il est un scénario qui ne fait guère de doute, c'est bien la croissance exponentielle du nombre d'accès au web. Après avoir relié les hommes, internet relie les machines. De la connexion de machines sophistiquées à celle de n'importe quel objet, il n'y a qu'un pas à franchir. Certaines technologies comme les étiquettes RFID[284], sont déjà dans notre vie quotidienne. Elles assurent la traçabilité de millions de marchandises, des bagages dans les aéroports, des animaux domestiques de leur aire de reproduction jusque dans notre assiette. La technologie « *sans contact* » ou NFC[285] équipe désormais la plupart des smartphones. En effleurant une borne, l'utilisateur transmet des informations sécurisées permettant de l'identifier. Dans les grandes villes, apparaissent un peu partout des bornes NFC, notamment dans les transports en commun. D'un simple geste avec notre téléphone portable, nous réglons déjà nos achats dans un magasin, nous recueillons des renseignements sur un objet dont la puce nous renvoie vers un site web.

---

[284] Les étiquettes RFID (radio frequency identification) contiennent une petite puce associée à une minuscule antenne. Apposées pour quelques centimes sur n'importe quel objet, elles lui permettent de communiquer des informations variées vers un lecteur, une borne, un portique ou une « douchette ».

[285] Le NFC (Near Field Communication) fonctionne sur des distances de moins de dix centimètres.

Le coût de connexion de chaque objet est très bon marché. Grâce à IPV6, le nouveau protocole capable d'attribuer une adresse web différente à des centaines de milliards d'objets, grâce aussi au *cloud computing* et au *big data*, qui rendent possibles le stockage à distance et le traitement d'une masse considérable d'informations collectées, l'internet des objets sera bientôt partout. Éducation, santé, aménagements urbains, administration, tous les secteurs d'activité gagneront en efficacité. Suivre à distance le comportement d'un automobiliste pour définir le montant de sa police d'assurance, l'usure d'une pièce pour programmer son remplacement ou l'état d'un champ de blé pour décider du jour de la récolte, l'internet des objets fera émerger dans les cinq ans à venir quantité de nouveaux usages qui informeront, amélioreront la prise de décision, rendront notre environnement plus accessible à tous nos sens. Une foule de capteurs connectés aideront à prévenir toutes sortes de risques. Déjà, certains constructeurs automobiles déploient des systèmes de freinage qui s'activent automatiquement lorsqu'un autre véhicule est détecté à une distance trop proche. Verra-t-on bientôt des autoroutes où les voitures se suivront en pilotage automatique, tandis que leurs conducteurs regarderont un film ou dormiront ? Utopie… pas sûr, certains y travaillent activement.

La France est très bien placée dans le domaine des objets communicants, dont elle est le leader européen avec quantité de start-up innovantes[286]. L'intérêt des grands groupes industriels et l'accueil des pouvoirs publics fut en revanche plus long à se manifester. Ne gâchons pas nos chances. Pour cela, souvenons-nous qu'à l'ère du numérique, un acteur doit penser global pour exister. Souvenons-nous de Voilà, qui était en 1998 un moteur de recherche français parmi les plus prometteurs au monde. Faute d'investissements et surtout en l'absence d'une réelle ambition mondiale, Voilà a périclité alors que Google prenait son envol. Depuis deux ans, les Chinois arrivent avec des objets connectés très innovants. Withings a été absorbé par Nokia. Partie en retard vers l'internet 2.0, l'Europe doit saisir la chance de courir en tête dans ce que l'on appelle désormais l'internet 3.0.

---

[286] En 2012 déjà, cinq des dix objets communicants les plus vendus dans le monde sur la plateforme iTunes avaient été conçus par des sociétés françaises.

Une fois toutes ces mutations accomplies, il est difficile de savoir ce que sera en 2030 l'après révolution numérique. Effleurons seulement un scénario. Après la convergence de l'informatique et des télécoms, la convergence des réseaux, puis celle des services, pourrait bien s'annoncer dans les prochaines décennies, une convergence encore plus globale, entre les quatre grands domaines scientifiques qui ont émergé au cours des deux premières décennies de ce siècle. De ce rapprochement, les scientifiques s'attendent à des progrès technologiques considérables. Il s'agit des nanotechnologies qui permettent de concevoir des matériaux nouveaux à l'échelle de l'infiniment petit, des biotechnologies qui marient génie génétique et sciences du vivant, des technologies de l'information et de la communication qui avec les lois de Moore, de Gilder et de Kryder n'ont pas fini d'évoluer et des sciences de la cognition, qui analysent le cerveau et les mécanismes de la mémoire et de l'attention. Un acronyme est même apparu pour désigner cette nouvelle convergence : les NBIC.

Cette convergence des sciences sera-t-elle cette quatrième révolution industrielle, celle du savoir global ? Il n'appartient pas à ce livre de répondre à cette question. Tout au plus peut-on esquisser quelques tendances : avec le transistor nanométrique, la miniaturisation franchit un pas supplémentaire. Des machines et des objets communicants, nous passerons un jour au stade des « particules communicantes ». L'interface entre l'homme et la machine n'aura plus grand-chose à voir avec ce que nous connaissons aujourd'hui, elle sera intuitive et cognitive. La machine sera une extension de nos membres, pour le meilleur et pour le pire. Les implants seront communicants. Déjà, des paraplégiques peuvent piloter des objets par leur seule pensée. La robotique sera partout. Les matériaux seront intelligents et s'adapteront à leur environnement. Mais à ce stade, le débat est plus éthique qu'économique. Quels seront les risques pour l'organisme ? Jusqu'où pourra-t-on breveter le vivant ? Que restera-t-il de l'humanisme ? Comment échapper à la surveillance généralisée ? Comment lutter contre la cybercriminalité ? Se déconnecter quelques jours sera-t-il un luxe réservé à une caste de privilégiés ? Pour l'Europe, il y a là un champ immense sur lequel chercheurs et industriels doivent sans attendre se positionner.

CHAPITRE 4

CROIRE EN NOS FORCES

Si construire l'Europe du numérique nécessite d'avoir une vision claire de nos grandes priorités stratégiques et de faire confiance à quelques champions pour entraîner le reste de l'économie, il convient également de renouveler l'écosystème en aidant les jeunes pousses à émerger et, pour certaines d'entre elles, à devenir les champions de demain.

Un terreau fertile en start-up

Car nous devons aussi nous souvenir d'une autre leçon. C'est David qui a battu Goliath : dans ce nouveau monde numérique, l'innovation vient rarement des grands groupes. Ceux-ci exercent un rôle indispensable pour mener à bien d'importants programmes de recherche ou pour gérer une production de masse. Mais l'innovation provient le plus souvent de petites structures agiles, avec très peu de coûts fixes et dont le numérique est le code génétique. Croire que tout viendra d'en haut serait ne rien comprendre aux dynamiques de l'économie numérique, ce serait se condamner d'avance.

Contrairement à une idée répandue, l'Europe voit chaque année naître autant de start-up numériques que les États-Unis. Ces entreprises sont le plus souvent le fruit d'initiatives individuelles et leur créativité n'a absolument rien à envier à celle de leurs rivales américaines.

L'origine des financements n'est pas la raison principale de ce dynamisme. Certains pays comme la France ont mis en place un système de subventions publiques très incitatif pour ceux qui démarrent avec une idée prometteuse. En revanche, notre pays compte assez peu de capital-risqueurs indépendants. À l'inverse, le Royaume-Uni, grâce à des dispositifs fiscaux plus avantageux, compte 50 000

« business angels » quand la France n'en recense que 4000[287]. Certes, les dispositifs actuels sont perfectibles. La création d'un guichet unique pour mettre fin au complexe empilement des aides publiques est en France une vieille revendication, tout comme l'augmentation des plafonds de déduction fiscale pour les capital-risqueurs qui prennent le risque d'investir dans le numérique. Mais là n'est pas l'essentiel. Car la France, comme le Royaume-Uni, possède un important vivier de start-up et de PME numériques innovantes. Certaines d'entre elles sont de véritables pépites. Il serait arbitraire de chercher à en dresser un palmarès, contentons-nous de citer quelques exemples de ces sociétés particulièrement prometteuses. Créé en 2011, Sigfox a misé sur les anciennes basses fréquences « 2G » aujourd'hui délaissées. Cette société toulousaine est aujourd'hui présente dans 32 pays, elle ambitionne de construire un réseau mondial de communications permettant à n'importe quel objet de se connecter en utilisant ces fréquences. Xaphir est une start-up vosgienne qui a inventé un moteur de recherche tactile utilisant un système de recherche contextuelle par image. Withings, déjà évoqué, propose depuis 2008 une gamme d'objets innovants et connectés dans le domaine de la santé et du bien-être. Blablacar est bien connu du grand public. Lancé en 2004, le site de covoiturage a désormais plus de vingt millions d'utilisateurs dans toute l'Europe. Criteo a développé un algorithme de ciblage publicitaire qui identifie les intentions d'achat des internautes en fonction de leurs sites visités. Cette société est cotée au NASDAQ depuis 2013. Certaines start-up, à l'instar d'Optinvent, créateur de lunettes connectées dont la qualité de vision dépasse celle des Google Glass, défient directement les géants américains… Longue serait la liste si nous voulions la dresser.

Mais s'il y a beaucoup de jeunes pousses, il y a peu de futaies. Car ces sociétés talentueuses avant d'avoir grandi, deviennent des proies convoitées pour les géants du net, prêts à débourser beaucoup d'argent pour intégrer un précieux savoir-faire, ou pour ajouter un nouvel usage dans leur vaste panoplie de services, voire tout simplement pour

---

[287] Source : Centre d'Analyse Stratégique, 2011. D'après la même étude, les États-Unis comptent 265 000 « business angels ».

tuer une innovation qui leur ferait ombrage. Or ce sont des futaies que naitrons les champions de demain.

Faire grandir l'écosystème numérique

Confrontées à un développement rapide, ces sociétés doivent en effet trouver les financements leur permettant de passer à la dimension supérieure. Pour devenir des entreprises globales, elles ont besoin de fonds propres. Et c'est là que souvent le bât blesse. Les fonds d'investissement européens, s'ils répondent bien aux besoins initiaux des start-up, ne mobilisent généralement pas assez de capitaux pour soutenir la croissance des entreprises numériques. Les banques sont frileuses pour accompagner des aventures qu'elles jugent risquées dans des domaines qu'elles connaissent mal. Et si certains investisseurs acceptent d'entrer dans une logique entrepreneuriale, la plupart d'entre eux n'ont que faire de stratégies à long terme, investir dans l'économie numérique est à leurs yeux synonyme de plus-values rapides. Les moins scrupuleux vont même jusqu'à absorber les liquidités des sociétés rachetées pour ensuite se retirer en revendant des entités exsangues. La création de la Banque Publique d'Investissement répond en partie à cette attente. La BPI, dont l'une des missions consiste à investir dans les secteurs d'avenir, a accompagné depuis sa création en 2013, de nombreuses entreprises du web dans ce tournant difficile en les dotant en fonds propres, ce qui dans la plupart des cas facilite l'accès au financement des autres banques.

Mais la question du financement n'est pas le seul obstacle à l'émergence du futur Google ou Facebook européen. Les start-up européennes, pour croître plus vite et trouver cette dimension globale, ont tout intérêt à se rapprocher de grands groupes, afin de tirer profit de leur dynamique sans pour autant perdre leur identité propre. Les leaders européens des télécoms, de l'informatique et des équipements numériques, après les avoir longtemps boudées, comprennent désormais l'importance d'investir dans de jeunes entreprises innovantes, capables de les aider à trouver les services qui demain redonneront de la valeur à leurs produits. La logique de « clusters » très développée en Allemagne, commence à porter ses fruits en France. Dans le domaine du numérique plus qu'ailleurs, une logique industrielle doit être privilégiée par rapport à une logique purement financière. Adossées aux champions européens, les start-up innovantes seraient plus efficaces si elles chassaient « en meute » à la conquête de marchés extérieurs. Le modèle des pôles de compétitivité associant grandes entreprises, PME dynamiques, pôles universitaires et centres de recherche doit être répliqué au profit des nouvelles filières numériques comme la e-santé, l'e-éducation ou la e-sécurité. Beaux exemples de réussites dans le domaine des cartes à puce et des solutions de paiement, Gemalto et Oberthur sont devenus des champions mondiaux autour desquels tout un écosystème de jeunes sociétés s'est progressivement constitué. Dans le domaine des jeux vidéos, Ubisoft et Gameloft sont un autre exemple de leaders autour desquels gravitent quantité de jeunes pousses.

La révolution numérique est globale et son cœur est la Silicon Valley. Promouvoir l'Europe numérique de demain ne peut se faire dans le cadre d'un patriotisme étriqué. Trop d'entreprises fonctionnent encore en vase clos, alors que leur modèle économique fondé sur le plus grand nombre d'utilisateurs, ne devrait pas connaitre de frontières. D'autres sociétés l'ont en revanche compris, elles ont choisi de franchir l'Atlantique pour se développer au plus près des géants du net, tout en gardant un pied sur le vieux continent. Là-bas, elles récoltent un certain nombre d'avantages, comme un accès plus facile aux financements et la présence d'un environnement en pleine ébullition qui stimule la créativité et les affaires. Ici, elles recrutent plus facilement des ingénieurs qualifiés à un prix accessible et surtout, plus fidèles à l'entreprise qui les embauche ; elles bénéficient d'aides publiques attrayantes comme le crédit d'impôt recherche. Tout l'enjeu est d'aider les entreprises du numérique à s'internationaliser, sans que celles-ci ne rompent définitivement les amarres avec Paris, Londres ou Berlin. Le veto opposé en 2013 par le ministre français du Redressement Productif à la cession de la majorité du capital de Dailymotion à Yahoo illustre bien ce dilemme : le numéro un européen de la vidéo en ligne a besoin de se développer en s'adossant aux plus grands pour accéder à une audience véritablement mondiale, mais ce faisant, ce veto risque de faire perdre à l'Europe et à la France la chance de créer une dynamique autour d'un leader européen.

Dans cette révolution globale, l'enjeu consiste autant à attirer chez nous les entrepreneurs et les capital-risqueurs étrangers que de favoriser l'internationalisation des start-up françaises qui réussissent. Pour faire rayonner notre écosystème de start-up, il est essentiel de fédérer nos talents autour de grandes vitrines attractives, ouvertes sur l'Europe et le reste du monde. La labellisation de grandes métropoles riches de leurs acteurs et de leurs projets numériques à travers l'initiative French Tech lancée en 2013 va dans le bon sens. Là aussi, la direction est donnée, il faut désormais regarder plus loin.

L'Europe ne reprendra la place à laquelle elle doit légitimement prétendre que si elle sait maintenir dans le domaine des TIC un tissu diversifié de petites et de grandes entreprises, s'appuyant sur un marché européen puissant c'est-à-dire unifié, pour partir à la conquête des marchés extérieurs, notamment dans les pays émergents. Pour retrouver le niveau de recherche et d'investissement qui lui sont indispensables pour combler son retard, l'Europe doit favoriser la formation de quelques champions européens sur chacune des couches du « *nouveau soleil* ». Les entreprises menacées d'être absorbées ou marginalisées par les géants mondiaux du net, doivent être encouragées à s'intégrer dans de grands pôles, dont le capital doit rester sous le contrôle d'investisseurs européens. Ces regroupements entre entreprises européennes sont d'autant plus souhaitables dans le domaine des services internet, c'est à dire au cœur de ce *nouveau soleil*, qu'aucun acteur européen n'y dispose d'une taille véritablement mondiale.

Dans cette *phase de mutation* où plus aucune activité n'échappe au numérique, le numérique est devenu l'affaire de tous. Et s'il est essentiel d'investir dans les TIC pour accroître leur contribution à la croissance, la réflexion sur la nouvelle économie ne doit pas s'arrêter là, elle doit être globale. Chacun doit comprendre que les règles du jeu ont changé et que les atouts d'aujourd'hui ne sont plus les mêmes que ceux d'hier.... et dans cette nouvelle donne, l'Europe possède de solides atouts. Encore faut-il qu'elle sache les valoriser et se souvienne des leçons apprises.

Tout d'abord dans l'économie numérique, le capital productif n'est pas seulement constitué de machines, ce sont aussi le savoir accumulé, les idées et les hommes. L'excellence est aussi importante que l'argent. Pays développés et émergents se livrent une bataille féroce pour attirer les talents : les PhD numériques des universités américaines comptent plus de 40 % d'étrangers. Aux États-Unis, de riches universités forment les meilleurs entrepreneurs qui une fois leurs études achevées, rachètent à ces universités les brevets déposés dans le cadre de leurs travaux. Cet argent ainsi récolté vient financer le recrutement des meilleurs professeurs qui attirent à leur tour les futurs entrepreneurs. L'Europe et la France disposent d'excellentes écoles dans le domaine du numérique. Voir nos jeunes talents partir étudier et travailler à l'étranger n'est pas alarmant à condition que nous soyons capables en contrepartie d'attirer les talents étrangers.

Dans l'économie numérique, le consommateur est éclairé, influent et créateur. L'Europe est le premier marché du monde en valeur. C'est un atout fantastique pour les entreprises européennes... à condition qu'elles comprennent qu'avec le numérique, les gagnants sont ceux qui s'adaptent en permanence au marché. Cela signifie que dans l'avenir il leur faudra recruter un peu plus de créateurs et un peu moins de gestionnaires.

Enfin, la révolution numérique abolit les distances. L'information circule sans coût ni délai. Les transactions sont mondialisées. Mais contrairement à une idée reçue et même s'il reste beaucoup de progrès à accomplir, nos entreprises sont en moyenne plus ouvertes sur le monde que ne le sont les entreprises américaines.

ÉPILOGUE

Une bataille sans merci se joue autour de la valeur du net. L'Asie gagne parce qu'elle est compétitive et innovante. Les États-Unis gagnent aussi parce qu'ils dominent le monde des logiciels qui sont le cœur des services internet. En encourageant ses propres champions, les Alibaba, Baidu, Lenovo, ZTE et autres Huawei, la Chine entend bien dans les années à venir contester le leadership américain. Les opérateurs télécoms voient leurs marges dévorées par les géants américains du net qui ne payent pas pour les réseaux qu'ils utilisent… et l'Europe ?

Pourtant, la partie est loin d'être jouée car la *phase de mutation* de la révolution numérique ne fait que commencer. Terminer ce livre par une conclusion n'aurait guère plus de sens que dresser en 1880 un bilan définitif de la première révolution industrielle, ou décrire en 1960 la fin des transformations issues de la révolution du pétrole et de l'électricité. Le passé récent nous envoie une leçon d'humilité. Qui au milieu des années 2000 aurait prédit combien internet allait transformer en dix ans les rapports entre l'entreprise et le consommateur, entre les individus et la société ? Les évolutions technologiques n'ont jamais été aussi rapides, les nouveaux usages ne se sont jamais diffusés aussi vite. Une seule chose est sûre : le numérique sera au cœur des mutations économiques de ce siècle.

La France est la cinquième puissance économique du monde, elle se situe selon les critères quelque part entre la neuvième et la dix-neuvième place mondiale dans le classement des puissances numériques[288]. Il n'y a pas de temps à perdre, il n'y a pas de fatalité non plus. La créativité et l'esprit entrepreneurial sont nos principaux atouts. Ne les bridons pas.

---

[288] Il est extrêmement difficile de disposer d'un classement unique des pays dans l'économie numérique. La plupart des classements reposent sur la pénétration des usages et la consommation des services. En revanche, très peu d'études mettent l'accent sur le poids du numérique dans la production globale de chaque pays.

Un dernier mot. Dire que nous traversons une crise durable relève pour le moins de l'évidence. Mais c'est aussi se méprendre sur les changements en cours. Une « crise » est un phénomène cyclique, ses remèdes résident à l'intérieur du système : c'est une gestion saine des finances publiques, l'allégement des contraintes pesant sur les entreprises, avec une dose de traitement social pour en amortir les conséquences sur l'emploi. Si nous pensions le numérique à l'intérieur des cycles conjoncturels, force serait de constater que son bilan serait mitigé. Non seulement la révolution numérique n'a pas empêché la crise, bien au contraire l'interconnexion généralisée des hommes et des marchés a amplifié la propagation de toutes sortes de déséquilibres, sécuritaires, financiers, commerciaux.

Les changements en cours sont infiniment plus profonds. Avec la raréfaction des ressources et la fin des privilèges de l'Occident, c'est le modèle de développement sur lequel nous avons vécu pendant près de 150 ans qui est aujourd'hui remis en cause. L'économie numérique nous oblige à sortir des cadres anciens, à trouver de nouveaux schémas de pensée. Local et global sont partout mêlés, tout comme secteur marchand et non marchand, le consommateur traite d'égal à égal avec la marque, l'industrie ne vend plus ses produits sans leur associer un service, partout émergent de nouveaux modèles économiques et le Sud nous apprend ce qu'est la croissance frugale.

Rien au XXIème siècle ne se fera sans le numérique. Le numérique est pervasif, il imprègne toutes nos activités. En comprenant tout cela, l'Europe a toutes ses chances pour remporter la partie qui s'annonce, celle de l'internet 3.0.

LISTE DES ILLUSTRATIONS

[illegible]

TABLE

Revue « Marché et Organisations »
L'Harmattan

Cahiers d'économie et de gestion thématiques dont le but est de promouvoir la recherche originale sur les relations de plus en plus étroites qui se tissent entre le marché et les organisations. Les acteurs économiques de taille, de puissance et de pouvoir différents dont les intérêts peuvent être convergents, complémentaires ou, le plus souvent, antagoniques, ont tendance à organiser les marchés. La raison du marché, pourtant, est la référence stratégique pour l'entreprise ainsi que pour les institutions publiques de décision économique.

Numéros parus :

N°1 : Artisanat. La modernité réinventée, 2006
N°2 : La petite entreprise, elle a tout d'une grande. De l'accompagnement aux choix stratégiques, 2006
N°3 : Tourisme et Innovation. La force créative des loisirs, 2007
N°4 : Le travail. Formes récentes et nouvelles questions, 2007
N°5 : Les universités et l'innovation. L'enseignement et la recherche dans l'économie des connaissances, 2007
N°6 : Entrepreneuriat et accompagnement. Outils, actions et paradigmes nouveaux, 2008
N°7 : Développement durable des territoires. Economie sociale, environnement et innovations, 2008
N°8 : Développement durable et responsabilité sociale des acteurs, 2009
N°9 : Gouvernance : exercices de pouvoir, 2009
N°10 : Le travail collaboratif. Une innovation générique, 2009
N°11 : Economie sociale et solidaire. Nouvelles trajectoires d'innovations, 2010
N°12 : Relations à la marque et marques de la relation. Regards croisés sur le management relationnel de la marque, 2010
N°13 : Les contrats au service de la recherche ?, 2011
N°14 : Le potentiel économique de l'Afrique subsaharienne, 2011
N°15 : Management de la distribution, 2012
N°16 : Territoire Vert. Entreprises, Institutions, Innovations, 2012
N°17 : Eco-conception, conception et innovation. Les nouveaux défis de l'entreprise, 2013
N°18 : Intelligence économique : entreprises et territoires, 2013
N°19 : La finance globale. Un monde fini, 2013
N°20 : La crise du « développement », 2014
N°21 : La Chine innove. Politiques publiques et stratégies d'entreprise, 2014
N°22 : Go East! Nouvelles Economies de Marché, 2015
N°23 : L'économie du changement, 2015
N°24 : Le temps des artisans. Permanences et mutations, 2015
N°25 : Innovations de proximité et esprit d'entreprise, 2016
N°26 : L'avenir des économies du Maghreb : entre inertie structurelle et envie de rupture, 2016/3 (n° 27)
N°27 : Le sport aux frontières du marché du travail, 2016
N°28 : Dynamiques internationales des entreprises, 2017
N°29 : L'univers du risque, 2017

Collection « L'esprit économique »

fondée par Sophie Boutillier et Dimitri Uzunidis en 1996
dirigée par Sophie Boutillier, Blandine Laperche, Dimitri Uzunidis

Dernières parutions

► ***Série Economie et Innovation***

N. ABBES, *L'entreprise responsable. De la responsabilité sociétale à la communication environnementale*, 2013.
Z. LIU, *Politiques d'innovation et pme en France. Une histoire de liens faibles*, 2013.
E. BESANÇON, N. CHOCHOY, T. GUYON, *L'innovation sociale. Principes et fondements d'un concept*, 2013.
F. PAUN, L. ALEXANDRE-LECLAIR, I. VAILEANU-PAUN, *Innover ou périr. Paroles d'experts*, 2014.
F. ABADA, *Individualiser son offre au moindre coût*, 2015.
S. MAHREZ, La division cognitive du travail dans le capitalisme postfordiste, 2016.
M.-J. POLLET-VILLARD, L'innovation dans les services. cadre d'une analyse dynamique fondee sur les reseaux, 2017.

► ***Série Le Monde en Question***

P. BAGUS, *La tragédie de l'euro*, 2012.
C. BERTHOMIEU, J.-P. GUICHARD, E. PONOMARENKO (dir.), *La Russie, l'Europe et la méditerranée dans la crise*, 2013.
T. BRUGVIN, *Le commerce équitable et éthique. Opportunités et limites*, 2014.
W. AMEDZRO St-HILAIRE, *Le capital global et sa régulation*, 2014.
W. AMEDZRO St-HILAIRE, *Reconstruire l'Afrique. Nouvelle gouvernance et projet de développement*, 2014.
M. SANTI, *Misère et opulence. Chroniques d'austérité globalisée*, 2015
J.-M. BOUSSARD, *Les prix agricoles. Nouveau dialogue sur le commerce des bleds*, 2017

► ***Série Krisis***

A. MARQUEZ-VELASCO, *Politique et économie. 10 mesures phares pour un monde meilleur*, 2015.
R. GOODFELLOW, *Le cycle des crises aux États-Unis depuis 1929. essai de systématisation de la conjoncture*, 2016.
M. LAUDET, *Aux origines de l'économie politique : Antoine de Montchrestien et son « traicte de l'oeconomie politique »*, 2016.

► **Série *Clichés***

S. BOUTILLIER, D. UZUNIDIS (dir.), *La Russie européenne. Du passé composé au futur antérieur*, 2008.
R. VOLPI, *La négociation. Pain, paix, liberté*, 2009.

► ***Série Cours Principaux***

L. DANIEL, M. RUIMY, *Taux d'intérêt et marches financiers*, 2013.
G. FONOUNI-FARDE, *Comprendre l'économie internationale. L'économie pour tous !*, 2103.
B. NDIAYE, *Analyse économique de l'investissement en capital humain*, 2014.
P. BOUVIER-PATRON, *Economie et management de l'entreprise innovante. Réseaux, territoire et développement durable*, 2014.
J. KIAMBU, *Eléments d'analyse économique*
J.-P. MOCKERS, *Court traite d'économie et de politique économique*, 2016.

► ***Série L'économie formelle***

F. DUHAMEL, A. DUNOYER de SEGONZAC, *La cocotte-minute financière. Petit précis de décomposition socio-économique*, 2012.
P. BRACONNIER, G. CAIRE (dir.), *L'économie sociale et solidaire et le travail*, 2013.
M. SANTI, *L'Europe. Chroniques d'un fiasco économique et politique*, 2013.
J. BERNARD, *La croissance. 10 points cruciaux*, 2013.
P.-A. LAMBERT, *Le temps de la rigueur. Fiscalité, protection sociale, mondialisation*, 2014.
F. BISMANS, *La grande récession : un autre regard sur des temps troubles (2007-2013)*, 2016.
B. SCHWENGLER, *De l'inflation à la dette publique : analyse des discours politiques*, 2016.

L'Harmattan Italia
Via Degli Artisti 15; 10124 Torino
harmattan.italia@gmail.com

L'Harmattan Hongrie
Könyvesbolt ; Kossuth L. u. 14-16
1053 Budapest

L'Harmattan Kinshasa
185, avenue Nyangwe
Commune de Lingwala
Kinshasa, R.D. Congo
(00243) 998697603 ou (00243) 999229662

L'Harmattan Congo
67, av. E. P. Lumumba
Bât. – Congo Pharmacie (Bib. Nat.)
BP2874 Brazzaville
harmattan.congo@yahoo.fr

L'Harmattan Guinée
Almamya Rue KA 028, en face
du restaurant Le Cèdre
OKB agency BP 3470 Conakry
(00224) 657 20 85 08 / 664 28 91 96
harmattanguinee@yahoo.fr

L'Harmattan Mali
Rue 73, Porte 536, Niamakoro,
Cité Unicef, Bamako
Tél. 00 (223) 20205724 / +(223) 76378082
poudiougopaul@yahoo.fr
pp.harmattan@gmail.com

L'Harmattan Cameroun
TSINGA/FECAFOOT
BP 11486 Yaoundé
699198028/675441949
harmattancam@yahoo.com

L'Harmattan Côte d'Ivoire
Résidence Karl / cité des arts
Abidjan-Cocody 03 BP 1588 Abidjan 03
(00225) 05 77 87 31
etien_nda@yahoo.fr

L'Harmattan Burkina
Penou Achille Some
Ouagadougou
(+226) 70 26 88 27

L'Harmattan Sénégal
10 VDN en face Mermoz, après le pont de Fann
BP 45034 Dakar Fann
33 825 98 58 / 33 860 9858
senharmattan@gmail.com / senlibraire@gmail.com
www.harmattansenegal.com

www.ingramcontent.com/pod-product-compliance
Lightning Source LLC
LaVergne TN
LVHW011312061026
849535LV00005B/1528
* 9 7 8 2 3 4 3 1 2 4 6 1 2 *